烟草连续流动分析检测数据处理与质量控制

张 威
刘 楠 主编
何声宝

中国轻工业出版社

图书在版编目（CIP）数据

烟草连续流动分析检测数据处理与质量控制／张威，刘楠，何声宝主编．—北京：中国轻工业出版社，2024.7
ISBN 978-7-5184-4651-3

Ⅰ.①烟… Ⅱ.①张… ②刘… ③何… Ⅲ.①烟草制品—质量控制 Ⅳ.①TS47

中国国家版本馆CIP数据核字（2024）第003226号

责任编辑：刘逸飞　　责任终审：劳国强
文字编辑：赵晓鑫　　责任校对：吴大朋　　封面设计：锋尚设计
策划编辑：张　靓　　版式设计：砚祥志远　　责任监印：张　可

出版发行：中国轻工业出版社（北京鲁谷东街5号，邮编：100040）
印　　刷：三河市万龙印装有限公司
经　　销：各地新华书店
版　　次：2024年7月第1版第1次印刷
开　　本：720×1000　1/16　印张：17
字　　数：350千字
书　　号：ISBN 978-7-5184-4651-3　定价：78.00元
邮购电话：010-85119873
发行电话：010-85119832　010-85119912
网　　址：http://www.chlip.com.cn
Email：club@chlip.com.cn
版权所有　侵权必究
如发现图书残缺请与我社邮购联系调换
221189K1X101ZBW

本书编写人员

主　编　张　威　刘　楠　何声宝

副主编　王英元　冯晓民　罗安娜　张勇刚
　　　　　王春琼　陈　宸　王　冬　姜兴益
　　　　　杨金初　冯国胜　杜　薇　张衍杨
　　　　　耿宗泽

编　委　王晓春　王　菲　安泓汋　金　鑫
　　　　　张　杰　马　莉　杜国荣　吴寿明
　　　　　周　浩　张　莉　徐永明　庄亚东
　　　　　张　媛　龙　杰　刘建国　任志广
　　　　　张洪非　尚　峰　王　毅　蒲团伟
　　　　　苏少伟　管　杰　张立顶　李伟观
　　　　　谷晓懂　陈思昂　邓羽翔　崔广州
　　　　　范月月　张晓慧　崔帅利　王　凤
　　　　　许　茜

前言
PREFACE

从化学分析技术角度讲，目前烟草化学分析已走上灵敏、连续、自动化的道路，各种先进的分离分析方法已广泛应用。流动分析是自动湿化学分析方法，由于其具有自动化程度高、分析用样少、精度高等优点，目前已广泛应用于烟草及烟草制品的化学分析检测中。

在烟草流动分析检验人员的日常工作中，经常会碰到如下问题：如何判定测出的数据是准确、可靠的，如何评价分析方法，如何通过解析实验数据以最大限度地获得有限分析对象的信息，如何正确地使用标准物质检定、校准仪器，如何利用标准物质控制进行质量控制，如何建立实验室内和实验室间的质量保障等。为了解决烟草流动分析检验人员在日常工作中可能遇到的上述问题，进行了本书的编写。本书主要编者均有着多年的烟草流动分析检测从业经验，负责或参与了大部分与流动分析相关的烟草国际标准、国家标准和行业标准的制修订工作，对于烟草流动分析中的数据处理和质量控制问题有着深刻的理解与领悟。

本书共分为五章，分别介绍了烟草连续流动分析检测、计量基本知识、误差分析与数据处理、测量不确定度、质量控制与改进，旨在为烟草分析技术人员在进行流动分析的数据处理与质量控制时提供帮助，有利于提高烟草检测的技术水平。

本书在编写过程中参考了大量国内外专家和学者的研究成果及相关文献，在此向他们致以衷心的感谢。

由于编写时间仓促及编者水平所限，书中难免存在不当之处，敬请读者批评指正。

编者

目 录
CONTENTS

第一章 烟草连续流动分析检测 / 1
    第一节 连续流动分析的原理 / 1
    第二节 用于烟草常规化学测定的连续流动分析仪 / 12

第二章 计量基本知识 / 42
    第一节 概述 / 42
    第二节 计量法律和法规 / 43
    第三节 计量标准 / 45
    第四节 计量检定 / 46
    第五节 量值溯源和量值传递 / 49
    第六节 国际计量单位 / 50
    第七节 法定计量单位 / 54

第三章 误差分析与数据处理 / 56
    第一节 误差的基本概念及分类 / 56
    第二节 测量数据的处理 / 59
    第三节 测量数据的表述 / 63

第四节 有效数字与数值修约 / 65
第五节 分析测量中数理统计的理论基础 / 72

第四章 测量不确定度 / 92

第一节 基本术语和概念 / 92
第二节 水溶性糖 测量不确定度的评定 / 103
第三节 总植物碱 测量不确定度的评定 / 117
第四节 氯 测量不确定度的评定 / 130
第五节 钾 测量不确定度的评定 / 144
第六节 总氮 测量不确定度的评定 / 158
第七节 氰化氢 测量不确定度的评定 / 172

第五章 质量控制与改进 / 197

第一节 控制图的基本概念 / 197
第二节 实验室控制样品的制作及使用 / 204
第三节 连续流动分析检测的过程控制 / 208
第四节 能力验证结果分析 / 214

附录 / 221

附录一 烟草及烟草制品 试样的制备和水分的测定 烘箱法 / 221
附录二 烟草及烟草制品 总植物碱的测定 连续流动法 / 224

附录三　烟草及烟草制品　水溶性糖的测定　连续流动法／231

附录四　烟草及烟草制品　总氮的测定　连续流动法／235

附录五　烟草及烟草制品　氯的测定　连续流动法／238

附录六　烟草及烟草制品　钾的测定　连续流动法／241

附录七　烟草及烟草制品　淀粉的测定　连续流动法／244

附录八　卷烟烟气中氰化氢的检测方法　连续流动法／248

附录九　烟草连续流动分析检测相关参数一览表／252

第一章
烟草连续流动分析检测

第一节 连续流动分析的原理

一、概述

1. 发展沿革

分析化学在近代的发展主要是一个不断充实完善检测技术的过程。然而作为分析化学和一切化学实验室中的基础操作的溶液处理,其技术与设备在20世纪中期之前变化甚少,大体上还沿用200年前就已经基本定型的操作模式:加液、稀释、过滤、搅拌、定容、吸样、滴定等手工操作模式,最原始的手工操作与最先进的电子计算机化的检测仪器在同一实验室中共存已属常见。这种状态严重影响和阻碍了先进检测仪器更好地发挥作用;分析过程中试样的处理往往占去了整个分析时间的90%,这种状况自然无法满足电子计算机时代对一个化验室应该提供的信息要求。西方国家远在20世纪40年代就有人试图通过机械设备(手和传送带)的技术路线来解决实验室中溶液处理的低效率问题,其结果是创造的设备价格昂贵,又容易出现机械故障。由于在观念上没有超越手工间歇式的模式,即使工作正常,提高的效率也十分有限。这一途径从未得到真正的推广与普及。20世纪50年代后期,在溶液自动分析领域出现了一次重要的变革。美国Technicon等公司在Skeggs提出的空气泡间隔式连续流动分析(Segmented continuous flow analysis,SCFA)的基础上大力发展了一种名为Auto-Analyzer的溶液处理自动分析仪,第一次把分析试样与试剂从传统的试管、烧杯容器中转入管道中。试样与试剂在连续流动中完成物理混合与化学反应,这一新技术在20世纪60、70年代的西方得到了一定程度的普及,对化学实验室中溶液处理的基本操作的变革起到了推动作用。连续流动分析(Continuous flow analysis,CFA)是仪器分析的一种,它的出现是化学分析领域自动化进程不断发展的结果。流动分析彻底革新了化学分析的概念,尤其是在临床分析和样品操作领域。

分光光度计是利用紫外光、可见光、红外光和激光灯测定物质的吸收光谱，利用此吸收光谱对物质进行定性定量分析和物质结构分析的仪器。分光光度计具有可直接读取吸光度、操作简单、所用试剂便宜等优点；缺点是不能直接计算浓度值、全人工操作等。

流动分析法是从分光光度法发展而来，早期的流动分析处于半自动化阶段。在该阶段分析过程中的部分操作（如进样、保温、比色、结果记录等某一步骤）需要手动完成，而另一部分操作则可由仪器自动完成。该阶段仪器的特点是体积小，结构简单，灵活性大，既可分开单独使用，又可与其他仪器配合使用，且价格便宜。

随着计算机技术、传感器技术、材料技术的不断发展和更新，流动分析已逐渐实现了全自动化，整个分析过程（如进样、保温、渗析、反应、比色、结果记录等）全部由仪器自动完成，即流动分析仪。

2. 分类

目前流动分析有以下两个分支：一是 1957 年 Skeggs 提出的连续流动分析体系；另一是 1974 年 Ruzicka 等提出的流动注射分析体系（Flow Injection Analysis，FIA）。

连续流动分析技术是把传统的溶液处理的物理混合和化学反应在管道中完成，在稳态条件的基础上进行分析，在液流中加入气泡间隔正是为这种稳态创造条件，这样有利于样品的混合和分析频率的提高。1962 年 Blaedel 和 Hicks 成功设计了一个连续流动分析仪，用于葡萄糖和乳酸脱氢酶的分光光度分析。流动注射分析是在热力学非平衡条件下处理溶液的操作，使样品和试剂的混合、反应在高度可控的条件下进行，是依赖高度重现的化学反应历程和对浓度分布的严格控制来达到定量分析的分析技术。

连续流动分析是将试剂、样品按比例分别输入不同的管道，然后按分析反应的要求，经过一定处理后，按次序进行混合、反应后，进入连续检测记录的检测系统，并记录。整个过程都在连续流动着的液体中进行，因而将其称作连续流动分析法。它的特点是快速，不要求必须达到平衡，而是在物理和化学非平衡的动态条件下进行测定，但要求状态稳定。在这种稳态下反应流体的吸光度不随时间变化而变化。它的优点是自动化，分析用样少，精度高，目前广泛应用于医药、化工、农业、地质、食品、环保等领域。

1975年，Ruzicka和Hansen引入的流动注射分析（最初称其为非分段连续流动分析）表明为防止液体带过，不需要采用气泡分割的手段，否则会降低系统内样品停留时间的可重复性。使用非分段流动分析技术，通过精确控制系统的流体动力学条件可以保持样品的流动脉冲的完整性。在连续流动分析中，分析的结果很重要，一旦反应完成（达到平衡），就应进行检测；而在流动注射分析中，却不需要这样做。

二、流动分析基础知识

流动分析是一种自动湿化学分析方法，多数的液体样品可用此方法分析。国外连续流动分析技术发展较早，国际烟草科学研究合作中心（CORESTA）于1994年至今已发布了六个连续流动推荐方法，目前已有五个转化为ISO标准。国内烟草行业于20世纪80年代引进连续流动分析仪，最初是对烟草及烟草制品中水溶性糖、总植物碱、总氮和氯这四种主要化学成分进行测定，随着分析技术的发展以及连续流动分析仪在烟草行业的普及，目前烟草行业共发布了十多个应用连续流动法的行业标准，分别对烟草及烟草制品的化学成分、主流烟气化学成分、纸张中六价铬进行测定，其中YC/T 468—2021《烟草及烟草制品 总植物碱的测定 连续流动（硫氰酸钾）法》，由国家烟草质量监督检验中心科研人员牵头制订并进一步优化后，最终形成了CORESTA 85号推荐方法，后转化为ISO 22980：2020，CORESTA 85号推荐方法也是我国烟草行业建立的第一个CORESTA推荐方法。近年来稳定产品质量已为各卷烟生产企业所重视，因而对卷烟原料、辅料及烟叶配方等内在成分的稳定性及对其含量适当之需求显得尤为重要，连续流动分析仪承担了快速、准确地提供大量分析数据的工作。

（一）气泡间隔的作用

当管路内无气泡时，此时的液体为层流模式，在层流模式下液体流过管子时，中间液体的流速比靠近管壁液体的流速快，管道中心的液体流动速度为液体平均速度的2倍，且越靠近管壁的层次流动越缓慢（图1-1）。

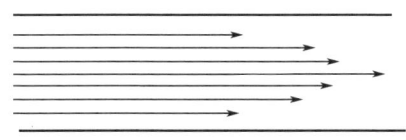

图1-1 层流模式液体在管内流动情况

在样品进样至检测器的过程中，层流模式会由于同一个样品在管内中间和管壁附近的液体流速不同，造成该样品在流路中有很长一段的液体，这就是层流的延迟作用，它会造成样品浓度的改变，影响到下一个样品的浓度，减少了分析的频率或者引起两个样品之间的带过（图1-2）。

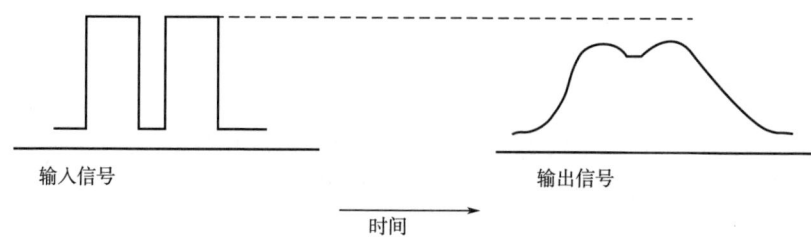

图1-2　层流的延迟作用

当管路内引入有规律的气泡后，气泡可以分割液体流，保持样品的完整性，即防止单个试样与其他试样相混，使样品和试剂充分、均匀地混合，对运行系统和载流特征提供直观的检查。此时液体在管内的流动为湍流模式（图1-3）。气泡的分割作用是短时间内达到稳定状态和比较高的分析频率，一般以每隔2s注入一个气泡的速度分割液体，一个液体段长度为1.5～2.0cm。一个试样通常被气泡间隔成20～50个小段。每个小段的液流可看成一个单独的液段，在相邻的两个液段之间由气泡间隔开来，它们之间不相互混合和干扰。而液段自身之内，由于液流与管壁的摩擦作用，使液体进行着混合。

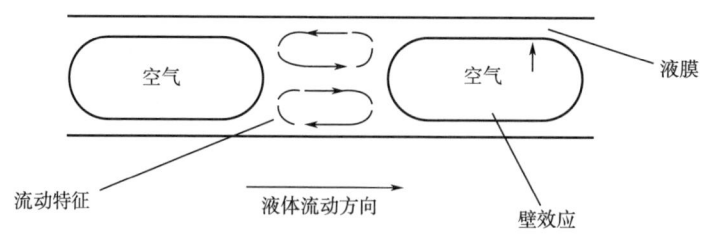

图1-3　湍流模式液体在管内流动情况

当每一个分割团流过管子时，内部液体流动性如图1-4所示，这使液体能快速混合。

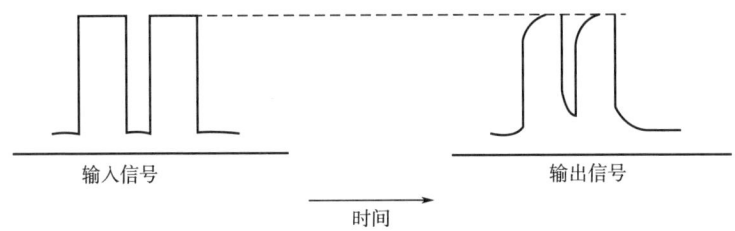

图 1-4 湍流的混合作用

在管子中必须有足够大的气泡，以便使已分割的液体分离开。一个正常的气泡长度应是其宽度的 2 倍，其与管内壁有一层厚度为 1~5μm 的液膜（图 1-5）。

空气泡的最佳尺寸应为长度（l）≥1.5×直径（d），气泡不能太大也不能太小（图 1-6）。

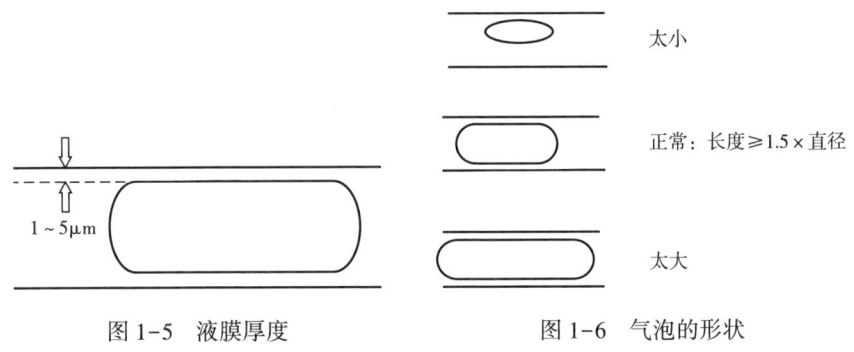

图 1-5 液膜厚度　　　　图 1-6 气泡的形状

当管路内的气泡有规律并且形状符合检测要求时，此时的气泡具有以下功能：

（1）减少扩散和样品带过。

（2）通过形成湍流将两股液流（如样品和试剂）混合。

（3）清洁管子的内表面。

（4）保持每个片段的完整。

（5）通过观察系统中玻璃混合圈中的气泡是否规则，可以方便地检查流体是否正常。

（二）表面活性剂的使用

在连续流动分析中，要求液流稳定、混合均匀、气泡完整，即在进入检测器前要求气泡不被破坏。然而由于水是一种极性物质，表面张力大，不易润湿非极性的塑料泵管。当气泡流过未经润湿的管路时，易造成气泡的破坏或合并等，使注入的气泡失去应有的作用，并且会使液流变得不稳定，为此常在水质液流中加入表面活性剂，以减少水的表面张力，并去除引起气泡断裂的油污点。

表面活性剂分为三种类型：①阴离子型：作用于负离子，这类活性剂包括肥皂、洗涤剂，如脂肪酸钠、烷基磺酸盐；②阳离子型：作用于正离子，这类活性剂常为季铵盐；③非离子型：在湿反应中无电离，在碱性溶液中使用，在强酸介质中引起沉淀。由于有非溶解性离子对形成的可能，不用于聚磷酸盐中。这类活性剂包括烷基苯氧乙烯醇（Triton X-100）、聚氧乙烯醇（如Brij 35，用于大部分方法，因为其具有低活性和低成本）、脂肪酸聚氧乙烯酯（如Tween化合物）。有些方法需要特别的表面活性剂，如磷酸盐测定时使用的钼酸盐试剂会与Brij 35反应，应使用十二烷基磺酸钠作为表面活性剂。溶液萃取时应避免使用活性剂，以防形成乳状液。有机相中不需要活性剂；对于水溶液，一般活性剂在每种试剂中的用量为0.05%。

(三) 连续流动分析仪的结构

连续流动分析仪的基本组成：取样系统、流动驱动系统、混合反应系统、检测系统。

1. 取样系统

该系统能准时、定量、连续地吸取标准液、样品液和洗针液；可以控制样品盘上任一位置的液体进入整个分析系统；可以控制标准液、样品液和洗针液进入分析系统的次序，进样时间、清洗时间、进样速度，可根据分析进行调节。

连续流动分析仪的检测过程是：由比例泵将分析测定所需要的各种试剂、试液按一定比例、一定流速输入到系统中，经过一定处理（如渗析、混合、加热、反应等）后，液流达到稳定，此时进行检测，其结果为一定值，其值与被测物含量有关，因而可用来作定量分析。

在一定条件下（当比例泵的转速、反应盒体温度等都固定不变）对不含样液的接收流体进行检测时，可得一直线，称其为基线。当接收流体含有待测液时，检测结果为另一直线。从基线过渡到检测线，在输出的曲线图中为一平台，平台的高度即可作为定量测定的依据。

液体在泵管内流动时，由于摩擦的缘故，形成管中心流速大，靠近管壁的地方液体流速小的现象，特别是水与泵管润湿性强时，形成的这种现象更严重。这种现象的存在，产生一些不良作用，如由一个样品转换成另一样品时，泵管内剩余物的清除很费时间，样品在检测器中达到稳定状态也很慢，这样就消耗大量的试液和样品液，减慢了分析速度。

为了防止前一样品干扰后面样品，就必须保持泵管清洁，为此在两个样品之间加洗涤液清洗泵管。采用样品→洗涤液→样品→洗涤液的程序进样。进样次数可根据要求进行调节，在这种情况下在分析样品之前我们就需要先确定进样时间和清洗时间。

（1）进样时间的确定　连续流动分析仪所给出的分析曲线如图1-7所示。图中纵轴表示被测物的峰高，横轴表示进样时间。由图1-7可以看出，被测物的峰形中间有一段稳定的直线，这段直线就是反应平台，无谓地延长进样时间是不必要的，会浪费试剂并造成分析时间没必要的延长，分析效率低。根据分析曲线的形态，测试

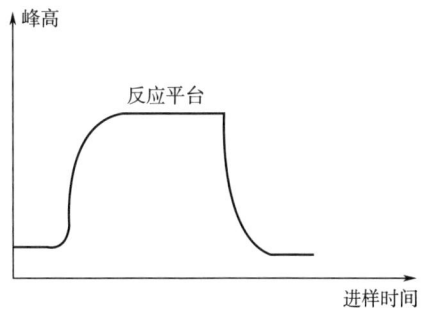

图1-7　被测物的峰形

者可以自行选定进样时间，最适宜的进样时间是达到反应平台后再延长5s。通常确定进样时间时，都选择最高浓度的标准溶液进行测试。

（2）清洗时间的确定　为了防止前一个样品干扰后面的样品，就必须保持泵管清洁。为此在两个样品之间加入清洗液，清洗泵管。通常的做法是，在最高浓度的标准溶液后面，接着进两个最低浓度的标准溶液，并且逐渐缩短清洗时间，直至最短时间也能产生同样高的两个最低浓度标准溶液的反应平台为止，此时间即为最佳清洗时间。

2. 流体驱动系统

蠕动泵是流体驱动系统的核心。蠕动泵的必要组件是弹性很好的、粗细有一定比例的塑料泵管，和一些沿圆周运动的金属滚筒。泵芯转动时，金属滚筒沿圆周运动，挤压着富有弹性的塑料管（又称泵管）。被挤压封闭在两金属滚筒之间的液体或气体，随滚筒一起向前运动，形成液体在泵管内的流动，而金属滚筒在后面泵管内形成负压，可以吸收液体和气体，因而当蠕动泵开

启时，便可连续地吸取液体，并使其在泵管内连续流动（图1-8）。当泵的转速（即滚筒沿圆周运动的速度）一定时，每个泵管内液体的流速也一定。而泵管内径不同（按反应需要选择不同内径比的泵管），各泵管输出的液体体积有一定比例，故蠕动泵也称作比例泵。

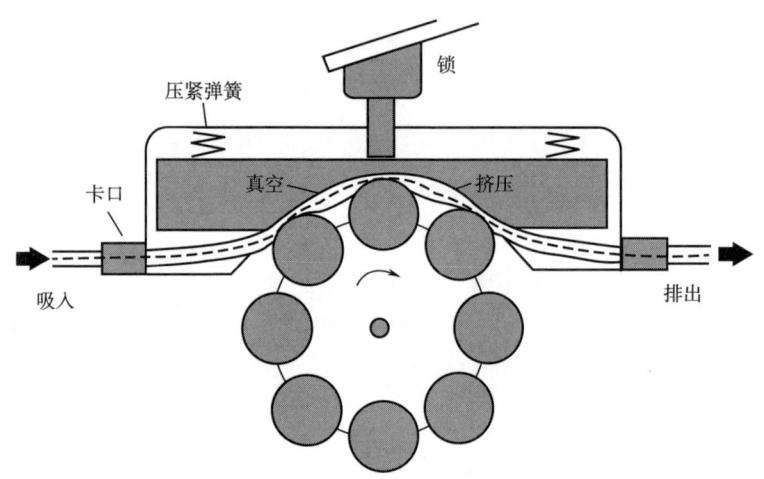

图1-8 流体驱动系统工作原理

蠕动泵由泵头、压盖、泵管和驱动电机组成。

泵头：泵头由滚轮、辊杠组成，滚轮直径一般为30~40mm，辊杠数量4~12根，采用8根的比较常见。滚轮、辊杠由耐腐蚀的金属材料或工程塑料制成。优良的蠕动泵泵头与驱动电机转动轴保持高度同心，滚柱表面光洁度高，每一辊杠配有独立的滚珠轴承，工作状态下泵头转动时，压迫泵管的辊杠也随之转动。

压盖：泵管上面是盖板和压盘组件，通过铰链固定在一起。当压盘放下并扣紧时，一个固定的压力作用于泵管。当移动滚轴通过泵管时，泵管被压盘挤压。通过连续不断地挤压放松泵管，液体和空气将被吸入并不断地推进直至通过整个系统。

泵管：泵管是蠕动泵的重要组成部分。蠕动泵的泵管材质一般为加入适量增塑剂的聚氯乙烯。泵管加工精度的要求比一般输液管要高，管的孔径要求准确，壁厚均匀一致，不同孔径的泵管壁厚相同，但是泵管不适用于浓度较高的强酸及多数有机溶剂。

驱动电机：蠕动泵的驱动电机多选用低速同步电机或步进电机。

3. 混合反应系统

混合反应系统又称为化学模块，是分析系统的一部分，化学反应在此部分进行。它放置在泵之后，包含所有需要的反应部件，如混合圈、渗析器、加热池等，这些部件安装在一个固定的盒体内。在反应的末期，样品/试剂混合液体直接从化学模块进入到数字比色计当中，进行比色分析。由于分析物质和分析方法的不同，盒体内部的结构也不同，基本是每种分析方法都有特定的盒体。

（1）混合器　混合器为一组玻璃制成的螺旋管，根据反应的需要，螺旋管的粗细、长度和匝数都有所不同。玻璃混合器用来确保两股流体充分混合。例如：样品/试剂或试剂/试剂，确保反应所需要的延迟时间。它们通常安装在增加试剂的液流后面。混合器采用玻璃材质，这种材质是惰性的、透明的，并且容易润湿。混合的时间依赖于试剂的黏度、浓度、流速和混合圈的直径。通过混合圈使反应物上下运动，高浓度和低浓度互相渗透，加速混合。在混合螺旋管内，液段长度应不大于圆周长的1/3，否则，液段不能被完全倒置而彻底混合。混合过程如图1-9所示。

混合圈一般用在试剂添加到反应流之后。通过安装混合圈使反应流上下流动，密度大的液体落入较轻的液体中，加快混合。

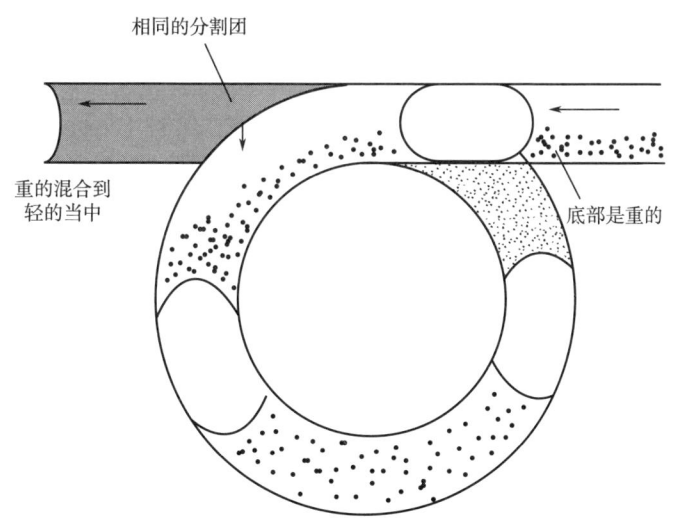

图1-9　混合器的混合作用

（2）渗析器　渗析器的内部主要是一个半透膜，孔径大小约为 4nm，它的作用是：大分子不能透过滤膜而被分离掉，只让小分子通过（图 1-10）。渗析方法对于分离干扰固体物或者大分子是一种方便的方法，可以有效地去除测定溶液中的色素等大分子干扰物。渗析器实质上是起着净化测定液的作用，将待测物质筛入接受液流中进行测定，而其他物质随载液排入废液池。在一些方法中，渗析器也起到稀释样品流的作用。渗析器中的气泡不需要同步运行，2 种载流只需有相同的流速和方向。对渗析效果造成影响的主要因素为液体的流速、温度、压力和渗析器上下部液体的离子浓度。

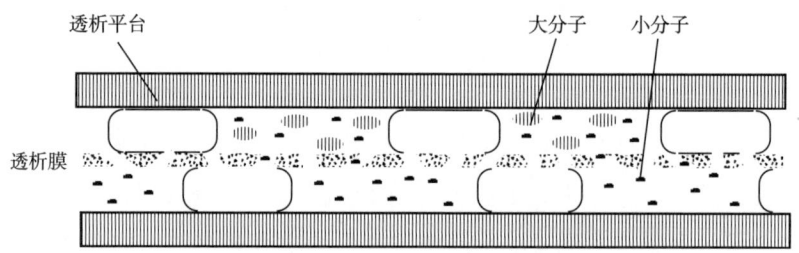

图 1-10　渗析器渗析过程示意图

（3）加热器　根据分析方法的需要，反应需要加热时，用加热器来实现，其结构如图 1-11 所示。加热器具有可更换的螺旋管，并带有高度精密调温器。加热器螺旋管破损、堵塞或损坏时应及时更换。水溶液的加热温度应低于 95℃，有机溶液的加热温度应低于其沸点 10℃，过高温度还会引起已溶解的气体从液流中释放出，在流通池内形成气泡，使峰形出现噪声，干扰测定。

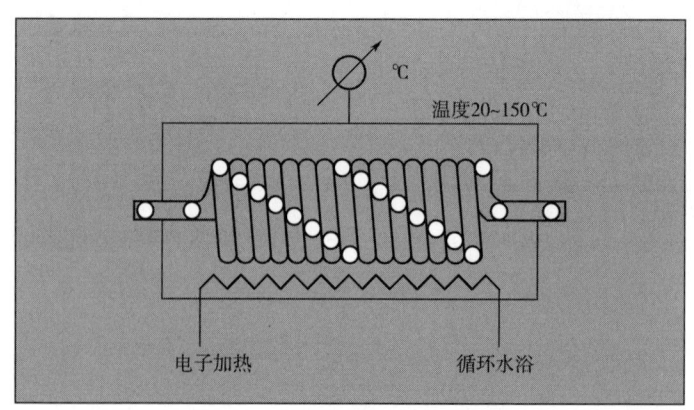

图 1-11　加热器结构示意图

4. 检测系统

检测系统能对被测组分产生瞬时而有选择性的最大响应信号并连续记录。连续流动分析仪的检测方法有多种，如：吸光光度法、火焰光度法、化学发光法、离子选择性电极法、荧光法、发射光谱法、原子吸收法等，可以根据分析的需要确定，不过通常使用的多是带流动池的吸光光度法和火焰光度法。连续流动分析仪由于在分析过程中加入了有规律的气泡，但是气泡的存在会对检测器的检测带来干扰（图1-12）。气泡在流过检测器的时候也会有信号输出到计算机，由于气泡的存在会使检测器给出的数值发生变化、干扰测定，因而液流进入检测器前，必须清除液流中的气体，在检测器前必须安装除气泡的装置。早期的连续流动分析仪在流体进入检测器之前是通过一根排废液管对气泡进行清除（图1-13），气泡因为密度较低上升到较高的管子中并排出到废液中，除气泡后的液体进入流动池。

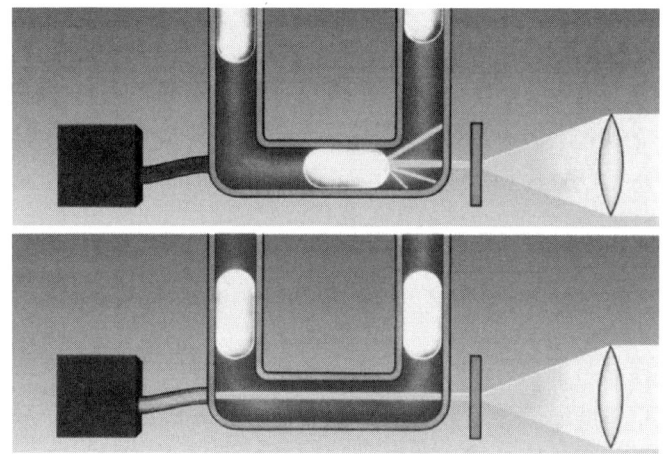

图1-12 比色计输出信号示意图

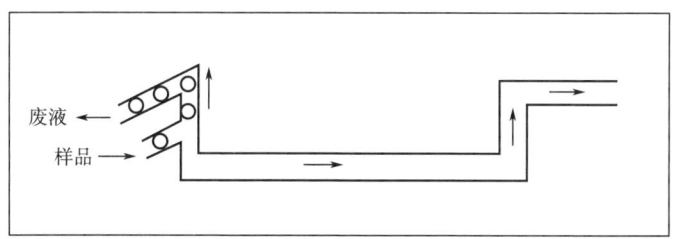

图1-13 机械除气泡示意图

随着检测技术的发展，目前连续流动分析仪检测器的除气泡装置采用了电子除气泡和光导纤维监测流动池两种方法。使用电子除气泡和光导纤维监测流动池方法的检测器，其比色池只有一个入口和一个出口，入口通道上有一个马蹄型检测器，当发现流动池内有气泡，此时检测器不输出信号到计算机或其他信号接收系统。部分连续流动分析仪除气泡采用软件方式，即通过软件算法从比色计信号中清除了气泡的干扰。

(四) 连续流动分析仪的运行检查

1. 方法

(1) 管路气泡均匀，流路平稳。

(2) 基线应平直，波动应小于±1%；峰形应为典型的刀刃峰。

(3) 工作曲线的制作应不少于4个点，线性相关系数≥0.9900。

2. 周期

每次开机均应运行检查。

3. 规则

运行检查符合要求，可进行后续操作。否则，停止检测，查明原因。

4. 操作

(1) 开启稳压器电源，使电压稳定至220V，打开计算机、检测器、蠕动泵和自动进样器。载入或编辑分析方法。

(2) 将蠕动泵置于高速，用活化水清洗管路至少15min。然后将拟分析项目的试剂导入系统，5min后将蠕动泵置于正常速度。

(3) 将样品溶液倒入样品杯，按顺序放入样品盘中。

(4) 试剂基线平直稳定后，由计算机启动分析开始。

(5) 样品分析结束数据存储后，将蠕动泵置于高速，用活化水清洗系统至少15min。关闭检测器、蠕动泵和自动进样器。

(6) 调出数据文件，处理打印分析结果。

(7) 关闭计算机、稳压器。

(8) 将试剂瓶盖上盖子归位。清理仪器。

(9) 填写《仪器运行检查、使用、维护、维修手册》。

第二节 用于烟草常规化学测定的连续流动分析仪

目前国内烟草行业用于烟草常规化学测定的连续流动分析仪主要来自四

家仪器生产商,这四家仪器生产商分别是:英国 SEAL 公司(SEAL Analytical GmbH)、荷兰斯卡拉分析仪器公司(Skalar analytical B. V.)、法国 Alliance 公司、美国 API 公司(Astoria-Pacific International)。连续流动分析仪按照泵管流量(混合反应圈的直径)的大小可分为宏流和微流两种类型,英国 SEAL 公司和荷兰斯卡拉分析仪器公司的仪器是宏流连续流动分析仪,法国 Alliance 公司和美国 API 公司的仪器是微流连续流动分析仪。下面对这四家仪器生产商的主要连续流动分析仪进行介绍。

一、英国 SEAL 公司 AA3 连续流动分析仪

(一)概述

1954 年医药临床科学家 Leonard Skaggs 提出连续流动化学分析技术概念。1957 年美国 Technicon 公司生产出世界上第一台连续流动分析仪 AutoAnalyzer Ⅰ(AA1)。从此 Technicon 公司成为这个技术的领导者,其注册品牌 AutoAnalyzer 也成为连续流动分析仪的代名词。1966 年 Technicon 推出了功能更强大、结构更完善的第二代产品 AutoAnalyzer Ⅱ(AA2)。1989 年德国 Bran+Luebbe 收购了 Technicon 公司的生产分析部门,连续流动分析仪的研发和生产转入德国汉堡。1998 年 Bran+Luebbe 在原 AA2 基础上推出了精度更高、寿命更长的 AutoAnalyzer 3(AA3,图 1-14)。2006 年英国 SEAL 公司收购德国 Bran+Luebbe 的连续流动分析仪和近红外分析仪全球业务,同时在德国成立德国 SEAL 仪器公司。2019 年,SEAL 公司正式推出其第四代产品 AutoAnalyzer 500(AA500,图 1-15),其和原 AA 系列一脉相承,功能更加完善、高度自动化、自动开关机;开机、清洗液加入、试剂加入、状态检查、进样、检测、清洗液加入、关机等操作全部自动化。

图 1-14　AA3 连续流动分析仪

目前已有 20000 多套英国 SEAL 公司的 AA 系列多通道连续流动分析仪为世界各地的不同类型用户工作,产品均在德国制造。仪器的化学分析方法有

图1-15　AA500连续流动分析仪

1000多种，其中700多种已被EPA、ISO、CORESTA、AOAC和DIN等权威机构所认可。目前应用于烟草及烟草制品中：总糖、还原糖、烟碱、氯、总氮、挥发碱、挥发酸、淀粉、硝氮、磷酸盐、硫酸盐、烟气中氢氰酸、氨；烟用纸张中的六价铬等的检测。

AA系列连续流动分析仪的分析方法符合YC/T和YQ/T中国烟草行业标准、国际CORESTA和ISO等相关标准的规定要求。

AA系列连续流动分析仪采用模块化设计，蠕动泵、化学分析模块、检测器模块和控制器完全独立，这样方便配置、升级、维修。

（二）进样器

英国SEAL公司的AA系列进样器主要型号：

1. 自动进样器

该型号自动进样器配置80杯样品盘，适于小工作量，可以配置单针、双针（图1-16）。

2. Compact二维自动进样器

该型号自动进样器配置100杯样品盘，适于中等工作量（图1-17）。

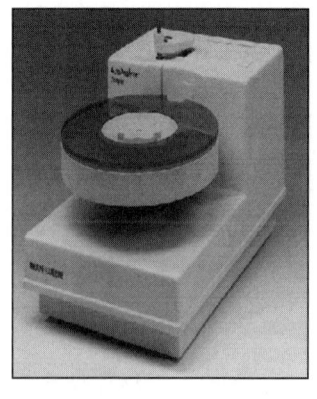 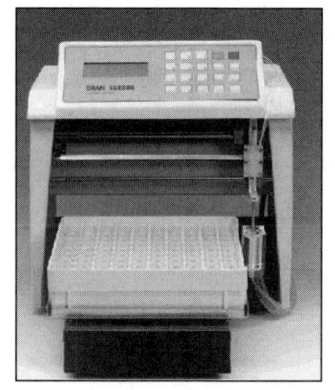

图1-16　自动进样器　　　　图1-17　Compact二维自动进样器

3. XY-2 三维随机进样器

该型号进样器（图 1-18）样品盘高度可调，能满足多个项目同时检测的需要，可选择双针进样（适于同一样品，以两种不同制备方法得到的样品）和自动稀释，进样器清洗装置如图 1-19 所示。该型号进样器进样针移动速度可调。该型号进样器主要特点：

（1）可以根据分析杯数选择不同样品盘：120 位、180 位、240 位、360 位。

（2）进样体积可调整，自动清洗。

（3）最大进样频率：120 样品/h。

（4）计算机控制，标准 RS232 接口或 USB 接口。

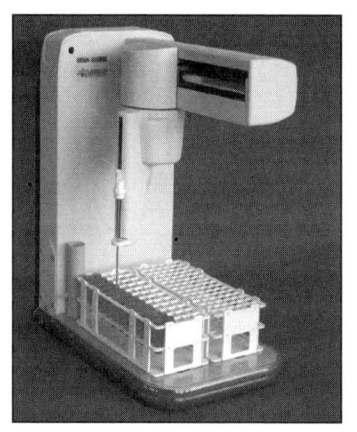

图 1-18　XY-2 三维随机进样器

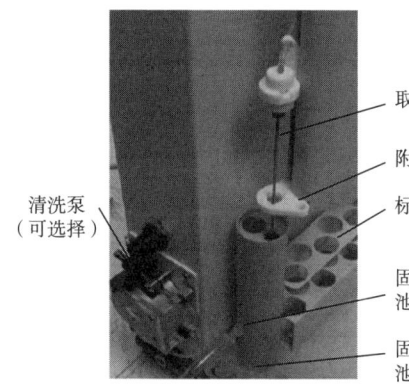
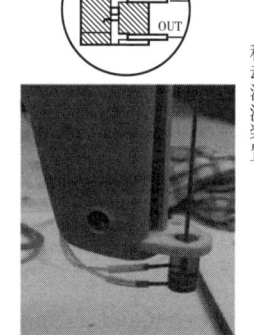

图 1-19　进样器清洗装置

4. AS 系列自动进样器（图 1-20）

该型号进样器主要特点：

（1）可以根据分析杯数选择不同样品盘：120 位、180 位、240 位、360 位、540 位。

（2）单针或多针模式，最多可进四针。

（3）标准溶液杯位：20 位或 40 位。

（4）独立的清洗泵。

（5）清洗池随移动吊臂一起移动。

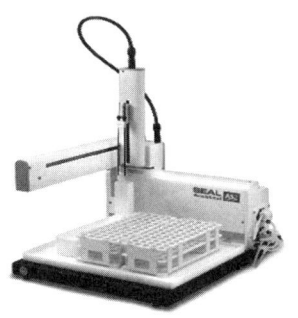

图 1-20　AS 系列自动进样器

（三）蠕动泵

SEAL 公司 AA 系列的蠕动泵为独立单元，例如 AA3 蠕动泵（图 1-21），能满足一次进样同时分析多个项目的需要。AA 系列为宏流连续流动分析仪，其蠕动泵主要具有下述特点：

（1）可放置 28 根泵管　泵管规格为 $0.05\sim3.9\text{mL/min}$，泵管材质有聚乙烯、抗溶剂、防酸、硅树脂 4 种。可放置 8 个空气管。

（2）空气阀　采用电磁阀控制气泡加入，保证气泡的均匀和规则；备用的复合供气套件可实现从一个泵管供给数个空气阀。

（3）具有泄漏自检功能　如果有漏液现象发生，停止工作，漏液能被安全自动地排出蠕动泵。

（4）泵速可调　手调及计算机控制多个操作速度：运行——正常速度，清洗——高速、低速——用于节省试剂（计算机控制的间歇模式）。压盘打开时，安全开关会自动停止马达工作。

（四）化学分析模块

该化学分析模块（图 1-22）主要特点：

（1）一个化学分析模块容纳两个化学分析模块。

（2）混合圈是由化学惰性的玻璃制成，防腐蚀，同时能清楚地观察内部的反应情况和气泡模式是否规则，管件内径 2.0mm，排除由于样品脏而引起的系统堵塞风险。

（3）高精度恒温加热器提高了机器数据的可重复性，其内部混合圈可以更换。

（4）透析膜消除样品颜色和极脏样品引起的干扰。

（5）检漏器防止化学试剂在有漏液情况发生时损伤机器，自动排出漏液。

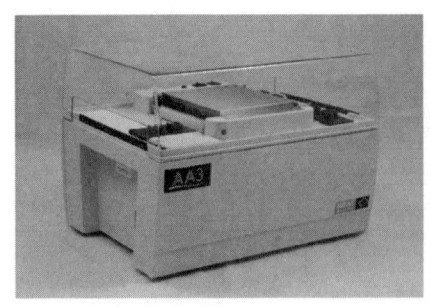
图 1-21　AA3 蠕动泵

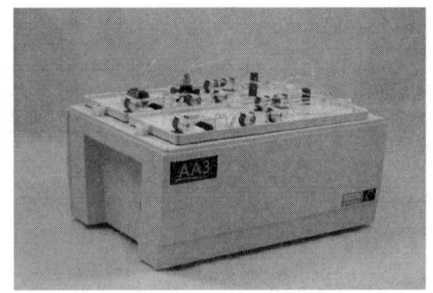
图 1-22　化学分析模块

(五) 检测器

AA 系列的检测器通常配置两个双光束光度计（图 1-23），光度计主要由光源、滤光片、光路、流通池、侦测器组成。检测器检测波长范围为 340～880nm，AA 系列检测器主要特点：

(1) 双光束光度计，能扣除背景。

(2) A/D 转换器分辨率：2^{24} 位的数字图形分辨率。

(3) 线性范围：0～1.8（Abs），检测分辨率：0.1μg/L。

(4) 计算机控制比色计的基线和灵敏度的调节，最大灵敏度 0.001AUFS。

(5) 软件自动识别气泡，气泡在检测池里被自动识别。

(6) 灯电压可调。

(7) 流动检测池的传输是密封的，以保证光路的温度平衡和防止意外损伤的发生。

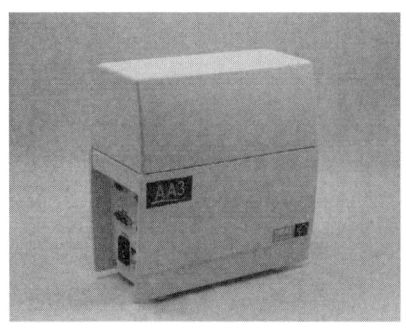

样品光路　　　参比光路

图 1-23　双光束光度计

(8) 可适配紫外光度计、火焰光度计 (图 1-24)、荧光光度计等各种检测器。

(9) USB 接口，直接和计算机相连。

（六）AACE 分析软件

该分析软件（图 1-25）特点：

(1) 由工作站自动控制，WINDOWS XP 及 Vista、WINDOWS 7 下操作（或以上版本），并且可和 LIMS 连机，自动进行程序控制、数据处理、显示图形和打印结果；可转换中、英文界面；自动产生文件名与样品编号，并能够在开机运行时修改文件，能将检验结果转换为文本文件。

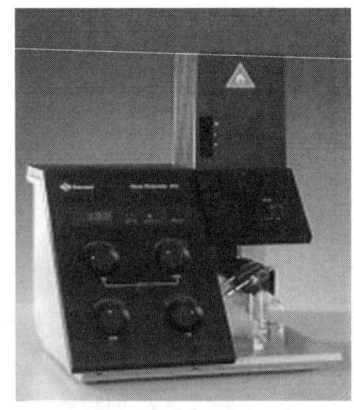

图 1-24 火焰光度计

(2) 软件能完成数据质量控制管理（QCM）和仪器控制，自动标定曲线。

(3) 每个化学方法需配套专门的方法手册，详细说明该方法的量程范围和应用原理、操作程序；所需的化学试剂、标准溶液的制备方法等项目及工作曲线、最低检测限、变异系数等指标的支持数据、谱图。

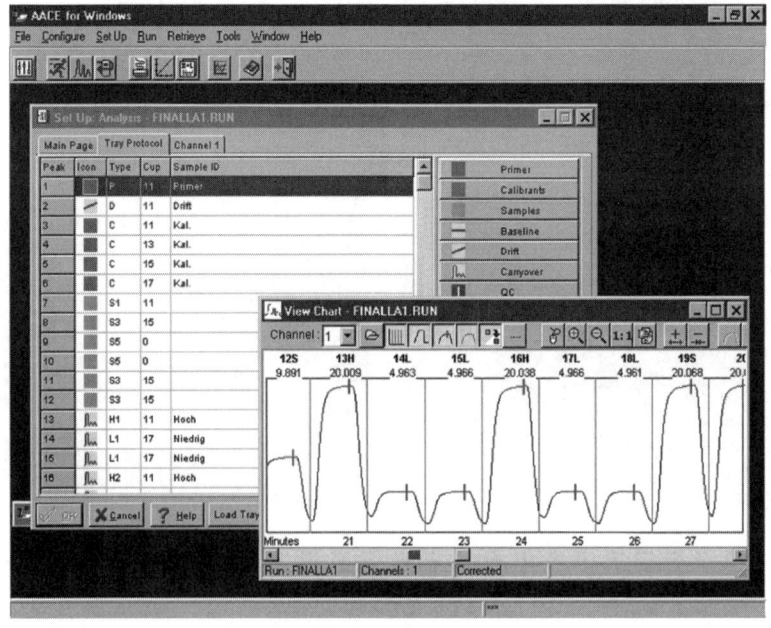

图 1-25 分析软件界面

二、荷兰 Skalar San++ 连续流动分析仪

（一）概述

斯卡拉分析仪器公司（Skalar analytical B. V.）成立于1965年，总部位于荷兰的南部城市布雷达（Breda），是一家专注于研发和制造自动化分析仪器的荷兰公司，前身是荷兰一所大学专门研究方法自动化的研究所。1965年成立员工股份制公司一直发展至今，在大多数欧洲国家、北美地区、亚太地区均设有分公司，在全球110多个国家地区设有办事处和专业代理。在自动湿化学分析和自动化检测领域有超过50年的研发和制造经验，目前在全球已经有20000多台分析仪器应用于烟草、水质、土壤、植物、肥料、食品、饮料、啤酒、葡萄酒等领域，为实验室烦琐的化学分析和检测提供自动化、高效、安全和环保的解决方案。在烟草检测领域，Skalar连续流动分析仪可用于检测总糖、还原糖、总氮、总植物碱、氯、钾、磷酸盐、挥发碱、氨、硝酸盐、淀粉、硫酸盐、氰化氢、氨基氮和六价铬等指标。Skalar San++烟草连续流动分析仪（图1-26）设计符合 YC/T 和 YQ/T 中国烟草行业标准、国际 CORESTA 和 ISO 等标准的规定。

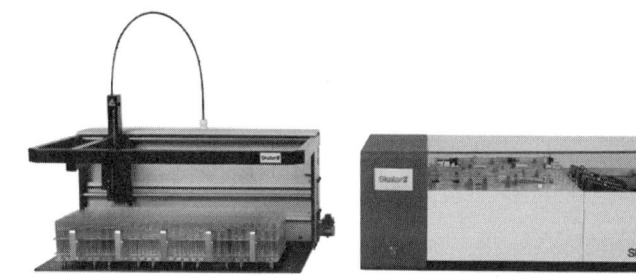

图1-26　Skalar San++连续流动分析仪（Skalar第七代产品）

（二）进样器

Skalar San++的进样器主要有下述型号：

1. 1100型取样器（图1-27）

该取样器具有以下特点：

（1）计算机控制的随机取样器，可快速设置、全自动化运行。

（2）该装置可容纳100位或100+100位的样品，搭载带有专用位置的标准品支架，用于标准溶液的放置。

（3）双针取样模式可同时进行两种不同基质样品的分析。

（4）取样器完全由软件控制，可配备用于手动控制的数显式软键盘（1150）独立控制。

2. 1050 型取样器（图 1-28）

该取样器具有以下特点：

（1）取样器具有 140 个样品位，适合中型样品批量的实验室。

（2）标准、空白和 QC 样品具有独立位置。

（3）可集成稀释器，自动制备工作标准系列、前稀释和超程后稀释。

（4）可选双针取样模式同时进行两种不同基质样品的分析。

图 1-27　1100 型取样器

图 1-28　1050 型取样器

3. 1074 型取样器（图 1-29）

该取样器具有以下特点：

（1）计算机控制 XYZ 维自动进样器。

（2）取样器可装载最多 300 杯样品，每个样品杯容量至少 10mL。

（3）搭载四针取样装置，可以同时执行四种不同基质样品的分析。

（4）内置独立的 40 个标准品、空白和 QC 样品位。

（5）可集成稀释器，自动制备工作标准系列、前稀释和超程后稀释。

（6）附带四通道清洗泵和独立的四通道清洗池，可使用四种不同清洗液清洗取样针及管道。

（7）具有跳洗功能，可在不同样品取样及清洗期间连续执行三次跳洗，每次跳洗可连续自动注入三个间隔气泡，防止交叉污染。

（8）可集成自动或手动的条码阅读器用于样品的快速录入。

（9）可带隔膜密封瓶取样装置，可以防止外界气体对样品的干扰。

（10）该取样器可执行大批量样品的自动分析，提高了实验室的分析能力和灵活性。

4. 1075型取样器（图1-30）

该取样器具有以下特点：

（1）该取样器可装载最多576个样品，内置独立的26个标准品、空白和QC样品位。也可以根据用户需求，对取样器进行定制，满足不同规格和数量的样品杯和样品架的要求。

（2）多针取样满足多种基质样品的同时分析。

（3）可集成稀释器，自动制备工作标准系列、前稀释和超程后稀释。

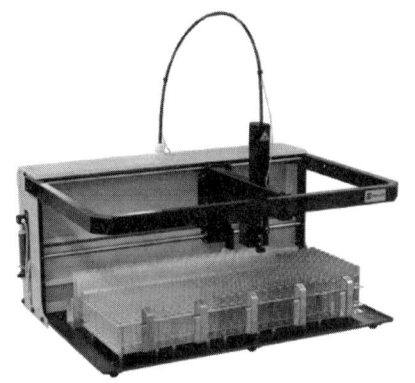 

图1-29　1074型取样器　　　图1-30　1075型取样器

（三）四位一体的化学反应主机

Skalar San++的蠕动泵、化学分析模块、检测器和控制器采用一体化设计，即四位一体的化学反应主机（图1-31），其特点：

（1）可选三通道、五通道、六通道化学反应主机，1台主机可同时放置3~6个模板。

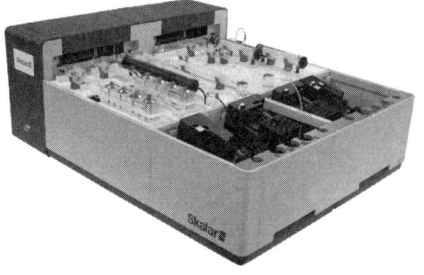

图1-31　四位一体的化学反应主机

（2）主机一体机结构。蠕动泵、化学分析模块、检测器和控制器四位一体放置在化学反应单元中，各模板、部件独立互不干扰。

（3）将蠕动泵进样、化学模块化学反应、检测器检测结合在一起，进样后马上进入分析模块反应，可避免进样管道过长导致的携带污染增加；化学反应完全后马上进入检测器检测，可避免检测延迟。

（4）化学分析主机内置彩色触摸屏微处理控制器，可实时监控仪器运行状态、数字显示泵速、各反应器、蒸馏器、消解器的实时温度和设置温度、漏液监测、检测器光源寿命监控和耗材更换提示等功能。

（5）加热反应器等温度既可直接通过内置于化学分析主机的触摸屏实时数字显示和设定温度值，也可以通过计算机软件程序自动控制温度。

1. 蠕动泵

每台主机搭载2台高精度蠕动泵（图1-32），满足同时放置5个模板的需要。32或42个泵管位，一对空气阀，12个或20个空气注入位。具有漏液自动检测和自动保护功能，联机速度可调，测量完成后蠕动泵减速，减少试剂消耗。该蠕动泵具有以下特点：

（1）具有独立的空气泵注入气泡，无需蠕动泵管损耗，标准的蠕动泵管规格 $0.10\sim2.5mL/min$。

（2）12个滚轴蠕动泵，精度$\leq0.5\%$。

（3）通过高精度电子注射器注入气泡，超静音。

（4）泵速既可通过主机内置的触摸屏四速可调（关、慢速、常速和快速），也可通过计算机软件程序自动调节。常速挡用于正常分析，快速挡用于快递启动和清洗；慢速用于待机分析、维持分析基线状态；关用于结束分析和间歇分析。

（5）采用独立电子空压机集中进气的方式，可对进入气体进行专门的洗气和气流量精确控制的有效管理，消除环境因素的干扰和提高分析的稳定性。

（6）可在不同的位置配备漏液检测装置，连续监控蠕动泵漏液状况并作出快速干预，如果发生泄漏，泵将自动停止运行并发出相应的警报，保护仪器和环境以免受到破坏。

2. 化学分析模块（图1-33）

该化学分析模块特点：

（1）化学分析模块包括所有必需的组件，可实现全自动分析。

（2）化学分析模块根据分析需要由混合圈、吸管、透析膜、反应器、玻璃接头、传输管及套夹等组成。

（3）根据不同的分析指标配置各种化学处理装置（图1-34），如在线透析、在线消解、萃取、蒸馏和加热等复杂的化学应用。

（4）一个化学反应单元根据其需要可完成稀释、加样、混合、加热、透析、抽提和相分离、蒸馏、消化、水解和离子交换等功能。

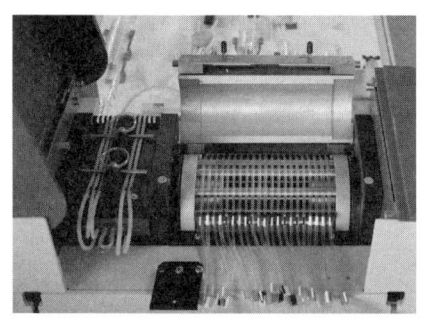

图1-32 高精度蠕动泵

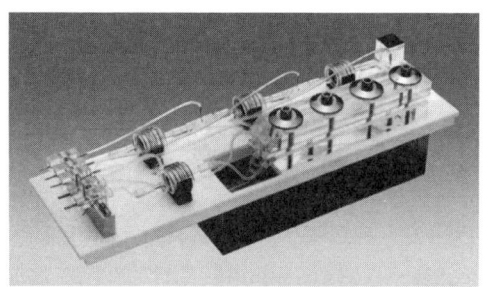

图1-33 化学分析模块

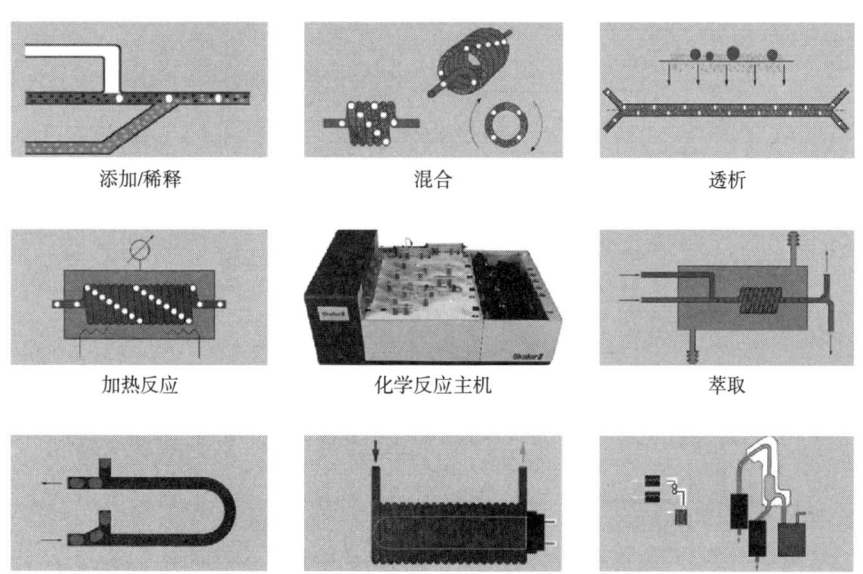

图1-34 化学处理装置

3. 检测器

San++系列可根据分析的要求配置不同类型的检测器，如双光束LED光度计、双波长背景扣除光度计、紫外光度计、红外（IR）检测器、火焰光度计、离子选择电极（ISE）、荧光光度计（图1-35）。

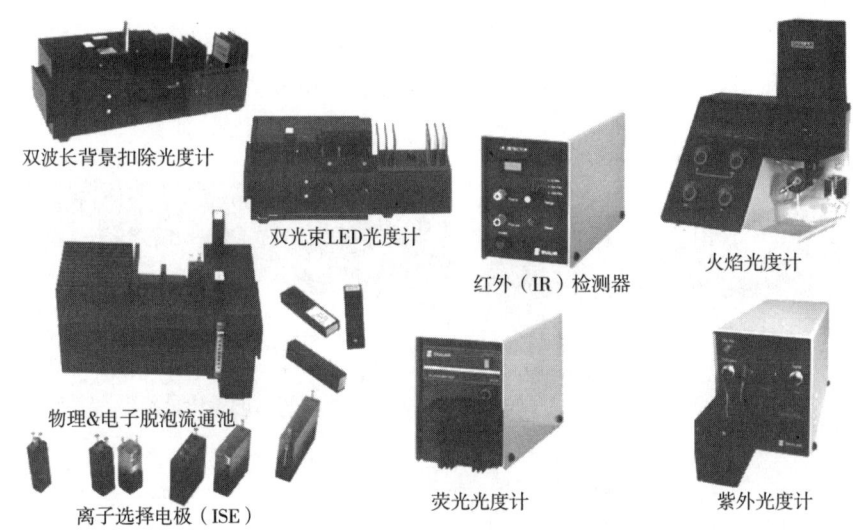

图1-35　检测器

（1）双光束LED光度计　双光束结构，可选5~50mm流通池或1~5m长光程流通池用于高灵敏度的分析，32位的数模转换器，基线和灵敏度由软件自动调节。

（2）双波长背景扣除光度计　采用两个不同波长（检测波长和背景修正波长）检测，自动算得这两个检测器数据的差值。用于检测背景干扰大的样品并分析（如高盐样品、生化样品或酸消化后的样品）。

（3）火焰光度计　用于钾和钠的检测。

（4）荧光光度计　独特的设计专用于流动分析，用于β-葡聚糖、柠檬酸、氨等指标检测。

（5）红外（IR）检测器　用于紫外过硫酸盐、总有机碳、TOC等项目的检测。

（6）紫外光度计　数字式紫外可见分光光度计在200~1000nm波段下检测。

（四）全面控制和数据处理软件FlowAccess™ V3

FlowAccess™ V3（图1-36）是用于Skalar San++连续流动分析仪的最新一代的数据采集和仪器控制软件包，具有以下特点：

（1）具有质量控制特色，包括 CLP 协议和加强的分析工具等功能。

（2）可自动制备工作标准、基线和漂移自动修正，实时样品表格编辑和完整的每个分析的原始数据储存等。

（3）FlowAccess™ V3 可对系统中每个部件进行独立控制，包括取样器、试剂控制阀、蠕动泵、化学处理部件（如反应加热器和蒸馏装置）、检测器和无人监控装置，最多可连接 6 个取样器和 16 个通道同时检测分析，并且可实时显现多通道或单通道的峰形图，可边分析边看到分析结果，一屏多视，同时显示结果表、校正曲线和实时峰形。修正时可选不同的校正曲线、检测限，数据可输入或输出至 Excel、ASCII 和 LIMS 中，也可根据需要自定生成的报告格式。

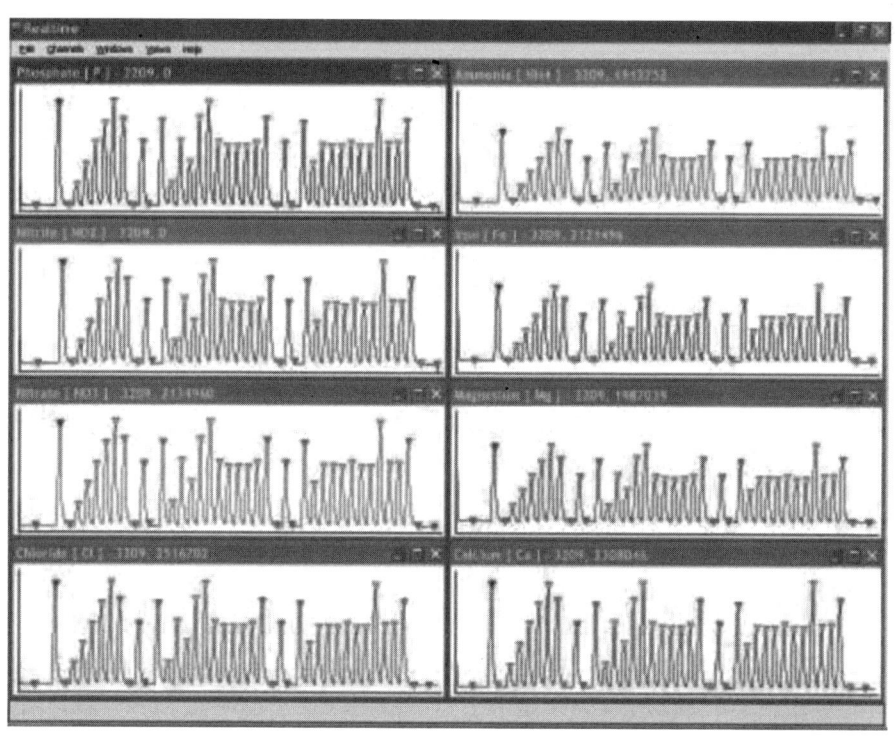

图 1-36　FlowAccess™ V3 样品分析界面

（4）该软件支持全面统计和质量控制标准，如校正和方法有效性、带数据和方法的结果储存、文件写保护和智能判定都符合 ISO 8466、DIN 32645 等标准的规定。可计算出最低检测限、残余标准偏差、相关性、t 检验、F 检验等。

（5）FlowAccess™ V3 增强型设置包括自动预稀释和事后稀释的自动样品制备功能。在每个化学通道参数中可设置预稀释倍数。高级设置用于自动事后稀释，当样品的浓度超出量程，则根据样品的浓度大小自动定义稀释倍数，重新稀释后再重新分析。

（6）“表向导”工具可用标准样品表格方便快速地创造一个完整的分析样品表格，表格的结构和内容可通过向导用户快速制定（图 1-37）。可设定漂移/清洗值、校正标准、样品的 CLP 间隔和加入的样品总数量，自动生成最终的分析表格。

（7）软件登录分不同管理级别密码，有效防止非授权进入。原始数据以文档形式存盘，防止数据在处理期间被破坏。主要控制屏以图形界面展示 SAN++分析仪，软件通道设计与分析仪所有部件相连。

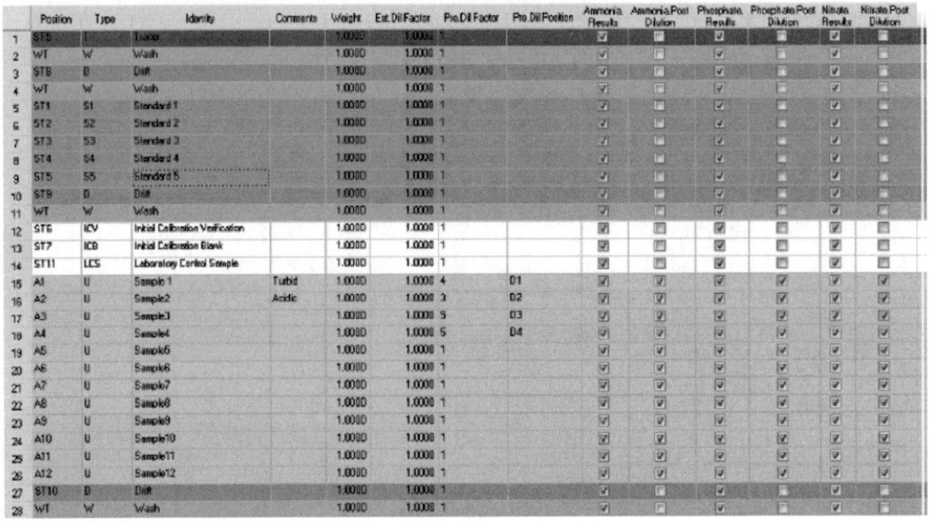

	Position	Type	Identity	Comments	Weight	Est.Dil Factor	Pre.Dil Factor	Pre.Dil Position	Ammonia Results	Ammonia Post Dilution	Phosphate Results	Phosphate Post Dilution	Nitrate Results	Nitrate Post Dilution
1	ST8	T	Tracer		1.0000	1.0000	1		☑	☐	☑	☐	☑	☐
2	WT	W	Wash		1.0000	1.0000	1		☑	☐	☑	☐	☑	☐
3	ST8	D	Drift		1.0000	1.0000	1		☑	☐	☑	☐	☑	☐
4	WT	W	Wash		1.0000	1.0000	1		☑	☐	☑	☐	☑	☐
5	ST1	S1	Standard 1		1.0000	1.0000	1		☑	☐	☑	☐	☑	☐
6	ST2	S2	Standard 2		1.0000	1.0000	1		☑	☐	☑	☐	☑	☐
7	ST3	S3	Standard 3		1.0000	1.0000	1		☑	☐	☑	☐	☑	☐
8	ST4	S4	Standard 4		1.0000	1.0000	1		☑	☐	☑	☐	☑	☐
9	ST5	S5	Standard 5		1.0000	1.0000	1		☑	☐	☑	☐	☑	☐
10	ST8	D	Drift		1.0000	1.0000	1		☑	☐	☑	☐	☑	☐
11	WT	W	Wash		1.0000	1.0000	1		☑	☐	☑	☐	☑	☐
12	ST6	ICV	Initial Calibration Verification		1.0000	1.0000	1		☑	☐	☑	☐	☑	☐
13	ST7	ICB	Initial Calibration Blank		1.0000	1.0000	1		☑	☐	☑	☐	☑	☐
14	ST11	LCS	Laboratoy Control Sample		1.0000	1.0000	1		☑	☐	☑	☐	☑	☐
15	A1	U	Sample 1	Turbid	1.0000	1.0000	4	D1	☑	☑	☑	☑	☑	☑
16	A2	U	Sample2	Acidic	1.0000	1.0000	3	D2	☑	☑	☑	☑	☑	☑
17	A3	U	Sample3		1.0000	1.0000	5	D3	☑	☑	☑	☑	☑	☑
18	A4	U	Sample4		1.0000	1.0000	5	D4	☑	☑	☑	☑	☑	☑
19	A5	U	Sample5		1.0000	1.0000	1		☑	☑	☑	☑	☑	☑
20	A6	U	Sample6		1.0000	1.0000	1		☑	☑	☑	☑	☑	☑
21	A7	U	Sample7		1.0000	1.0000	1		☑	☑	☑	☑	☑	☑
22	A8	U	Sample8		1.0000	1.0000	1		☑	☑	☑	☑	☑	☑
23	A9	U	Sample9		1.0000	1.0000	1		☑	☑	☑	☑	☑	☑
24	A10	U	Sample10		1.0000	1.0000	1		☑	☑	☑	☑	☑	☑
25	A11	U	Sample11		1.0000	1.0000	1		☑	☑	☑	☑	☑	☑
26	A12	U	Sample12		1.0000	1.0000	1		☑	☑	☑	☑	☑	☑
27	ST10	D	Drift		1.0000	1.0000	1		☑	☐	☑	☐	☑	☐
28	WT	W	Wash		1.0000	1.0000	1		☑	☐	☑	☐	☑	☐

图 1-37　FlowAccess™ V3“表向导”工具

（五）分析仪的扩展和选件

San++系列连续流动分析仪在进样器、蠕动泵、化学分析模块、检测器、数据处理记录系统这五部分基本模块之外，还提供选配的扩展系统。

1. 无人值守系统（图 1-38）

San++系列提供由计算机控制的无人值守系统和自动清洗阀，相关各组阀门允许分析仪自动启动和关闭，整个分析过程无需人员监控自动运行，从而延长了有效的工作时间，提高了样品的分析数量。与自动阀结合的无人监控装置可使系统按预先设定好的程序进行全自动的启动分析、结束关机、试剂/清洗液自动切换，并对系统自动清洗，自动维护。

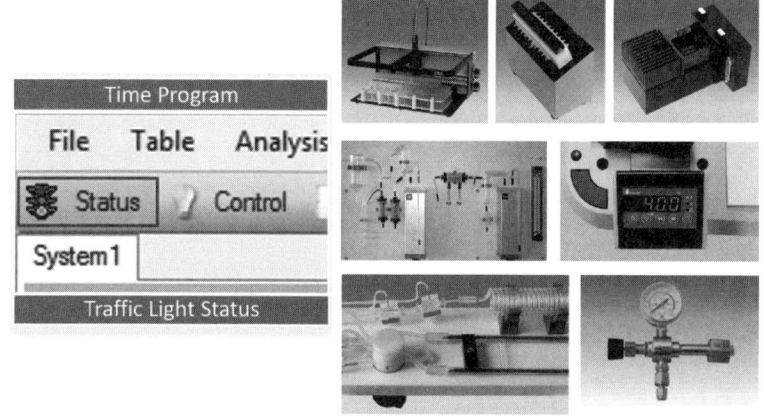

图1-38　无人值守系统

2. 远程监控（图1-39）

仪器操作人员可通过远程监控的访问功能在实验室网络可及范围内的任意地点检查仪器状态并进行诊断，可以随时查看运行情况、分析结果、设置信息、进行仪器诊断并解决故障、检查漏液、实现仪器的开启、暂停和停止样品运行。

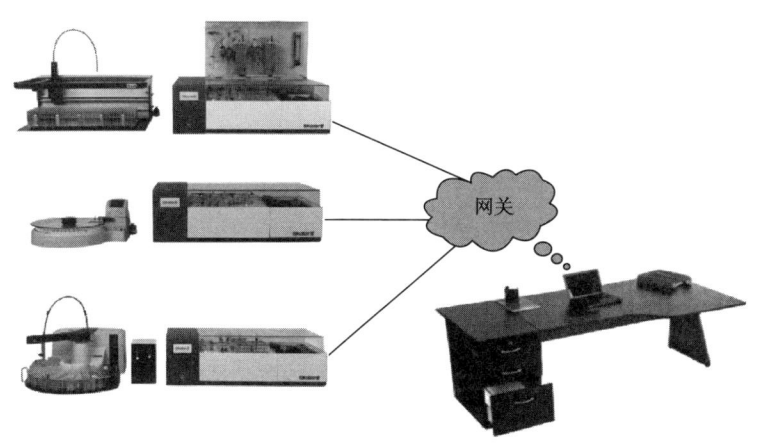

图1-39　远程监控

3. 自动稀释和标准工作系列的制备（图1-40）

取样器中配置1~4个自动稀释器，可同时对四个不同指标单独执行前稀释和事后稀释，无需人工干预，扩展了应用的分析范围。此外，软件控制的稀释器也可自动制备工作标准系列，提高了分析的自动化程度，消除了人为的错误。

4. 多针取样和样品均质混匀装置

通过使用自动取样器上的多针取样功能，可同时采集1~4种不同基质的样品（图1-41）。当样品可能沉降并且其对分析具有重要意义时，可在取样器中配置独立的样品混匀装置均质取样，确保了分析的准确性和精密度。

图1-40 双通道自动稀释器用于标准工作系列自动配制和样品自动稀释

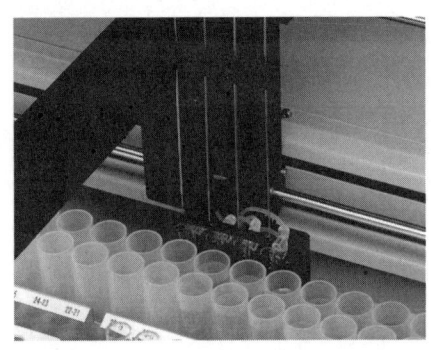

图1-41 四针同时采集四种不同基质的样品

5. 计算机程控自动清洗阀（图1-42）

San++系列提供由计算机控制的自动清洗阀，软件自动执行试剂和清洗液快速切换，用于分析模块的自动清洗或自动进试剂，无需人工干预，消除手工操作误差，包括：10通道和5通道自动清洗阀，5+2通道耐酸碱/有机溶剂自动阀等。

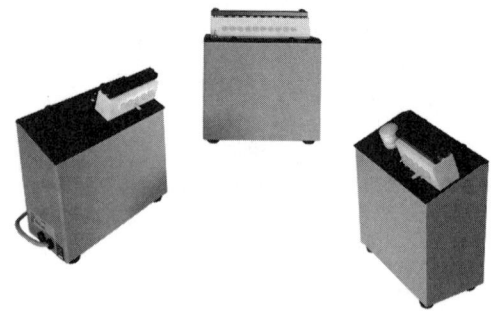

图1-42 计算机程控自动清洗阀

三、法国 Alliance 公司 Futura 连续流动分析仪

（一）概述

AMS Alliance 作为 KPM Analytics 集团的一部分，是一家为农业、环境、食品、饮料和医疗诊断等行业用户提供精密仪器及专业解决方案的全球性公司，在意大利罗马、法国巴黎和美国等地设有研发制造中心，并且在 45 个国家和地区成立了分公司以及销售服务网络。AMS Alliance 公司始建于 1973 年，专注于全自动湿化学分析技术，是集仪器研发、设计和生产的大型分析仪器生产厂家，总部位于意大利，在法国、美国和德国设有分部。法国 Alliance 公司隶属于 AMS Alliance 公司，1988 年成立，是 AMS Alliance 公司的连续流动分析仪制造研发中心，进入中国市场 30 多年，主要产品是 Futura 连续流动分析仪，是目前市场上唯一能将微流与宏流结合在同一台仪器上使用的连续流动分析仪（图 1-43）。主要用于烟草及烟草制品中总糖、还原糖、氯化物、烟碱、钾、总氮、氢氰酸、硝酸盐等化学物质的全自动分析。

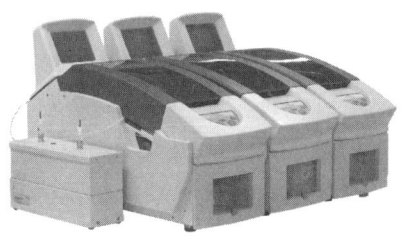

图 1-43 Futura 连续流动分析仪

（二）进样器

Futura 连续流动分析仪主要有下述进样器：

1. 104 位转盘式取样器（图 1-44）

该取样器具有以下特点：

（1）取样器配有密封器，避免样品污染，并可通过透明可视窗口观察其工作状态。

（2）四通道清洗泵，独立清洗取样针，无需共用蠕动泵。

（3）自动取样、重复取样、自动归零，适合大批量样品分析。

（4）双针取样，最多可四针同时取样。

（5）可以配备稀释器进行标准曲线自动稀释。

（6）可以配备搅拌器对样品进行预处理。

2. 30 位二维顺序取样器（图 1-45）

该取样器具有以下特点：

（1）30 个样品位的样品盘，适合小批量分析。

（2）顺序取样，配置移动清洗池。

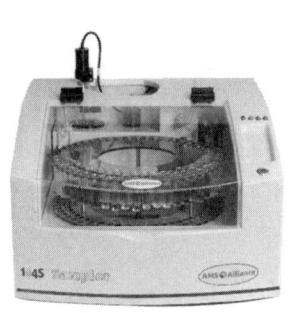

图 1-44　104 位转盘式取样器

图 1-45　30 位二维顺序取样器

3. 240/360 位 XYZ 三维取样器（图 1-46）

该取样器具有以下特点：

（1）软件设置，可选用 240 个样品位（10mL）或 360 个样品位（5mL）的样品盘，适合大批量样品分析。

（2）三维随机取样，CFM 软件完全控制管理，自动制备标准系列。

（3）自动稀释溢出范围的样品，包括分析前预稀释和分析后稀释。

图 1-46　240/360 位 XYZ 三维取样器

（4）配置移动清洗池，单针/双针/四针取样。

4. 移动清洗池（图 1-47）

Futura 连续流动分析仪的进样器可配置移动清洗池，死体积小于 $10\mu L$，节约清洗时间和清洗液。移动清洗池具有以下特点：

（1）不需要清洗泵，也不需要固定清洗槽不间断泵入清洗液。

（2）移动清洗池与取样针同步移动，无清洗废液产生。

（3）清洗池死体积极小，样品交叉污染可能性低。

（4）无需配备专门的取样针清洗管路，节省了清洗液。

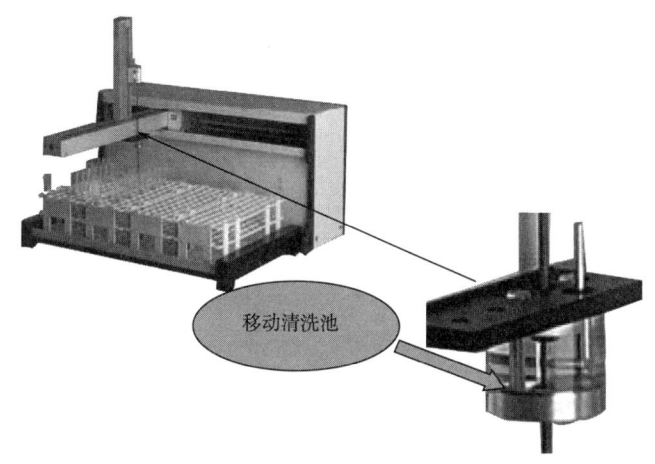

图1-47 移动清洗池

（三）Futura 分析主机

Futura的蠕动泵、化学分析模块、检测器和控制器采用一体化设计，每个分析主机均标准配置1套控制系统、1台高精度微型蠕动泵、1套APS自动压力控制系统、1套自动试剂/清洗阀、1套分析模块（含在线透析、热浴装置）、1套检测器等（图1-48）。若某个通道更换模块、停止分析或某个通道某个部件出现故障，不会影响其他正在运行的通道；当只分析一个参数时，只需启动其中一个通道，节约了分析成本，延长了仪器使用寿命。这种设计对于以后逐个添加通道也极其便利，如果购买一个通道就不必再买一个四通道或二通道结合体，充分合理地利用了仪器。分析模块可更换设计，每个通道可用于2个以上不同项目的分析，2min内实现分析模块更换。由同一软件直接控制，既可以单独分析，也可同时分析，如配置六通道，可实现六个常规分析项目同时快速检测（总糖、还原糖、钾、氯、烟

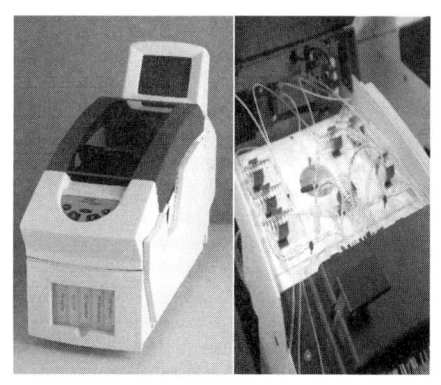

图1-48 分析主机

碱、总氮)。

Futura 软件系统最多可以同时控制 16 个通道，系统可以从 1 个分析通道配到 16 个通道，每个分析通道均保持独立性，即最多可 16 个通道同时分析，也可每个通道独立分析（图 1-49）。

图 1-49　仪器整体装置

1. 高精度蠕动泵（图 1-50）

该蠕动泵具有以下特点：

（1）单个泵能提供 13 个泵管位，满足各种参数分析的需要；能精确计量空气或氮气气泡，并由蠕动泵直接注射，不需额外的空气泵和电子阀辅助输入。

（2）泵管压盖可由程序设定来自动调紧或放松（APS 自动压力系统），试剂位/清洗位可由程序设定自动切

图 1-50　高精度蠕动泵

换，可以在无人照看下自动开启或关闭，待机状态下延长泵管的使用寿命。

（3）可选配检测器，漏液时自动排出漏液，报警并自动停止运行主机。

（4）泵速可调设计，泵的运转可通过计算机控制，也可手工控制，适于微流或宏流转换。

（5）每个泵具有 12 根泵轴，枕形体积小，误差小。泵轴间距为 7.5mm，产生的脉冲小，分析流路稳定。可以采用蠕动泵直接进气泡，不需要空气泵或空气电子阀辅助进气泡。

（6）每个通道均配置一台蠕动泵，保证每个通道的独立性和泵的长期寿命，每台泵保质期5年。

2. 自动清洗阀（图1-51）

有5个滑动阀，由马达进行试剂和清洗液的自动切换，与蠕动泵结合使用，可实现自动清洗、自动取试剂功能，以下情况可使用自动清洗阀：

（1）特殊电子控制气泡注入。

（2）带稀释回路的双检测范围方法。

（3）水洗之前的特殊清洗。

（4）为分析流路加入氮气保护。

自动阀有三档：①关闭位。封闭所有试剂和样品流路；②洗涤位。洗涤液流经各个试剂流路；③试剂位。试剂流经各个试剂流路泵管。自动阀使整个仪器系统实现完全自动化成为了可能，用户只需设定时间程序，整个仪器会按部就班地自动完成开泵、压紧泵管压盖、进样、分析、数据处理、报告打印、清洗、停泵、调松泵管压盖、关机等系列步骤。将用户从在仪器旁的辛苦等待过程中完全解放出来，用户只需将样品放在取样器上，启动时间程序，然后等分析结束取数据报告。

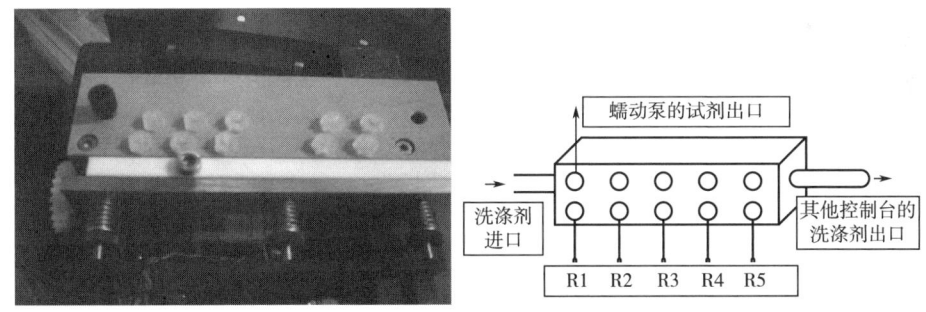

图1-51 自动清洗阀

3. 化学分析模块

每一个分析参数对应一套分析模块，通过不同的处理单元组成的分析模块，对样品进行透析、萃取、蒸馏、消化等处理，来分析不同的参数（图1-52）。

具有微流或宏流结构：分析模块反应圈或混合圈（有各种不同圈数的规格）采用石英玻璃材质，使用寿命长。混合圈、热浴圈等石英玻璃器皿有1mm（微流）和2mm（宏流）两种规格，微流比宏流分析速度更快，是宏流分析速度的 2 倍,且更节约试剂,烟草中常规六项均采用微流结构,分析速度达到 60 样/h,试剂消耗量仅为宏流结构的 1/5~1/4。

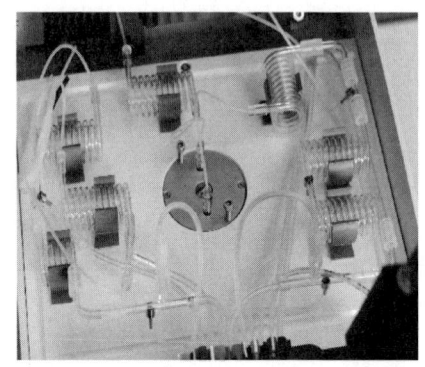
宏流模式/管径2mm

微流模式/管径1mm

紫外消解器

高温高压消解器

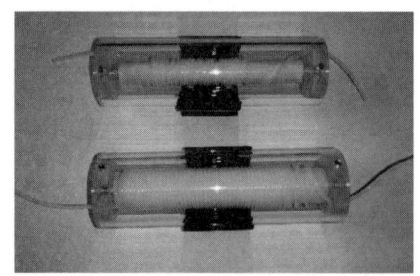
在线萃取圈

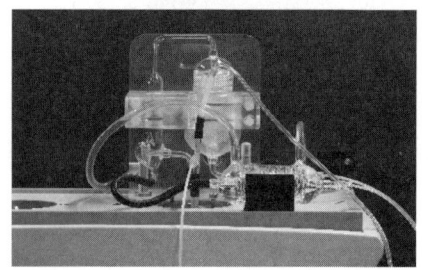
蒸馏器

图 1-52　Futura 处理单元

4. 试剂柜

Futura 分析主机各通道都配置一个试剂柜,该试剂柜隐藏在通道下方,能容纳五个试剂盒。这样的设计可以避免将各个通道的所有试剂放在一个大试剂箱里或实验台面上，杜绝了凌乱且易混淆现象，便于用户使用和保存试剂，提高安全性。该试剂柜具有以下特点（图1-53）：

（1）内置抽屉，推、拉灵活。

（2）带有透明窗口，操作者可通过透明窗口观察剩余的试剂量。

（3）耐腐蚀，防渗漏，易清洗。

（4）试剂盒易取出，便于同试剂一起保存在冰箱里，经济环保。

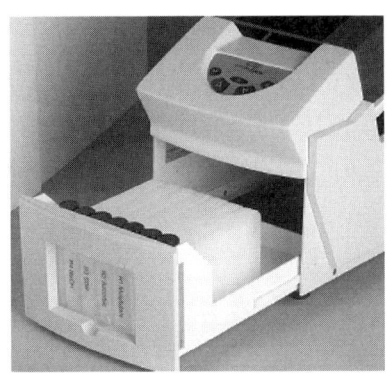

图1-53 试剂柜

（5）保证实验人员安全。

5. 控制面板

Futura分析主机配置有控制面板，控制面板上有液晶屏（图1-54）。

液晶屏为Futura产品的一个重要特色，Futura控制平台屏幕能显示所有分析状态的参数，光强、温度、电位信号、分析时间、二维可缩放分析曲线等参数。用户可根据自己的操作习惯选择要求显示的信息，这对于分析者来说，极具灵活性、操作简单、数据信息显示直观，站在远处即可了解到分析进度，而不必在电脑上不断切换窗口来查询数据信息。

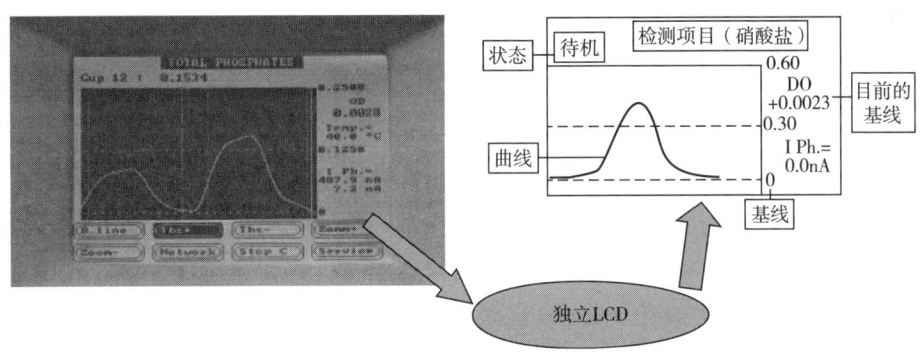

图1-54 液晶屏

每个通道配置的独立控制面板具有以下特点（图1-55）：

可进行的操作，如①基线回到零；②"放慢"或"加快"控制平台屏幕上曲线显示的速度；③缩放控制屏幕上的分析曲线；④显示热浴温度和信号值（吸光度或电位）；⑤改变网络数据交换的速度；⑥开始/结束分析；⑦自动阀回试剂位置；⑧自动阀回放松位置；⑨泵停或开；⑩待机模式等。每个通道实现微机化，这样控制面板代替了计算机控制仪器的所有操作，用户可很直观方便地在每个通道的面板上进行相关操作。当一个或其中几个通道在运行时，用户需调整、调试某一个通道的就不必动用电脑导致影响其他通道的操作，将问题独立于某个通道并使之得到解决。

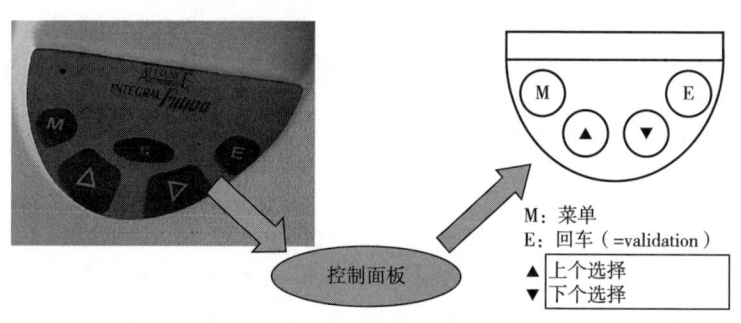

图 1-55　控制面板

6. 检测器

Futura 连续流动分析仪的检测器是数字检测器，可根据方法需要选择分光光度计、火焰光度计、酸度计、OD 测量仪、荧光检测器等传感器（图 1-56）。比色计的流通池常规光程在 5～50mm 可选，具有以下特点：

图 1-56　检测器

（1）单色测量：单波长直接检测。

（2）双色测量：光学系统将导入比色池的光束一分为二，一束通过检测滤光片，一束通过校正滤光片。在两个不同波长下测量透光率，自动计算差值以扣除光学和电子背景。

（3）每个主机均有一个独立的检测器，采用光源直射，能量值高，包含的光源、滤光片、流通池、信号板等均是独立的。滤光片是抽拉式设计，更换非常简单。

（4）24 位高分辨率的 A/D 转换；分辨率≤0.0001AU；线性范围：0～2.500AU（线性范围是所有品牌中最宽的）；检测范围最高可达 6.5AU；软件

自动调节基线和增益。

（四）CFM V^2 分析软件/工作站

该分析软件/工作站（图1-57）具有以下特点：

(1) 可输入实验室及分析样品信息及编号。

(2) 数据采集和结果分析可同时进行。

(3) 软件可实时监控最多16个通道。

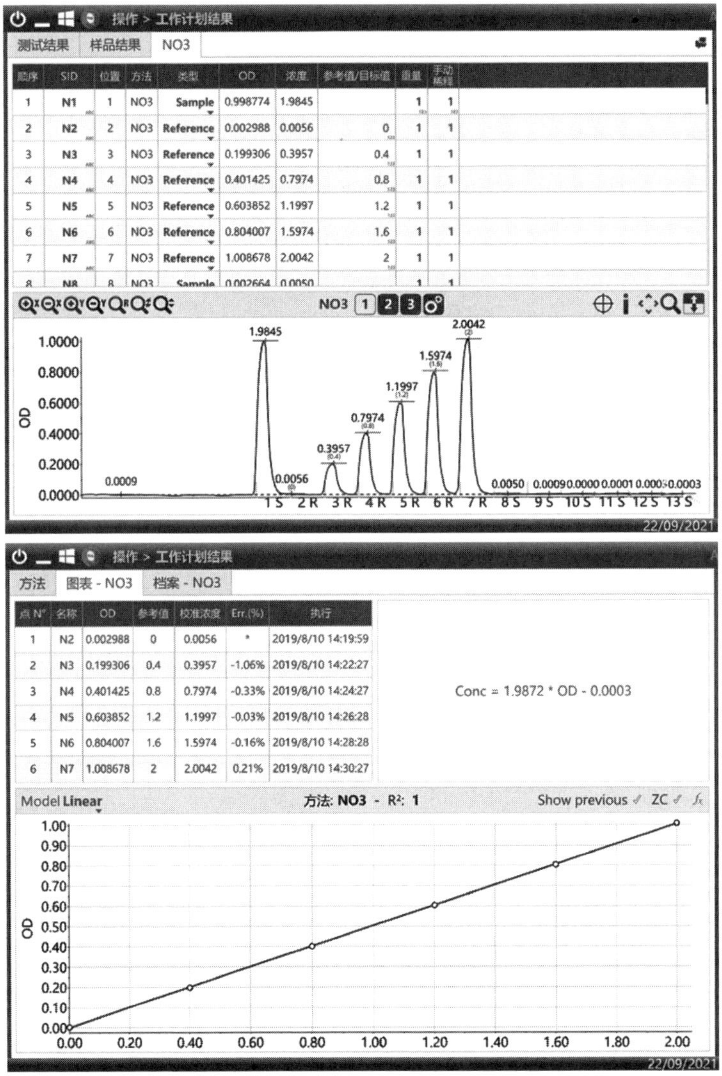

图1-57　CFM V^2 分析软件/工作站操作界面

(4) 可编制自动分析程序时间表完成全自动操作，自动控制仪器分析，无需人工干预。

(5) 能监控每一分析的运行过程，并能同时输入新的任务请求。

(6) 具有数据质量控制管理功能，自动生成质控图表。

(7) 针对超标或超出误差范围的样品，进行在线提示，并显示控制图，能自动产生文件名，自动计算结果。

(8) 数据自动保存，能以 EXCEL、TXT 格式输出数据。

(9) 个性化数据报告，格式可自行编辑，选择不同风格。

(10) 自动校正标准曲线，可选择检测类型（单色或双色）和校正类型，如一次曲线、二次曲线、分段校正等。

(11) 软件与下列 PC 操作系统兼容：Window95/98/2000/XP/Vista/Windows7 操作系统，并可以与 LIMS 连接。

四、美国 API 连续流动分析仪

(一) 概述

美国 API 公司成立于 1969 年，是一个利用湿化学流动分析技术进行设计、生产、销售和服务的综合性公司，主要产品是微量连续流动分析仪器，同时也生产临床医学诊断仪器以及诊断试剂。API 公司生产的 Astoria Analyzer System 连续流动分析仪采用模组化设计，方便用户根据不同检测项目的需要而进行选择。整个系统可设置为单通道、双通道、三通道和四通道等模式。系统包括：大容量可编程取样器、具有气压式空气或氮气注入及分步功能的微型低噪声蠕动泵、模组化分析池、数位检测器和数据处理系统（图 1-58）。在烟草分析领域，主要应用于检测烟叶、烟草制品中的总糖、还原糖、烟碱、氯、钾、总氮、挥发碱、挥发酸、淀粉、硝氮、磷酸盐、硫酸盐；烟气中氢氰酸、氨；纸张中六价铬等指标。

图 1-58　AAS-307API 微量连续流动分析仪（一至四通道数位检测分析系统）

（二）411S/L-XYZ 进样器

该进样器具有以下特点（图 1-59）：

（1）取样及清洗时间由计算机控制，使用者可变更设定。

（2）取样及清洗时间 10~600s 可任意设定，分析速度为 10~300 样/h。

（3）可装 1~3 个 60 或 90 位的样品架，操作中可添加样品架，可放置 180~270 个样品杯，由计算机控制，任意取样。

（4）可装 2mL 或 4mL 或 16mL 等不同容积的样品杯。

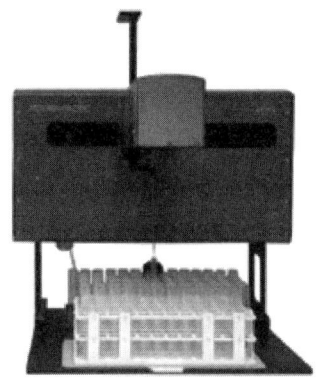

图 1-59 411S/L-XYZ 进样器

（5）独立标准品架可放 12 个标准品或质控样品。

（6）可启用跳动式取样，吸取 3 个气泡以便清洗取样针的内壁及外壁，减少污染。

（7）标准品、基线校正品、质控样品和清洗杯可重复取样，取样分析次数可由计算机单独设定控制。

（8）样品分析能随机取样，灵活分析。

（9）内设取样针清洗系统，可减少样品污染及交叉污染。

（10）取样针移动精度达±0.1mm。

（11）使用国际电压系统（90~260V，50~60Hz）。

（三）Micropump 302D 高精度微量蠕动泵

美国 API 的蠕动泵为独立模块（图 1-60），具有以下特点：

（1）泵速连续可调，计算机控制，可缩短起动分析时间、仪器清洗时间，也可调整泵速寻求最佳反应条件。

（2）适合微量分析，试剂输送量的范围是 37~1200μL/min，试剂消耗少。

（3）可同时使用 42 根泵管，分 6 组（每组 7 根），每组可独立操作。

（4）采用气压式气泡注入系统（AIM），

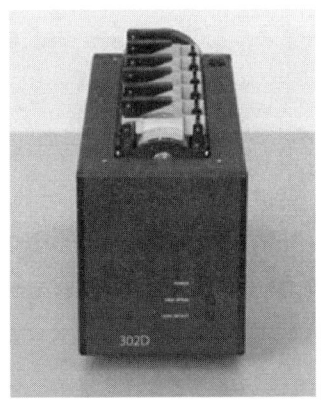

图 1-60 Micropump 302D 高精度微量蠕动泵

利用气压自动平衡原理方法注入，每分钟可注入90个气泡。

（5）有自动检漏系统，可防漏液进入电路系统。

（6）流体系统稳定，计算机自动开机或关机。

（7）使用万用电源系统（Universal Power Supply）。

（四）Analytical Cartridge 303A 化学分析池

该型号化学分析池主要特点（图1-61）：

（1）化学反应玻璃管及输送管采用0.8~1.0mm内径，可做微量连续流动分析（Micro-CFA），也可做流动注射分析（FIA）。分析速度快，试剂消耗量小，操作成本低。

（2）分析池采用导热膏加热，加热器温度控制由常温至99℃，由先进的微电脑控制，温度稳定（图1-62）。

（3）分析池体积小，模组化设计，故障寻找容易，维修方便。

（4）分析池基座可装3~4个分析池，可同时检测烟碱、总糖、还原糖、钾及氯5个项目。

（5）各化学分析池包含独立的流动池及滤光片。

（6）使用万用电源系统（Universal Power Supply）。

图1-61　Aralytical Cartridge 303A 化学分析池基座

图1-62　分析池

（五）Digital Detector 307 数位检测器

该检测器具有以下特点（图1-63）：

（1）数位式检测器，可4个可见光通道同时检测或4个荧光通道同时检测，另加一个类比信号通道，供火焰光度计或其他类比信号检测器使用。

（2）双光束光纤检测系统，不需调焦距，波长400~900nm。

（3）可见通道可装 50μL 流动池，荧光通道可装 9μL 流动池，检测器可供应单通道或多通道系统，如需要，单通道可改成多通道。

（4）电脑软件自动归零，电脑自动启动及停止分析。

（5）检测极限可达 1μg/mL（例如 0～2000μg/mL 磷酸盐）。

（6）使用万用电源系统（Universal Power Supply）。

图 1-63 Digital Detector 307 数位检测器

（六）FASPac-Ⅱ分析数据处理系统

该分析数据处理系统具有以下特点（图 1-64）：

（1）计算机即时储存分析原始资料，即时显示分析结果，即时线上校正分析结果，荧屏显示清晰易读。

（2）多视窗同时检测，同时显示出峰情况。视窗软件可同时测 8 个通道，计算机软件最多可处理 32 个通道。

（3）分析结果有计算机自动基线漂移校正功能、样品污染校正功能、标准品漂移校正功能。有质控品计算机自动校正功能（线上即时校正），分析资料可转移到 EXCEL。

（4）即时的质量品管控制系统软件，随时了解仪器性能。

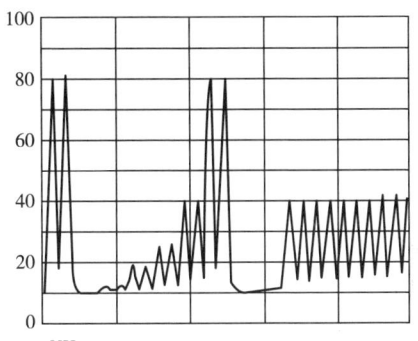

NH_3
范围：1～20μg/L（N）
RSD：2.2%～3%
MDL：0.06μg/L（N）
速率≥90 样品/h

图 1-64 FASPac-Ⅱ分析数据处理系统

（5）自动建立标准曲线，包括回归系数；标准曲线可储存供日后快速分析，也可以分段处理，供宽分析范围使用。

（6）可与其他计算机系统（如 LIMS）连线作业。

（7）可按使用者要求作出各种详细的分析报告。

第二章
计量基本知识

第一节 概述

一、计量的定义

计量学是关于测量的科学。

计量是指实现单位统一、量值准确可靠的活动。

计量的概念起源于古代的商品交换,由于人们生活中需要测量长度、容量和重量,所以在古代称为度量衡。随着现代生产、科学技术和社会的不断发展,计量已涉及社会的各个领域。

二、计量的分类

根据其作用与地位,计量可分为科学计量、工程计量和法制计量三类,分别代表计量的基础性、应用性和公益性三个方面。

1. 科学计量

科学计量是指基础性、探索性、先行性的计量科学研究,它通常采用最新的科技成果来准确定义和实现计量单位,并为最新的科技发展提供可靠的测量基础。

2. 工程计量

工程计量(又称工业计量)是指各种工程、工业、企业中的使用计量。随着产品技术含量的提高和复杂性的增加,为保证经济贸易全球化所必需的一致性和互换性,它已成为生产过程控制不可缺少的环节。

3. 法制计量

法制计量是指由政府或授权机构根据法制、技术和行政的需要进行强制管理的一种社会公用事业,其目的主要是保证与贸易结算、安全防护、医疗卫生、环境检测、资源控制、社会管理等有关的测量工作的公正性和可靠性。

计量学最显著的特点是它同国家法律、法规和行政管理紧密结合,这是其他学科少有的。

三、计量的特点

计量活动以单位统一、量值准确可靠为目的，该活动具有四个特点。

1. 准确性

准确性指测量结果与被测量真值的相符程度。由于实际上不存在完全准确、没有差错的测量，因此在给出量值的同时，必须给出适应于应用目的或实际需要的不确定度或误差范围，否则量值不具备充分的实用价值。所说的量值的准确性，即是在一定的不确定度、误差极限或允许误差范围内的准确性。

2. 一致性

一致性指量值在一定的不确定度范围内，在统一计量单位的基础上，无论何时、何地、使用何种计量器具，以及由何人测量，只要符合有关要求，其测量结果就应在给定的区间内有其相符性。也就是说，测量结果是可重复、可再现的。计量单位统一和单位量值一致是计量一致性的两个方面，单位统一是计量一致的前提。通过量值的一致性可证明测量结果的准确可靠。

3. 溯源性

溯源性指测量结果或测量标准的值，能够通过一条具有规定不确定度的连续比较链，与测量基准联系起来。这种特性使所有的同种量值，都可以按这条比较链通过校准按比较链进行量值传递，从而使准确性和一致性得到技术保证。

4. 法制性

为了实现单位统一、量值准确可靠，不仅要有一定的技术手段，还要有相应的法律、法规和行政管理等手段。特别是对国计民生有明显影响，涉及公众利益和可持续发展或需要特殊信任的领域，如贸易结算、安全防护、环境监测、医疗卫生，必须由政府主导建立起法制保障。我国计量以《中华人民共和国计量法》为准则，所有的计量活动均要符合其规定。否则，计量的准确性、统一性就无法实现，其作用也无法发挥。

第二节　计量法律和法规

我国现已基本形成由《中华人民共和国计量法》，及其配套的计量行政法规、规章（包括规范性文件）构成的计量法规体系。

一、《中华人民共和国计量法》

《中华人民共和国计量法》（以下简称《计量法》）于 1985 年 9 月 6 日经

全国人大常委会审议通过，于 1986 年 7 月 1 日施行，2018 年 10 月 26 日进行了第五次修正。《计量法》是国家管理计量工作的根本法，是实施计量法制监督的最高准则。《计量法》共 6 章 35 条，基本内容包括：①计量立法宗旨；②调整范围；③计量单位制；④计量器具管理；⑤计量监督；⑥计量授权；⑦计量认证；⑧计量纠纷的处理；⑨计量法律责任等。

制定《计量法》的目的，是为了保障单位制的统一和量值的准确可靠，从而促进国民经济和科技的发展，为社会主义现代化建设提供计量保证，并保护人民群众的健康和生命、财产的安全，维护消费者利益，以及保护国家的利益不受侵犯。

《计量法》适用于中华人民共和国境内的所有国家机关、社会团体、中国人民解放军、企事业单位和个人，凡是建立计量基准、计量标准，进行计量检定，制造、修理、销售、进口、使用计量器具，使用法定计量单位，开展计量认证，实施仲裁检定和调解计量纠纷，以及进行计量监督管理等方面所发生的各种法律关系，均为《计量法》适用范围。

二、计量法规

计量法规包括计量管理法规和计量技术法规两部分。

计量管理法规是指国务院以及省、自治区、直辖市的人民代表大会及其常委会为实施《计量法》制定颁布的各种条例、规定和办法。计量管理规章是指国务院计量行政部门以及省、自治区、直辖市的人民政府制定的办法、规定和实施细则等。

计量技术法规包括计量检定系统表、计量检定规程和计量技术规范。计量检定系统表又称计量检定系统，是国家法定技术文件，它用图表结合文字的形式，规定了国家基准、各级标准及工作计量器具检定的主从关系。计量检定规程是检定计量器具时必须遵守的法定技术文件。计量技术规范是进行相关鉴定、检验、测试时，在样品资料、计量性能、检查方法、技术条件、结果处理等方面必须遵守的规范性文件。

《计量法》，国务院制定（或批准）的计量行政法规和省、直辖市、自治区人大常委会制定的地方计量法规，国务院计量行政部门制定的计量管理办法和技术规范、国务院有关部门制定的部门计量管理办法以及县级以上人民政府计量行政部门制定的计量管理办法，这些计量法律、法规、规章及规范性文件，构成了我国计量法规体系，这些法规体系中的法律、法规和规章具有不同的层级效力，其中《计量法》是具有最高法律效力的。

第三节　计量标准

一、计量术语

计量标准：在 JJF 1033—2016《计量标准考核规范》中，计量标准是指"具有确定的量值和相关联的测量不确定度，实现给定量定义的参照对象"，并约定由计量标准器具及配套设备组成。

在我国，测量标准按其用途分为计量基准和计量标准，即计量标准被定义为测量标准的一种。计量基准又称国家计量基准。

国际（测量）标准是指经国际协议签约方承认的并旨在世界范围内使用的测量标准，在国际上作为对有关量的其他测量标准定值的依据，也称为国际（计量）基准。

国家（测量）标准是指经国家权威机构承认的测量标准，在一个国家或经济体内作为同类量的其他测量标准定值的依据，也称为国家（计量）基准。

二、计量标准的分类

计量标准按计量单位的定义形式可以分为自然基准和实物基准。如质量计量基准就是实物基准千克原器，长度计量基准就是自然基准（由激光波长来定义）。按传递体系可分为基准（原级标准）、次级标准、参考标准、工作标准、传递标准、搬运式标准等。

基准（原级标准）是指具有最高的计量学特性，其值不必参考相同量的其他标准，被指定的或普遍承认的测量标准，如国家（测量）标准、国际（测量）标准。

次级标准是指通过与相同量的基准比对而定值的测量标准。它的量值是通过与相同量的基准比对确定的，在计量学特性上要稍低于原级标准，但又高于日常用的工作标准，在我国有时副基准与工作基准也称次级标准。

参考标准是指在给定地区或在给定组织内，通常具有最高计量学特性的测量标准，在该处所做的测量均从它导出。

工作标准是指用于日常校准或核查实物量具、测量仪器或参考物质的测量标准。它通常用参考标准来校准。

传递标准是指在测量标准相互比较中用作媒介的测量标准。

搬运式标准是指供运输到不同地点，有时具有特殊结构的测量标准。

第四节　计量检定

计量检定是指经国家法定计量部门或其他法定授权的组织，为评定计量器具的计量性能（精确度、稳定性、灵敏度等），并确定或证实技术性能是否合格所进行的全部工作。国家检定规程是检定工作的依据。计量检定机构只有在其建立的计量标准经考核合格，并由有关部门审批或授权后才能开展在计量范围内的检定项目。它是统一量值，确保计量器具准确一致的重要措施；是进行量值传递或量值溯源的重要形式；是为国民经济建设提供计量保证的重要条件；是对全国计量实行国家监督的手段。

一、计量器具的检定及相关术语

1. 检定

检定是指查明和确认计量器具是否符合法定要求的程序，它包括检查、加标记和（或）出具检定报告。检定是由计量检定人员利用测量标准，按照法定的计量检定规程要求，对新制造的、使用中和维修后的计量器具进行一系列的具体检验活动，以确定计量器具的准确度、稳定性、灵敏度等是否符合要求，是否可以使用。

2. 校准

校准是指在规定条件下的一组操作，其第一步是确定由测量标准提供的量值与相应示值之间的关系，第二步则是用这些信息确定由示值获得测量结果的关系，这里测量标准提供的量值与相应示值都具有测量不确定度。校准结果既可以赋予被测量以示值，又可以确定示值的修正值；校准还可以确定其他的计量特性，如影响量的作用；校准结果可以出具"校准证书"或"校准报告"。

3. 测试

测试在 JJF 1001—2011《通用计量术语及定义》中，测量是指"通过实验获得并可合理赋予某量一个或多个量值的过程"。它可以是一个简单的徒手操作或半自动操作，如称体重、量体温或量血压等，对测量准确度要求不高；也可以是一组复杂的科学实验过程。

4. 计量确认

在 GB/T 19022—2003《测量管理体系　测量过程和测量设备的要求》中，

对"计量确认"的定义为确保测量设备符合预期使用要求的状态所需的一组操作。

二、计量检定的分类

按照检定的必要程序和我国依法管理的形式，检定可以分为强制检定和非强制检定。

强制检定与非强制检定均属于法制检定，是对计量器具依法管理的两种形式，都要受法律的约束。不按规定进行周期检定的，都要负法律责任。

按照目的和性质的不同又可以分为首次检定、后续检定、使用中检验、周期检定和仲裁检定等。

1. 强制检定

强制检定是指由政府计量行政部门所属的法定计量检定机构或授权的计量检定机构，对社会公用计量标准器具，部门和企业、事业单位使用的最高计量标准器具，用于贸易结算、安全防护、医疗卫生、环境监测方面列入国家强检目录的工作计量器具，实行定点定期检定。

多数计量器具首次检定后还应进行后续检定。另有某些强制检定的工作计量器具，例如：竹木直尺、玻璃体温计、液体量具，我国规定，只做首次强制检定，失准报废；直接与供水、供气、供电部门结算用的生活用水表、煤气表和电能表也只做首次强制检定，限期使用，到期更换。

2. 非强制检定

非强制检定是指由计量器具使用单位自己或委托具有社会公用计量标准或授权的计量检定机构，依法进行的定期检定。

3. 首次检定

首次检定是指对曾检定过的新计量器具进行的检定。

4. 后续检定

后续检定是指计量器具首次检定后的任何一种检定，包括强制性周期检定、维修后的检定、周期检定有效期内的检定。

5. 使用中检验

使用中检验在计量器具控制中常用"使用中检验"来进行该项工作。一般由法定计量技术机构或授权机构进行。检验后，应在计量器具上做适当的标识，表明其状态。对计量器具进行非全部检查的后续检定，称为简化检定，简化检定应保证工作条件不对计量器具造成损坏。

6. 周期检定

按时间间隔和规定程序，对计量器具定期进行的一种后续检定。

7. 仲裁检定

仲裁检定指用计量基准或者社会公用计量标准器所进行的以裁决为目的的计量检定、测试活动。

三、计量标准管理

应严格执行建立计量标准中规定的现行有效的计量检定规程的规定选取计量标准主标准器及主要配套设备。一般选取计量标准器具设备的综合误差（测量不确定度）为被检（测）计量器具允许误差的 $1/10 \sim 1/3$。

计量标准主标准器及主要配套设备均要经有关法定计量检定机构或授权检定机构检测合格，不得超期使用或不送检，使用过程中，有条件的必须做好"运行检查"，以确保量值准确可靠一致。

计量标准主标准器及主要配套设备经检定或自检合格，分别贴上彩色标志。

1. 合格证（绿色）

经计量检定或校准、验证合格，确认其符合检定或校准技术规范规定使用要求的检测设备。

2. 准用证（黄色）

（1）不必检定的设备且经检查其功能正常者（如计算机、打印机）。

（2）检测设备无法检定，经比对或鉴定适用的。

（3）多功能检测设备，某些功能已丧失，但检测工作所用功能正常，且经计量检定或校准合格的（即限范围使用）。

（4）检测设备某一量程准确度不合格，但检测工作所用量程合格的。

（5）降等降级使用的设备。

3. 停用证（红色）

（1）检测仪器、设备损坏。

（2）检测仪器、设备经计量检定或校准不合格。

（3）检测仪器、设备超过检定周期未检定或未校准。

（4）检测仪器、设备性能无法确定。

（5）检测仪器、设备不符合检定或校准技术规范规定使用要求。

第五节　量值溯源和量值传递

一、量值溯源和量值传递的概念

量值溯源是指通过一条具有规定不确定度的不间断的比较链，使测量结果或测量标准的值能够与规定的参考标准（通常是国家测量基准或国际测量基准）联系起来的特性。

量值传递是指通过对测量器具的检定或校准，将国家测量标准所复现的测量单位的量值，通过各等级测量标准传递到工作测量器具，以保证被测量对象量值的准确和一致。就是通过对计量器具的检定或校准，将国家基准（标准）所复现的计量单位量值，通过计量标准逐级传递到工作计量器具，以保证对被测对象所得量值的准确一致。量值传递由国家法制计量部门以及其他法定授权的计量组织或实验室执行。国家计量检定系统表简称国家计量检定系统，是指从计量基准到各等级的计量标准直至工作计量器具的检定程序所做的技术规定，它由文字和框图组成。我国的计量器具实行三级传递，从国家计量基准器具传递到计量标准器具再传递给工作计量器具，从而保证量值的统一和准确。制订检定系统表（又称溯源等级图）的根本目的是为了保证工作计量器具具备应有的准确度。中国执行量值传递的最高法制计量部门为中国计量科学研究院，由国家计量局领导。各省、市行政区设置相应的计量机构，负责本地区的量值传递工作。此外，国务院所属部分有关部门也按行政系统和工程系统组织量值传递网，负责本系统的量值传递工作。

二、量值溯源和量值传递的区别

量值溯源是通过一条具有规定不确定度的不间断的比较链，使测量结果或测量标准的值能够与规定的参考标准联系起来的一种特性，它要求实验室针对自己检测标准的相关量值，主动地与上一级检定机构追溯高于自己准确度的量值，确定自己的准确性。

量值传递是上一级量值检定部门将自身的量值传递给低于其准确度等级的部门，主要是指自上而下通过逐级检定而构成检定系统，它体现了一种政府的意志，有强制性的特点。

溯源和传递的主要区别在于溯源是自下而上的活动，带有主动性；量值传递是自上而下的活动，带有强制性。

三、量值溯源的原则

量值溯源的原则是全部测量设备必须是可溯源的。在量值溯源时，必须依照国家计量检定规程或有关规定的技术方法进行。溯源一般按下列选择。

1. 外部校准选择

根据溯源体系图选择相应等级的校准实验室（必要时，应能提供该实验室校准的能力证明）。

2. 自校准选择

所用测量设备进行自校准时，需证明实验室有进行校准的能力，应满足溯源要求。要有校准方法、记录、证书以及自校准人员的资格证明。

3. 不能溯源的处理

可采用分部校准，或通过参加适当的能力验证等提供相关的证明。

第六节 国际计量单位

一、国际单位制的形成和特点

在日常生活、工农业生产和科学研究中，经常要使用一些量值来表示它们的多少、大小等。有了米、千克这样的计量单位，就能表达这些东西的数量。但是，由于世界各国、各民族的文化发展的不同，往往会形成各自的单位制，如英国的英制、法国的米制等，因而使得同一个量值常用不同的单位来表示。例如，压强的单位有千克/平方厘米、磅/平方英寸、标准大气压、毫米汞柱、巴、托等多种。这样多的单位在换算过程中很容易出现差错，对于国际科学技术的交流和商业往来是非常不方便的。因此，就有了实行统一标准的必要。国际单位制是在米制基础上发展起来的，1960 年以后经修改和补充，国际计量会议以米（m）、千克（kg）、秒（s）、安培（A）、开尔文（K）、坎德拉（cd）和摩尔（mol）作为七个基本单位，制定了国际单位制（简称 SI），成为世界上通用的一套单位制。

国际单位制的特点是具有统一性、简明性、实用性、合理性、科学性和世界性。

二、国际单位制的构成

国际单位制是由国际计量大会（CGPM）批准采用的基于国际量值的单位制，包括单位名称和符号、词头名称和符号及其使用规则。它的国际通用符号是"SI"。

国际单位制的构成（图 2-1）。

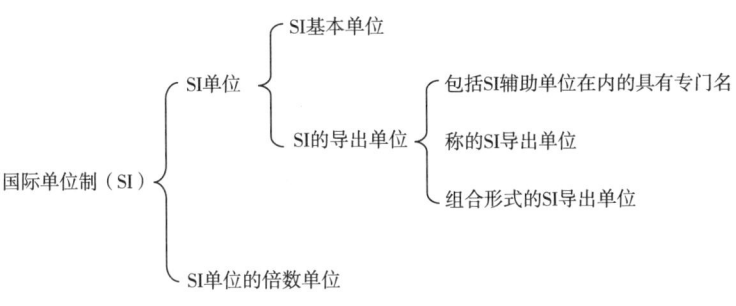

图 2-1 国际单位制的构成

1. SI 基本单位

SI 基本单位如表 2-1 所示。

表 2-1　　　　　　　　　　　SI 基本单位

基本量	基本单位	单位符号	定义
长度	米	m	光在真空中（1/299 792 458）s 时间间隔内所经过路径的长度。
质量	千克（公斤）	kg	等于国际千克（公斤）原器的质量。
时间	秒	s	铯-133 原子基态的两个超精细能级之间跃迁所对应的辐射 9192631770 个周期的持续时间。
电流	安［培］	A	在真空中，截面积可忽略的两根相距 1 米的无限长平行圆直导线内通以等量恒定电流时，若导线间相互作用力在每米长度上为 $2×10^{-7}$ 牛顿，则每根导线中的电流为 1 安培。
热力学温度	开［尔文］	K	水的三相点热力学温度的 1/273.16。
物质的量	摩［尔］	mol	是一系统的物质的量，该系统中所包含的基本单元（原子、分子、离子、电子及其他粒子，或这些粒子的特定组合）数与 0.012 千克碳-12 的原子数目相等。
发光强度	坎［德拉］	cd	是一光源在给定方向上的发光强度，该光源发出频率为 $540×10^{12}$ Hz 的单色辐射，且在此方向上的辐射强度为（1/683）瓦特每球面度。

2. SI 导出单位

所有其他的量称为导出量，它们以导出单位进行测量，导出单位用基本单位的幂的乘积来定义。一些导出单位具有专门的名称,它们是基本单位组合表示的简洁形式（表2-2）。

表2-2　包括SI辅助单位在内的具有专门名称的SI导出单位

量的名称	SI导出单位		
	名称	符号	用SI基本单位和SI导出单位表示
[平面]角	弧度	rad	$1rad=1m/m=1$
立体角	球面度	sr	$1sr=1m^2/m^2=1$
频率	赫[兹]	Hz	$1Hz=1s^{-1}$
力	牛[顿]	N	$1N=1kg \cdot m/s^2$
压力,压强,应力	帕[斯卡]	Pa	$1Pa=1N/m^2$
能[量],功,热量	焦[耳]	J	$1J=1N \cdot m$
功率,辐[射]通量	瓦[特]	W	$1W=1J/s$
电荷[量]	库[仑]	C	$1C=1A \cdot s$
电压,电动势,电位、(电势)	伏[特]	V	$1V=1W/A$
电容	法[拉]	F	$1F=1C/V$
电阻	欧[姆]	Ω	$1Ω=1V/A$
电导	西[门子]	S	$1S=1Ω^{-1}$
磁通[量]	韦[伯]	Wb	$1Wb=1V \cdot s$
磁通[量]密度,磁感应强度	特[斯拉]	T	$1T=1Wb/m^2$
电感	亨[利]	H	$1H=1Wb/A$
摄氏温度	摄氏度	℃	$1℃=1K$
光通量	流明	lm	$1lm=1cd \cdot sr$
[光]照度	勒[克斯]	lx	$1lx=1lm/m^2$
放射性活度	贝可[勒尔]	Bq	$1Bq=1s^{-1}$
剂量当量	希[沃特]	Sv	$1Sv=1J/kg$
吸收剂量、比授[予]能、比释动能	戈[瑞]	Gy	$1Gy=1J/kg$

其中赫[兹]和贝可[勒尔]虽然都是秒的倒数（s），但赫[兹]仅用于周期现象,而贝可[勒尔]用于放射性衰减的随机过程。

摄氏温度的单位是摄氏度（℃）与热力学温度单位开尔文（K）的大小相同。摄氏温度量（t）与热力学温度量（T）的关系是$t/℃=T/K-273.15$。

希[沃特]也用于定向剂量当量和个人剂量当量。

表2-2最后三个具有专门名称的单位，特别被用在人类健康的安全防护测量方面。

每一个量只有一个SI单位（尽管常常利用不同名称以不同的方式表示），但是同一个SI单位可以用来表示几个不同量的值（例如SI单位J/K可用来表示热容和熵）。因此一个重要的问题是不能仅用单位本身指定一个量。在科学文献和测量仪器上应该同时应用所涉及的量和它的单位。

无量纲量，也称为量纲为1的量，通常定义为两个同种量的比（例如折射率是两个速度的比，相对介电常数是介质中介电常数与真空中介电常数的比）。这样无量纲量的单位是两个相同的单位的比，因此总是等于1。不过在表达无量纲量的量值时，单位"1"不必写出来。

3. SI单位的十进倍数与分数单位

由SI词头加在SI单位之前构成的单位，称为SI单位的十进倍数或分数单位（表2-3）。唯一的例外就是千克（kg），它是SI质量单位而不是十进倍数单位，这是历史原因造成的；而SI质量单位的十进倍数与分数单位则是由"克"（g）前加k以外的词头构成。

SI词头：采用一组词头，用于表示那些当不使用词头单位时，很大或很小的量值。它们可以用于任何基本单位，也可以用于任何具有专门名称的导出单位。

表2-3　　　　用于构成十进倍数和分数单位的SI词头

因数	英文	词头名称	词头
10^{24}	yotta	尧[它]	Y
10^{21}	zetta	泽[它]	Z
10^{18}	exa	艾[可萨]	E
10^{15}	peta	拍[它]	P
10^{12}	tera	太[拉]	T
10^{9}	giga	吉[咖]	G
10^{6}	mega	兆	M
10^{3}	kilo	千	k
10^{2}	hecto	百	h
10^{1}	deca	十	da

续表

因数	英文	词头名称	词头
10^{-1}	deci	分	d
10^{-2}	centi	厘	c
10^{-3}	milli	毫	m
10^{-6}	micro	微	μ
10^{-9}	nano	纳［诺］	n
10^{-12}	pico	皮［可］	p
10^{-15}	femto	飞［母托］	f
10^{-18}	atto	阿［托］	a
10^{-21}	zepto	仄［普托］	z
10^{-24}	yocto	幺［科托］	y

使用词头时，将词头的名称和单位的名称组合成一个词，同样，将词头的符号和单位的符号中间不留空格写成一个组合符号，从而将它提升至任意次幂。例如，我们可以写：千米，km；毫伏，mV；飞秒，fs。

不含词头的基本单位和导出单位组成的一组集合，称为一贯单位。使用一贯单位制具有技术上的优点，但使用词头更方便，因为这样可以避免用因子"10"表示非常大或非常小的量。例如表示化学键的长度用纳米（nm）比用米（m）更方便；而表示伦敦到巴黎的距离用千米（km）比用米（m）更方便。

第七节 法定计量单位

计量单位是指为定量表示同种量的大小而约定的定义和采用的特定量。

计量单位制是指为给定量值按给定规则确定的一组基本单位和导出单位。

法定计量单位是指由国家法律承认，具有法定地位的计量单位。《计量法》明确规定，国家实行法定计量单位制度。国际单位制（SI）是我国法定计量单位的主体，所有国际单位制都是我国的法定计量单位。此外，我国还选用了一些非国际单位制的单位，作为国家法定计量单位。

我国法定计量单位的构成：

（1）SI 的基本单位（表 2-1）。

（2）SI 的导出单位（表 2-2）。

（3）SI 单位的辅助单位。
（4）我国选定的非国际单位制的单位（表 2-4）。
（5）由以上单位组合而成的单位（表 2-5）。
（6）由国际单位制词头和以上单位所构成的十进倍数和分数单位。

表 2-4 　　　　　　　　我国选定的非国际单位制的单位

量的名称	单位名称	单位符号	换算关系和说明
时间	分	min	1min = 60s
	[小]时	h	1h = 60min = 3600s
	天[日]	d	1d = 24h = 86400s
[平面]角	[角]秒	″	1″=（π/648000）rad（π 为圆周率）
	[角]分	′	1′= 60″=（π/10800）rad
	度	°	1°= 60′=（π/180）rad
质量	吨	t	1t = 10^3 kg
	原子质量单位	u	1u ≈ 1.660540×10^{-27} kg
体积	升	L,（l）	1L = 1dm^3 = 10^{-3} m^3
能	电子伏	eV	1eV ≈ 1.602177×10^{-19} J
级差	分贝	dB	
长度	海里	n mile	1n mile = 1852m（只适用于航行）
速度	节	kn	1kn = 1n mile/h =（1852/3600）m/s（只用于航行）
面积	公顷	hm^2	1hm^2 = 10000m^2
旋转速度	转每分	r/min	1r/min =（1/60）s^{-1}
线密度	特[克斯]	tex	1tex = 1g/km

表 2-5 　　　　　　　　组合而成的单位

量的名称	单位名称	单位符号
电阻率	欧[姆]米	Ω·m
浓度	摩[尔]每升	mol/L
速度	米每秒	m/s
力矩	牛顿米	N·m

第三章
误差分析与数据处理

定量分析的目的是准确测量试样中的组分含量,但任何测量都不可能达到绝对准确,因为在测量中使用的方法、采用的仪器、试剂及操作技术等都不可能达到绝对准确,因此测量的结果也不可能是绝对准确的。这就是说,在测量过程中误差是不可避免的,是客观存在的。因此,在测量中必须对测量过程、数据及结果进行分析评价,判断其准确性。同时检查误差形成的原因,采取有效措施减小误差,从而提高测量结果的可靠程度。

测量误差是不可避免的,研究测量误差的特征规律,正确地处理测量数据,以便获得可靠的测量结果,并对所得结果的可信赖程度作出评定,是每位从事精密测量、精密仪器研究工作的技术人员必须掌握的基本知识。对测量误差的分析研究,不仅用于给出测量数据的正确处理方法和相应的精度估计,而且对合理拟定测量方法和设计测量仪器有指导意义。随着测量技术的发展,对误差分析及测量数据处理方法的研究变得越来越重要。

第一节　误差的基本概念及分类

一、误差

测量结果减去被测量的真值所得的差,称为测量误差,简称误差,可通过式(3-1)计算。

$$误差 = 测量结果 - 真值 \tag{3-1}$$

测量结果是人们认识的结果,不仅与量的本身有关,而且与测量方法、测量仪器、测量环境及测量人员有关。而被测量真值是与给定的特定量的定义完全一致的值,只有通过完美无缺的测量才能获得。一般来说,这一客观真值是未知的,仅在一些特殊场合真值才是已知的,例如某些理论分析值。通常对于给定的目的,并不一定需要获得特定量的"真值",而只需要与"真值"足够接近的值。这样的值就是约定真值,对于给定的目的可用它代替真值。通常,可以将通过校准或检定得出的某特定量的值,或由更高准确度等级的测量仪器测得的值，或多次测量的结果所确定的值，作为该量的约定真值，例如，国际计量大会规定的最高基准量便可看作是约定真值。

二、系统误差

在测量过程中，产生误差的原因是复杂的，根据误差的性质及产生的原因，通常将误差分为系统误差和随机误差两大类。

系统误差是指在一定试验条件下，由某个或某些恒定因素按照确定的一个方向起作用而引起的多次测定平均值与真值的偏离。因为系统误差是由于在测量过程中某些比较固定的原因造成的，因此对测量结果的影响比较固定。其最重要的性质是在条件不变的情况下，重复测量时会重复出现，且具有单向性，即所有测量结果或者偏高或者偏低，其大小、方向有规律性。系统误差可按照它的作用规律对它进行校正或设法减小、消除，但由于其在一定条件下的恒定性和单向性，因此增加测定次数不能使系统误差减小。例如，吸烟机风速测定，风速仪显示值偏高于风速实际值，使吸烟机风速调整偏低，导致每次粒相物捕集量恒定偏大。通过对风速仪计量校正，将风速仪各显示值进行一一校正，用校正值来调整吸烟机风速，从而消除了由于风速仪不准导致吸烟机风速偏低这一系统误差。系统误差决定着测量结果的正确度。

在测量中经常遇到的是恒定系统误差和线性系统误差。若系统误差的大小与样本中欲测成分的浓度大小无关，称为恒定系统误差；若系统误差的大小与样本中欲测成分的浓度大小有关，且随着浓度的变化呈线性变化，称为线性系统误差。

在分析化学中，根据系统误差的性质和产生的原因，一般可分为以下四类。

1. 方法误差

方法误差是由测量方法本身造成的误差。如在称量分析中，沉淀的溶解、吸附杂质、灼烧沉淀时分解或挥发等；在滴定分析中，反应进行不完全、有副反应、有干扰离子存在、化学计量点和滴定终点不符合等，都会系统地影响测定结果偏高或偏低。方法误差一般的减小或消除方法是采用标准方法与所用方法进行对照，使测量方法完善。

2. 仪器误差

仪器误差是由于仪器本身不够精密或未经校正而引起的误差。如天平砝码不准，容量瓶、滴定管刻度不准等。仪器误差一般的减小或消除方法是校正仪器，采用校正值。

3. 试剂误差

试剂误差是由于试剂纯度不够或标定欠准确引起的误差。试剂误差一般的减小或消除方法是进行空白试验，采用高纯度试剂，准确予以标定。

4. 操作误差

操作误差是由于操作人员的主观偏见或视觉辨别能力弱，以及操作不当引起的误差。如滴定时的读数方法、滴定终点的判断等。操作误差一般的减小或消除方法是严格训练，提高操作人员技术水平，对不适合该工作岗位的人员进行适当调整。

三、随机误差

随机误差是指在实际测量条件下，多次测量同一量值时，误差的绝对值和符号的变化时大时小，时正时负，以不可预定的方式变化着的误差。它是由于各种因素的偶然波动而引起的单次测量值对平均值的偏离。这些因素包括测量仪器、试剂、环境及人员操作等。这些因素中的许多细微变化综合起来对测定结果的影响即表现为随机误差。随机误差遵循统计规律，当测量次数足够多时，大小相等的正负误差出现的概率相等；小误差出现的概率大，大误差出现的概率小；在平均值附近的测量值出现的概率最大。随机误差决定着测量结果的精密度。

综合上述特征可知，引起随机误差的因素是无法控制的，因此这类误差无法修正，也无法消除，但可以通过增加测定次数的方法在某种程度上将其减小。从随机误差的规律可以看出，在没有系统误差的情况下，测量次数越多，测量结果的算术平均值越接近真值。这是由于随机误差在平均值的计算过程中相互抵消所造成的。

四、测量误差与系统误差、随机误差的关系

随机误差是测量结果与在重复性条件下对同一被测量进行无限多次测量所得的结果的平均值之差，即：

$$随机误差 = 测量结果 - 总体均值 \qquad (3-2)$$

系统误差是在重复性条件下对同一被测量进行无限多次测量所得的结果的平均值与被测量的真值之差，即：

$$系统误差 = 总体均值 - 真值 \qquad (3-3)$$

测量误差是测量结果与被测量真值之差：

误差＝测量结果−真值

＝（测量结果−总体均值）＋（总体均值−真值）　　　（3-4）

＝随机误差＋系统误差

即任何一个误差均可分解为系统误差和随机误差的代数和。

第二节　测量数据的处理

在测量过程中误差是不可避免的，是客观存在的。因此，在测量中必须对测量过程、数据及结果进行分析评价，判断其准确性。同时检查误差形成的原因，采取有效措施减小误差，从而提高测量结果的可靠程度。

由于引起随机误差的因素是无法控制的，因此这类误差无法修正，也无法消除，但可以通过增加测定次数的方法在某种程度上将其减小。而系统误差具有恒定性和单向性，因此可按照它的作用规律对它进行校正或设法减小、消除。

一、测量结果修正

对系统误差尚未进行修正的测量结果，称为未修正结果。

例如：用某仪器测量烟支长度，单次测量所得值是84.2mm，则该测得值是未修正结果。如果进行10次测量，所得的示值分别是：84.4、84.1、84.3、84.1、84.4、84.2、84.2、84.3、84.4、84.3mm，则该烟支长度的未修正结果是其算术平均值，即（84.4+84.1+…+84.3）/10＝84.27≈84.3mm。

对系统误差进行修正后的测量结果，称为已修正结果。用代数方法与未修正结果相加，以补偿其系统误差的值，称为修正值。在上述例子中，若该仪器经检定，在该测量范围内其修正值是−0.1mm，则单次测量的已修正结果为（84.2−0.1）＝84.1mm；而10次测量的已修正结果为（84.3−0.1）＝84.2mm。

需要强调指出的是：系统误差可以用适当的修正值来估计并予以补偿，但这种补偿是不完全的，即修正值本身就含有不确定度。当测量结果以代数和的方式与修正值相加之后，其系统误差的绝对值会比修正前小，但不可能为0，即修正值只能对系统误差进行有限度的补偿。

二、绝对误差与相对误差

1. 绝对误差

绝对误差是测量值与真值之差，可通过式（3-5）计算：

$$E_i = x_i - \mu \qquad (3-5)$$

式中　E_i——个别测量值的绝对误差；

　　　x_i——个别测量值；

　　　μ——真值。

实际工作中通常进行多次平行测量，所以用多次测量结果的平均值表示测量结果，因此绝对误差可通过式（3-6）计算：

$$E = \bar{x} - \mu \qquad (3-6)$$

式中　E——测量平均值的绝对误差；

　　　$\bar{x}$——多次测量结果的算术平均值；

　　　μ——真值。

2. 相对误差

相对误差是绝对误差在真值中所占的百分数，可通过式（3-7）计算：

$$RE = \frac{E}{\mu} \times 100\% \qquad (3-7)$$

式中　RE——相对误差；

　　　E——绝对误差；

　　　μ——真值。

相对误差更适用于比较测定结果的准确度。

3. 真值

无论计算绝对误差还是相对误差都涉及到"真实值"μ。在实际工作中，"真实值"是无法知道的，那么如何计算误差呢？在分析化学中通常将以下值当作真值处理：

（1）理论真值　通常对纯物质或基准物质，把它们的含量当作100%，按化学式计算所得理论值为真值。

（2）计量学约定的真值　国际计量大会公认的值，如相对原子质量、相对分子质量及一些常数等，都可作为真值使用。

（3）相对真值　将由有经验的人用可靠方法多次测量的结果的平均值作为真值。如标准局提供的标样，其分析数据是经过许多有经验的分析工作者精细地重复多次地实验所得的平均值。

由此即可把测量值与公认的真值之差作为定量分析的误差，用来进行误差计算，以衡量分析结果的准确度，判断所选用的分析方法是否合适，检验人员的操作优劣。

误差有正负之分,当测量值大于真实值时误差为正,表示分析结果偏高;当测量值小于真实值时误差为负,表示分析结果偏低。

三、精密度和偏差

精密度是指在相同条件下,多次平行测定结果彼此相符合的程度。精密度用偏差来度量:偏差大,表示测量结果的精密度低;偏差小,表示测量结果的精密度高。

偏差也分为绝对偏差和相对偏差。

绝对偏差是个别测量值(或称单次测量值)与平均值之差,可通过式(3-8)计算:

$$d_i = x_i - \bar{x} \tag{3-8}$$

式中　d_i——单次测量值的绝对偏差;

　　　x_i——个别测量值;

　　　$\bar{x}$——平均值。

相对偏差是单次测量值的绝对偏差在平均值中所占的百分数,可通过式(3-9)计算:

$$d_r = \frac{d_i}{\bar{x}} \times 100 \tag{3-9}$$

式中　d_r——相对偏差;

　　　d_i——单次测量值的绝对偏差;

　　　$\bar{x}$——平均值。

绝对偏差和相对偏差只能表示相应的单次测量值与平均值的偏离程度,不能表示一组测量值中各测量值之间的分散程度,即不能表示精密度。

为了度量测量结果的精密度,通常用平均偏差表示。

平均偏差表示各测量值对平均值的偏差的绝对值的平均,以 $\bar{d}$ 表示。

通过式(3-10),若各次测量值对平均值的偏差为:

$$d_1 = x_1 - \bar{x}$$
$$d_2 = x_2 - \bar{x}$$
$$\vdots$$
$$d_n = x_n - \bar{x} \tag{3-10}$$

则 d_1、d_2、$\cdots d_n$ 的绝对值的算术平均值即为平均偏差,以 $\bar{d}$ 表示,可通过式（3-11）计算：

$$\bar{d} = \frac{|d_1| + |d_2| \cdots |d_n|}{n} = \frac{1}{n}\sum_{i=1}^{n}|d_i| \qquad (3-11)$$

相对平均偏差为平均偏差在测量平均值中所占的百分数，以 $\bar{d}_r$ 表示，可通过式（3-12）计算：

$$\bar{d}_r = \frac{\bar{d}}{\bar{x}} \times 100\% \qquad (3-12)$$

式中　$\bar{d}$——平均偏差；

　　　$\bar{x}$——平均值。

平均偏差是以算术平均值的方式统计了各测量值的偏差，因此，在一定程度上反映了一组测量值的精密度。

四、精密度和准确度的关系

精密度是指多次测量值之间的相互符合程度，它是由随机误差所决定的；准确度是指测量值与真值之间的相互符合程度，它由系统误差所决定的。两者含义不同，不可混淆，但有一定的相互关系。以打靶为例说明之（图3-1）。

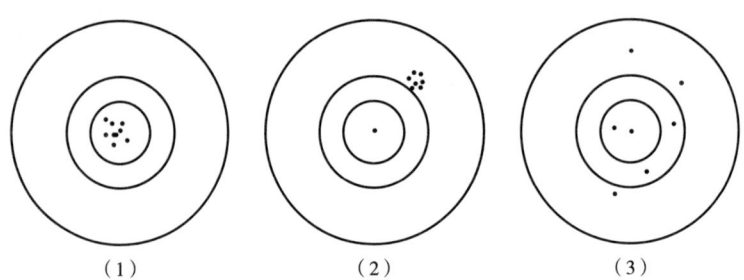

图 3-1　精密度和准确度的关系

如图 3-1 所示，(1) 准确度高，精密度也高；(2) 精密度高，但准确度较差，存在系统误差；(3) 精密度差，准确度也差。

由此得出结论：

(1) 准确度高一定要精密度高，精密度不好就不可能有良好的准确度。精密度是保证准确度的先决条件。但是精密度不好，准确度可能较高，对于这样的结果只能认为是巧合，不能信赖。

(2) 精密度高不等于准确度高，因为可能存在系统误差。

(3) 对于一个好的分析结果，既要求精密度高，又要求准确度好。

第三节　测量数据的表述

在一般情况下，表述测量结果的方式可分为两类：一类是表述多次测量数据的集中趋势，确定测量结果的中心位置；另一类是表述多次测量数据的分散程度，确定测量结果的精密度。

一、数据集中趋势的表征

1. 平均值

平均值，以 $\bar{x}$ 表示，可通过式（3-13）计算：

$$\bar{x} = \frac{1}{n}\sum_{i=1}^{n} x_i \tag{3-13}$$

式中　n——测量次数；

　　　x_i——第 i 组的测量值。

对于有限次测定，测定值是围绕平均值 $\bar{x}$ 集中的。

对分组数据，样本均值又称为加权平均值。加权平均值即将各数值乘以相应的权数，然后加总求和得到总体值，再除以总的单位数。加权平均值的大小不仅取决于总体中各单位的数值（变量值）的大小，而且取决于各数值出现的次数（频数），由于各数值出现的次数对其在平均数中的影响起着权衡轻重的作用，因此称作权数。加权平均值可通过式（3-14）计算：

$$\bar{x} = \frac{1}{n}\sum_{i=1}^{k} f_i x_i$$

$$n = \sum_{i=1}^{k} f_i \tag{3-14}$$

式中　k——分组数；

　　　f_i——第 i 组的频数。

2. 中位数

将数据由大到小顺序排列，当 n 为奇数时，居中者即为中位数。当 n 为偶数时，则正中间的两个数的平均值为中位数。中位数以 $\tilde{x}$ 表示。

当 n 为奇数时：

$$\tilde{x} = x^{\left(\frac{n+1}{2}\right)} \tag{3-15}$$

当 n 为偶数时：

$$\tilde{x} = \frac{x^{\left(\frac{n}{2}\right)} + x^{\left(\frac{n}{2}+1\right)}}{2} \tag{3-16}$$

3. 众数

由多个测量值组成的测量列中,出现频率最多的测量值,其值称为众数。

二、数据分散程度的表征

1. 极差

极差,以 R 表示。表示一组测定值中最大值与最小值之差,可通过式(3-17)计算:

$$R = x_{\max} - x_{\min} \tag{3-17}$$

式中 $x_{\max}$——测定值中最大值;

$x_{\min}$——测定值中最小值。

2. 标准偏差

标准偏差,以 S 表示,可通过式(3-18)计算:

$$S = \sqrt{\frac{\sum_{i=1}^{n}(x_i - \bar{x})^2}{n-1}} \tag{3-18}$$

式中 $n-1$——自由度,用 f 表示。

3. 相对标准偏差

相对标准偏差(或称变异系数),以 CV 表示,可通过式(3-19)计算:

$$CV = \frac{S}{\bar{x}} \times 100\% \tag{3-19}$$

式中 S——标准偏差;

$\bar{x}$——平均值。

4. 平均值的标准偏差

平均值的标准偏差,以 $S_{\bar{x}}$ 表示。

一系列测定(每次做 n 个平行测定)的平均值为 $\bar{x}_1$、$\bar{x}_2$…$\bar{x}_n$,其波动情况遵循正态分布,这时应当用平均值的标准偏差来表示平均值的分散程度。显然平均值的精密度要比单次测定的精密度更好。对于有限次测定,平均值的标准偏差可通过式(3-20)计算:

$$S_{\bar{x}} = \frac{S}{\sqrt{n}} \tag{3-20}$$

式中 S——标准偏差;

n——测定次数。

【例3-1】某卷烟样品一氧化碳测定值分别为:15.2、14.8、15.7、15.3、

15.0(mg),分别计算其平均值、中位数、极差、标准偏差、变异系数及平均值标准差。

【解】平均值：$\bar{x} = \dfrac{1}{n}\sum\limits_{i=1}^{n} x_i = 15.2(\text{mg})$

中位数：$\tilde{x} = x^{\left(\frac{n+1}{2}\right)} = 15.2(\text{mg})$

极差：$R = x_{\max} - x_{\min} = 0.9(\text{mg})$

标准偏差：$S = \sqrt{\dfrac{\sum\limits_{i=1}^{n}(x_i - \bar{x})^2}{n-1}} = 0.339(\text{mg})$

变异系数：$CV = \dfrac{S}{\bar{x}} \times 100\% = 2.23\%$

平均值标准差：$S_{\bar{x}} = \dfrac{S}{\sqrt{n}} = 0.152(\text{mg})$

【例3-2】如某企业生产的5个牌号的卷烟产量和焦油量如下表：

产量/万箱	30	50	40	100	60
焦油量/mg	12.5	13.6	13.3	13.8	13.0

计算该企业焦油量加权平均值。

【解】企业焦油量加权平均值为：

$\bar{x} = \dfrac{1}{n}\sum\limits_{i=1}^{k} f_i x_i$

$= \dfrac{1}{30+50+40+100+60}(30 \times 12.5 + 50 \times 13.6 + 40 \times 13.3 + 100 \times 13.8 + 60 \times 13.0)$

$= 13.4(\text{mg})$

第四节　有效数字与数值修约

分析工作者在测量中不仅应该细心地进行工作，而且必须正确记录测量数据，并合理地进行各种数据的运算，这样才能报告出准确的分析结果。

一、有效数字及计位规则

1. 有效数字的意义

在分析工作中，测量或运算时所涉及的数值有两类：准确数值和有效数值。

准确数值：测量数值中所有的常数、非测量数值中的分数、倍数、因次、单位的倍数。如 1kg=1000g 等，可认为足够有效，有效数字位数无限多，需几位取几位，不受有效数字法则的限制。

有效数字：测量时所得到的全部数字称为有效数字。有效数字只保留一位不准确数字，其他都是准确数字。如用仪器测量时，除了从仪器刻度上读取的准确数字外，还可以估计一位数字。例如，刻度尺只准确到 1mm，读数时可估计到 0.1mm。测量时观察刻度位于 84mm 及 85mm 之间，若确定测量长度是 84.3mm，则前两位是准确数字，后一位"3"是估计出来的，也可能是"2"，也可能是"4"，有±0.1 个准确数字单位的误差。"3"这个数字是不准确数字，也称为可疑数字。但它不是臆造的，所以记录时应保留它。因此 84.3mm 三位数字都是有效数字。

所谓可疑数字，除非特别说明外，一般理解为在可疑数字的位数上有±0.1 个准确数字单位的误差。

2. 有效位数计位规则

有效数字的位数，简称有效位数，是指包括全部准确数字和一位可疑数字在内的所有数字的位数。

为了正确判别和写出测量数字的有效数字，现将有效位数计位规则阐述如下：

（1）非"0"数字都计位。1~9 各数字，不论处于一个数值中的什么位置，都计位。

（2）"0"看前后。"0"数字可以是有效位也可以不是有效位，根据它所起的作用而定。

（3）当"0"位于非零数字之间时，"0"要计位，因为它代表了该位数值的大小。如 1.002，其中两个"0"均为有效数字。

（4）小数尾数的"0"为有效数字。如 0.1000、10.00%中小数点后的"0"均计位。

（5）当以"0"开头的小数位，数字前面的"0"都不计位。如 0.0234、0.005，其中的"0"都不计位。因为它们仅起定位作用。这些"0"只与所取单位有关，与测量准确度无关。如 0.0234g，若写为 23.4mg，"0"即消失。所以 0.0234 只有三位有效数字。同样 0.005 只有一位有效数字。又如 1.32×10^{-10}、2×10^{-5} 中的 10^{-10}、10^{-5} 都是定位的，都不是有效数字。

(6) 以整数结尾的"0",有效位数难以确定。如1200、10000这样的数字,有效位数不明确。一般可把1200看为四位有效数字,但也不一定,若写为$1.2×10^3$即为两位有效数字,若写为$1.20×10^3$,即为三位有效数字。因此,以整数结尾的"0"要按科学记数法表达,才能正确判断它的位数。应当指出,很大或很小的数字用"0"表示不方便,可用10的乘方表示,有效数字用小数表示,习惯上在小数点前保留一位整数。例如0.00005300g表示为$5.300×10^{-5}g$。

(7) 大数多记一位。若首位数字是8或9时,则该数值的有效位数可多计一位。例如$0.9cm^3$,表面上看为一位有效数字,但实际计算时可当作两位有效数字对待,因为0.9与1.0两位有效数字的相对误差相近,故可当作两位有效数字处理。又如9.15,可当作四位有效数字。

例如:判断下列数据的有效数字的位数。

1.00012;0.1000;0.000250;6.023;10.12%;40000;$4.80×10^{-10}$;$1.08×10^{-9}$;9.21。

将以上数据排列,分别判断如下:

1.00012 六位有效数字;0.1000 四位有效数字;0.000250 三位有效数字;6.023 四位有效数字;10.12% 四位有效数字;40000 五位有效数字;$4.80×10^{-10}$ 三位有效数字;$1.08×10^{-9}$ 三位有效数字;9.21 四位有效数字。

二、数值修约

在检验过程中经常需要对测量结果进行计算,并按标准规定的位数对结果进行修约,为保证测试结果的可比性,GB/T 8170—2008《数值修约规则与极限数值的表示和判定》规定了各种数值的修约规则,必须注意,有效数字构成的测量值与通常数学上的概念是不同的。比如:24.5、24.50、24.500mm这三个数在数学上是同一数值,若用于表示卷烟圆周的测量值时,三个值所反映的测量结果的准确程度是不同的。

在对样品质量进行检验时,应将检验结果按GB/T 8170—2008进行修约,保留位数与所用产品标准各项质量指标相一致。

1. 进舍规则

(1) 在拟舍弃的数字中,最左一位数字小于5,则舍去,即所保留的末位数字不变。

例如:卷烟国家标准要求卷烟圆周测量值保留两位小数。

修约前　　　　　　　　　修约后
24.523　　　　　　　　　24.52

（2）在拟舍弃的数字中，最左一位数字大于5，则进1，即所保留的末位数字加1。

例如：卷烟国家标准要求重量测量值保留三位小数。

修约前　　　　　　　　　修约后
0.9286　　　　　　　　　0.929

（3）在拟舍弃的数字中，最左一位数字等于5而其后边的数字并非全部为零，则进1，即所保留的末位加1。

例如：卷烟国家标准要求卷烟硬度测量值保留一位小数。

修约前　　　　　　　　　修约后
76.453　　　　　　　　　76.5

（4）在拟舍弃的数字中。最左一位数字等于5而其右边没有数字或皆为零，所保留的末位数字若为奇数则加1，若为偶数（包括"0"），则舍去。

例如：卷烟国家标准要求卷烟水分测量值保留两位小数。

修约前　　　　　　　　　修约后
12.055　　　　　　　　　12.06
11.385　　　　　　　　　11.38
12.355　　　　　　　　　12.36
11.845　　　　　　　　　11.84
12.205　　　　　　　　　12.20

（5）负数修约时，先将它绝对值，再按上述（1）～（4）规则进行修约，然后再在修约值前面加上负号。

例如：将下列数值修约到"十"位。

修约前　　　　　　　　　修约后
-355　　　　　　　　　　-3.6×10^2
-325　　　　　　　　　　-3.2×10^2

又例如：将下列数字修约成两位有效位数。

修约前　　　　　　　　　修约后
-365　　　　　　　　　　-3.6×10^2
-0.0365　　　　　　　　　-0.036 或 -3.6×10^{-2}

2. 不许连续修约规则

（1）拟修约数字应在确定修约位数后一次修约获得结果，而不得按规则连续修约。

例如：在对卷烟含水率的测试结果 12.585453% 进行保留两位小数修约时，正确的修约方法为：12.59%。

不正确的修约方法：

12.585453%→12.58545%→12.5854%→12.585%→12.58%。

（2）在具体实施中，有些测试部门与计算部门先将获得的数据按指定的修约位数多一位或几位报出，而后由其他部门判断。为避免产生连续修约的误差，应按下述步骤进行。

①报出数值最右的非零数字为 5 时，应在数值后面加"（+）"或"（-）"或不加符号，以分别表明已进行过舍、进或未舍未进。

例如：16.50（+）表示实际值大于 16.50，经修约舍弃为 16.50；16.50（-）表示实际数值小于 16.50，经修约进 1 成为 16.50。

②如果判定报出值需要进行修约，当拟舍弃数字的最左一位数字为 5 而后面无数字或皆为零时，数值后面有（+）号者进 1，数值后面有（-）号者舍去 1，其他仍按规定进行。

例如：将下列数字修约到个位数后进行判定。

实测值	报出值	修约值
15.4546	15.5（-）	15
16.5203	16.5（+）	17
17.5000	17.5	18
-15.4546	-［15.5（-）］	-15

3. 0.5 单位修约与 0.2 单位修约

（1）0.5 单位修约　拟将修约数值乘以 2，按指定数位依规则修约，所得数值再除以 2。

例如：将下列数字修约到个数位的 0.5 单位（或修约间隔为 0.5）。

拟修约数值乘2 (A)	(2A)	2A 修约值（修约间隔为1）	A 修约值（修约间隔为0.5）
60.25	120.50	120	60.0
60.38	120.76	121	60.5

| −60.75 | −121.50 | −122 | −61.0 |

(2) 0.2 单位修约　将拟修约数值乘以 5，按指定数位依规则修约，所得数值再除以 5。

例如：将下列数字修约到"百"位数的 0.2 单位（或修约间隔为 20）。

拟修约数 （A）	拟修约数值乘 5 （5A）	5A 修约值 （修约间隔为 100）	A 修约值 （修约间隔为 20）
830	4150	4200	840
842	4210	4200	840
−930	−4650	−4600	−920

三、有效数字运算法则

1. 有效数字的加减法则

当几个数字相加或相减时，保留有效数字的位数，应以小数点后位数最少（即绝对误差最大）的数值为准。

例如：求三个数字之和 0.0121+1.05782+25.64。首先确定有效数字应保留的位数，按加减法则，以小数点后位数最少的数字为准。这三个数值中 25.64 的小数点后位数最少，只有两位，以此为准，按有效数字修约规则，弃去多余的位数，则应 0.01+1.06+25.64=26.71。

2. 有效数字的乘除法则

当几个数相乘或相除时，保留有效数字的位数，应以有效数字位数最少（即相对误差最大）的数值为准。

例如，求下列三数相乘：0.0121×25.60×1.05782。按乘除法则，应以有效数字位数最少的为准。这三个数值中，0.0121 有效位数最少，只有三位，以此为准修约，根据修约规则，弃去多余位数，上式应为 0.0121×25.6×1.06=0.328。

根据有效数字位数计位规则中所述，如遇到首位是 8 或 9，则有效数字的位数多算一位。

例如，求下列三数相乘：0.9×1.2×36.100。其中 0.9 为一位有效数字，应将其看成两位有效数字，因此上式应为 0.9×1.2×36=39。

使用计算器计算时，可以先不修约，但应注意正确保留最后计算结果的有效数字位数。

四、有效数字在测量中的应用

1. 有效数字在测量记录中的应用

在测量中，正确记录数据是使分析结果准确可靠的保证。实验数据，不仅表明测量的数值大小，而且也表明测量仪器的精度。因此在记录测量数据时，应根据所用的仪器的精度记录所有准确数字和最后一位可疑值。由于所使用的仪器精度不同，所记录的测量数据的位数也不同。下面将分别介绍几种常用仪器的正确记录方法。

天平是测量中重要的且最常用的计量仪器。天平有不同种类不同规格。应根据分析准确度的要求选用相应的天平，所记录的测量数据的有效位数必须反映出所选用天平的精度。

托盘天平（或称架盘天平、普通药物天平）是一种粗天平，分度值一般为 0.1g，只能准确至 0.1g，所称物体质量只能记录至小数点后两位。在实验室经常使用的是电子天平，分度值为 0.001g（即 1mg）、0.1mg 或 0.01mg，所称物体质量记录至小数点后三位、四位或五位。由此看出，用不同的天平称量物体，所记录的有效数字位数不同，所反映的准确度也不同。

在此应提及注意的是体积读数中的"0"。如滴定管读取的体积为 20.00mL，不能记为 20.0mL 即三位有效数字，更不能记为 20mL，即两位有效数字，这样都降低了测量准确度。

同样，对于移液管，若用 25mL 移液管，放出的体积应记为 25.00mL。

总之，对于滴定管、移液管、容量瓶等量器，根据其规格、最小分度，正确地使用有效数字记录测量值是使分析结果准确可靠的保证。

2. 有效数字在分析结果报告中的应用

在分析结果的报告中，有人认为保留的数字位数越多越准确，这是错误的想法。因为所得的分析结果，不仅表明被测物质含量多少，而且也表明是以怎样的准确度进行测量的。如果不适当地保留过多的数字，则夸大了准确度，不符合实际，令人难以相信。如果不适当地保留过少的数字，则降低了测量准确度，使结果毫无意义。

3. 有效数字在其他方面的应用

（1）在分析化学中，对于 pH、pM、lg$K$ 等对数值，它们的有效数字的位数取决于小数部分的位数。因为整数部分（首数）只说明次方，起定位作用。

（2）大多数情况下，对于各种误差的计算，一般要求两位有效数字或一位有效数字。

（3）有关化学平衡的计算，一般保留两位或三位有效数字。

（4）常数/式量的数据，如各种基本物理常数、相对原子质量、相对分子质量等，不能查几位用几位，也不能根据这些常数为标准取舍有效数字的位数，而应根据测量需要几位取几位。

（5）在运算中，所遇到的倍数、分数（如从 250mL 试液中吸取 25mL 即 1/10）这些都是准确数字，不适用于有效数字的运算法则，故不能根据它们的位数取舍有效数字的位数。

第五节　分析测量中数理统计的理论基础

在一定条件下，并不总是出现相同结果但又具有一定规律的现象称为随机现象。数理统计就是一门研究随机现象规律性的科学。随机现象所特有的规律性称为统计规律性。它必须通过对同类现象进行大量的观测才能发现，但在实际工作中，我们只能对随机现象进行次数有限的观测，数理统计所要解决的正是这类问题。数理统计的中心任务就是通过对局部进行有限次数的观测所得到的统计特性，去推断事物整体的统计特性。

一、随机变量及其分布

用来表示随机现象结果的变量称为随机变量。

随机变量的取值是随机的，但在其背后还是有规律性的，这个规律性就是分布。随机变量的分布有很多种，通常分为离散随机变量的分布和连续随机变量的分布。

如果测得的某个特性，它只能以某些特定数值来表示（例如不合格烟支数的分布，只能是 0、1、2…的整数），那它就是离散分布。常见的离散分布有二项分布、泊松分布与超几何分布等。

如果所测得的某个特性，它能以任何数值表示（当然是受到精密度限制的），那它就是连续分布。连续分布有正态分布、均匀分布等，而最常用的连续分布就是正态分布。

二、正态分布

在分析测试中，正态分布是占有特殊重要地位的，是使用最频繁的分布，因为在分析测试中遇到的随机变量多数是遵循正态分布的。即使在极少数情况下，测量值本身不遵循正态分布，但通过函数变换后（如取对数等），它们也将遵循正态分布。因此，在分析测试中讨论数理统计时，都是建立在正态分布这个前提之上的。

在分析测试中，即使在严格控制的测试条件下，对某个样本进行多次重复测定，由于不可避免的某些随机因素的作用，各测定值也不可能完全相同，而是在一定范围内波动。

1. 正态分布的理解

例如某样品的还原糖含量测定，重复测定共得到60个数据，如表3-1所示。

表3-1　　　　　　　　　　还原糖含量测定值　　　　　　　　　单位：%

11.2	11.8	12.0	12.1	11.8	11.3	12.2	12.3	12.5
12.1	12.0	12.2	12.0	11.8	12.3	11.8	11.5	12.6
11.8	12.1	11.7	12.3	12.1	11.6	12.0	12.1	11.6
11.9	11.4	11.7	12.2	11.6	11.7	12.4	11.4	12.5
12.2	12.6	12.3	12.7	11.0	12.4	12.5	12.5	12.6
11.9	12.7	12.8	11.9	12.2	12.9	11.9	12.5	11.6

表3-2　　　　　　　　　　　　频数、频率分布

分组/%	频数	频率	分组/%	频数	频率
<11.1	1	0.017	12.2~12.3	9	0.150
11.2~11.3	2	0.033	12.4~12.5	8	0.133
11.4~11.5	4	0.067	12.6~12.7	5	0.083
11.6~11.7	7	0.117	12.8~12.9	2	0.033
11.8~11.9	9	0.150	>13.0	0	0.000
12.0~12.1	13	0.217	总和	60	1.000

这些数据粗看起来似乎杂乱无章，但如果将这些数据进行适当整理，例如把全部测定值按大小排列，并按一定间隔分成若干组，数出测定值落在每个组的数目（频数），确定他们的频数及频率，如表3-2所示。

以组为横坐标，相对频数为纵坐标，建立直方图，如图3-2所示。

如图3-2所示，各数据并不是杂乱无章的，而是有规律的。在全部测定数据中，测量值有明显的集中趋势，大多数测量值集中在平均值12.05%附

近。相对于平均值而言,各种大小的偏差都有,但偏差大小相等、符号相反的测定值出现的次数大致相等。偏差小的测定值出现的次数多,偏差大的测定值出现的次数很少。可以想象,如果测定次数更多,分组更细,则频数分布直方图将趋于一条曲线,如图 3-3 所示。

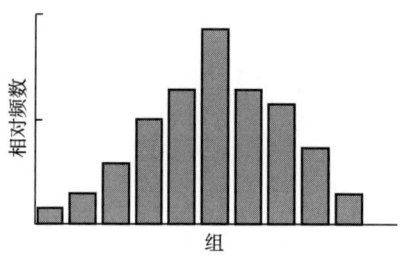

图 3-2 相对频数分布直方图

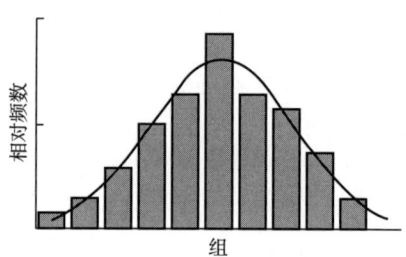

图 3-3 直方图和正态分布曲线

2. 标准正态分布

正态分布概率密度函数为:

$$p(x) = \frac{1}{\sqrt{2\pi}\sigma} e^{-\frac{(x-\mu)^2}{2\sigma^2}}, \quad -\infty < x < \infty \tag{3-21}$$

正态分布含有两个参数 μ 与 σ,常记为 $N(\mu, \sigma^2)$。

$\mu = 0$ 且 $\sigma = 1$ 的正态分布称为标准正态分布,常记为 $N(0, 1)$。

标准正态分布概率密度函数的图形如图 3-4 所示。

$$\varphi(u) = \frac{1}{\sqrt{2\pi}} e^{-\frac{u^2}{2}}, \quad -\infty < u < \infty \tag{3-22}$$

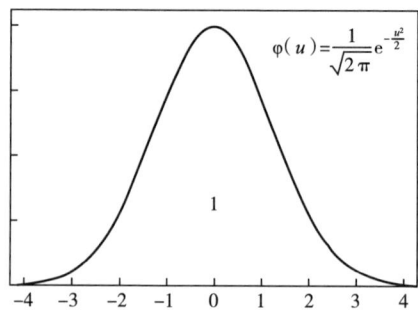

图 3-4 标准正态分布的概率密度函数 $\varphi(u)$ 的图形

3. 标准正态分布的概率计算

整块阴影面积如图 3-5 所示。

$$\Phi(u) = \int_{-\infty}^{\infty} \varphi(u) \mathrm{d}u = 1 \tag{3-23}$$

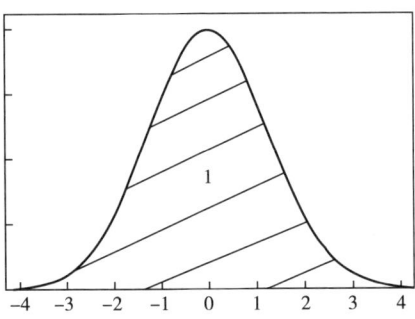

图 3-5　标准正态分布的概率密度函数 $\varphi(u)$ 的概率计算示意图

4. 数据正态分布检验

夏皮罗-威尔克（Shapiro-Wilk）法检验数据正态性。设对某量进行测量，得到一组独立测量结果，将各测量结果由小到大排列，即

$$x_1, x_2, \cdots, x_n (x_1 \leqslant x_2 \leqslant \cdots \leqslant x_n) \tag{3-24}$$

统计量可通过式（3-25）计算：

$$W = \frac{\left[\sum_{i=1}^{K} a_i (x_{n+1-i} - x_i)\right]^2}{\sum_{i=1}^{n} (x_i - \bar{x})^2} \tag{3-25}$$

式中 K 值对于测量次数 n 是偶数时则为 $n/2$；对于测量次数 n 是奇数时则为 $(n-1)/2$。式中 a_K 与 n 及 K 有关（附录九　夏皮罗-威尔克系数 a_K 值表）。

当统计量 $W > W(n, P)$ 时，则接受测量数据呈正态分布，反之拒绝。$W(n, P)$ 与测量次数 n 及置信概率 P 有关（附录九　夏皮罗-威尔克判定值 $W(n, P)$ 表）。

【例 3-3】某卷烟烟丝还原糖测量数据如下表，确认在置信概率为 95% 时，该组数据是否呈正态分布。

还原糖/%								
10.00	10.12	10.25	10.62	10.43	10.55	10.44	10.35

【解】测量数据从小到大排列：
10.00，10.12，10.25，10.35，10.43，10.44，10.55，10.62。
$$K = n/2 = 4$$

查附录九　夏皮罗-威尔克系数 a_K 值表，$a_1 = 0.6052$，$a_2 = 0.3164$，$a_3 = 0.1743$，$a_4 = 0.0561$。

$$W = \frac{[\sum_{i=1}^{K} a_i(x_{n+1-i} - x_i)]^2}{\sum_{i=1}^{n}(x_i - \bar{x})^2} = 0.9638$$

查附录九　夏皮罗-威尔克判定值 $W(n, P)$ 表，$W(n, P) = 0.818$

即 $W > W(n, P)$。该组数据呈正态分布。

三、分析测试中的数理统计技术

(一) 置信水平和置信区间

我们通常把测定数据的平均值作为分析的结果，但它带有不确定性，不能明确说明测定的可靠程度。用统计的方法可推出有限次测定的真值 μ 与平均值 $\bar{x}$ 之间的关系：

$$\mu = \bar{x} \pm \frac{t \times S}{\sqrt{n}} \quad (3-26)$$

式中　S——标准偏差；
　　　n——测定次数；
　　　t——选定的某一置信水平下的几率系数，可从附录九　t 分布 α 分位数表中查得。由表中可知，t 随 n 的增加而减小，随置信水平的提高而增大。

根据上式可估算出在某一置信水平下，真值在以测定平均值为中心的多大范围内出现，这个范围称为真值的置信区间，其真值属于这个范围的可能性称为置信水平，表达式是 $\gamma = 1 - \alpha$。α 表示显著性水平。在分析测试中，置信水平通常取95%，即显著性水平 $\alpha = 0.05$。

【例3-4】某样品还原糖测定值（%）分别为：15.2、14.8、15.7、15.3、15.0，求置信水平为95%时真值所在的范围。

【解】$\bar{x} = 15.2$，$S = 0.34$

查附录九　t 分布 α 分位数表，置信水平为95%，$n = 5$ 时，自由度 $f = n - 1 = 4$，$t_{(1-0.5\alpha)} = 2.776$。

$$\mu = \bar{x} \pm \frac{t \times S}{\sqrt{n}} = (15.2 \pm 0.42)$$

真值在置信水平为95%时的置信区间为（14.78~15.62）%。

需要强调的是，置信区间只有在置信水平（或显著性水平）确定的情况下才有意义。如上题的结论是真值包含在该置信区间的可能性是95%。

(二) 科克伦（Cochran）等精度检验

m 组测量数据，每组 n 个测量数据。

统计量可通过式（3-27）计算：

$$C = \frac{S_{max}^2}{\sum_{i=1}^{m} S_i^2} \tag{3-27}$$

式中　S_i——i 组测量数据的标准偏差；

　　　S_{max}——S_i 中的最大值。

对给定显著性水平 α（$\alpha = 1 - P$），m，n（如各组 n 不等，可取多数组的测量次数），科克伦临界值 $C(\alpha, m, n)$（附录九　科克伦检验临界值表）。如 $C \leq C(\alpha, m, n)$，认为各组等精度。如 $C > C(\alpha, m, n)$，则认为 S_{max} 过大。

在实际使用时，一般认为，当 $C \leq C(0.05, m, n)$ 时，各组等精度；当 $C(0.05, m, n) < C < C(0.01, m, n)$ 时，S_{max} 值需进行研究后决定取舍；当 $C > C(0.01, m, n)$ 时，S_{max} 组数据舍弃。

【例3-5】9个实验室对某卷烟样品的氯含量进行测量，各实验室重复测量5次，其中1个实验室在5次测量中出现一个离群值，被剔除。9个实验室的重复性标准差如下表所示，确认9组数据是否呈等精度。

重复性标准差/%								
0.0672	0.2914	0.2522	0.2437	0.3851	0.1368	0.1799	0.4215	0.2649

【解】取 $\alpha = 0.05$，$m = 9$，$n = 5$（取多数组的测量次数），查附录九　科克伦检验临界值表，$C(\alpha, m, n) = 0.3584$。

$$S_{max} = 0.4215\%$$

$$C = \frac{S_{max}^2}{\sum_{i=1}^{m} S_i^2} = 0.2693$$

即 $C < C(0.05, m, n) = 0.3584$，则9组数据呈等精度。

(三) 离群值检验

当对同一样本进行多次重复测量时，有时会发现一组测量值中某个测量值比其他测量值明显偏大或偏小，这种明显偏离的测量值称为离群值。

当出现离群值时，应按如下原则处理：

(1) 在测定过程中，在尚未得出测量结果时，已经发现测量结果引起偏离的原因，此时不论其测量数据与其他平行测量数据是否符合，均应剔除。

(2) 在测量结果得到后，如查明确因实验技术上失误引起的，不论其测量结果是否为离群，均应剔除。

(3) 出现离群后，要先从技术上找出其出现的原因。但是，有时由于各种原因未必能从技术上找到。此时，既不能轻易保留它，也不能随意剔除它，应对离群值进行统计检验，从统计上来判断该值是否为离群值。如果统计检验表明该值不是离群值，即使是极值，也应该将其保留。如果将本来不是离群值的测量值主观地作为离群值剔除，表面上看来测量精度提高了，但这只是一种虚假的高精度，它并不是真实情况的反映。因为根据随机误差的分布特性，测量值的离散是必然的，出现个别极值的现象也是正常的。因此，决不能把测量值的正常离散与离群值等同起来。

1. 离群值检验的设计思想

离群值检验的设计思想与建立控制图几乎是一样的，检验准则均建立在测量值遵循正态分布的理论基础之上。即在一组测量值中出现大偏差测量值的概率是很小的，例如偏差大于两倍标准差的测量值出现的概率只有5%，平均每20次测量中出现1次；偏差大于三倍标准差的测量值出现的概率只有0.3%，平均每1000次测量中出现3次。通常的分析测试进行的次数十分有限，因此，出现大偏差测量值的可能性很小，现在竟然出现了，自然就不能将其看作是由于随机因素而引起的，应将其视为离群值予以剔除。

2. 离群值检验

格拉布斯检验准则：

当偏差 $|U_i| = |x_i - \bar{x}| > \lambda_{(\alpha, n)} \times S$ 时，则 x_i 将作为离群值被剔除。

式中　　x_i——某测量值；

　　　　$\bar{x}$——测量平均值；

　　　　S——标准差；

$\lambda_{(\alpha, n)}$——与测量次数 n 及给定的显著性水平 α 有关的数值（表3-3）。

表3-3　　　　　　　　　　$\lambda_{(\alpha, n)}$ 数值

n/α	1%	5%	n/α	1%	5%	n/α	1%	5%	n/α	1%	5%
			26	3.157	2.841	51	3.491	3.136	76	3.654	3.287
			27	3.178	2.859	52	3.500	3.143	77	3.658	3.291
3	1.155	1.155	28	3.199	2.876	53	3.507	3.151	78	3.663	3.297
4	1.496	1.481	29	3.218	2.893	54	3.516	3.158	79	3.669	3.301
5	1.764	1.715	30	3.236	2.908	55	3.524	3.166	80	3.673	3.305
6	1.973	1.887	31	3.253	2.924	56	3.531	3.172	81	3.677	3.309
7	2.139	2.020	32	3.270	2.938	57	3.539	3.180	82	3.682	3.315
8	2.274	2.126	33	3.286	2.952	58	3.546	3.186	83	3.687	3.319
9	2.387	2.215	34	3.301	2.965	59	3.553	3.193	84	3.691	3.323
10	2.482	2.290	35	3.316	2.979	60	3.560	3.199	85	3.695	3.327
11	2.564	2.355	36	3.330	2.991	61	3.566	3.205	86	3.699	3.331
12	2.636	2.412	37	3.343	3.003	62	3.573	3.212	87	3.704	3.335
13	2.699	2.462	38	3.356	3.014	63	3.579	3.218	88	3.708	3.339
14	2.755	2.507	39	3.369	3.025	64	3.586	3.224	89	3.712	3.343
15	2.806	2.549	40	3.381	3.036	65	3.592	3.230	90	3.716	3.347
16	2.852	2.585	41	3.393	3.046	66	3.598	3.235	91	3.720	3.350
17	2.894	2.620	42	3.404	3.057	67	3.605	3.241	92	3.725	3.355
18	2.932	2.651	43	3.415	3.067	68	3.610	3.246	93	3.728	3.358
19	2.968	2.681	44	3.425	3.075	69	3.617	3.252	94	3.732	3.362
20	3.001	2.709	45	3.435	3.085	70	3.622	3.257	95	3.736	3.365
21	3.031	2.733	46	3.445	3.094	71	3.627	3.262	96	3.739	3.369
22	3.060	2.758	47	3.455	3.103	72	3.633	3.267	97	3.744	3.372
23	3.087	2.781	48	3.464	3.111	73	3.638	3.272	98	3.747	3.377
24	3.112	2.802	49	3.474	3.120	74	3.643	3.278	99	3.750	3.380
25	3.135	2.822	50	3.483	3.128	75	3.648	3.282	100	3.754	3.383

【例3-6】某烟草样品还原糖多次重复测定结果离群值检验，显著性水平 $\alpha=0.05$（%）。

序号	1	2	3	4	5	6	7	8	9	10
还原糖	10.4	10.1	10.4	10.3	10.1	9.9	11.0	10.5	10.2	10.2

【解】$n=10$，$\bar{x}=10.31$，$S=0.292$，查表 3-3，$\lambda_{(\alpha,n)}=2.290$。

$\lambda_{(\alpha,n)} \times S = 0.669$

$|U_i| = |x_{\min} - \bar{x}| = |9.9 - 10.31| = 0.41 < 0.669$

$|U_i| = |x_{\max} - \bar{x}| = |11.0 - 10.31| = 0.69 > 0.669$

第 7 次测量值为离群值，舍去。

$n=9$，$\bar{x}=10.23$，$S=0.187$，查表 3-3，$\lambda_{(\alpha,n)}=2.215$。

$\lambda_{(\alpha,n)} \times S = 0.414$

$|U_i| = |x_{\min} - \bar{x}| = |9.9 - 10.23| = 0.33 < 0.414$

$|U_i| = |x_{\max} - \bar{x}| = |10.5 - 10.23| = 0.27 < 0.414$

除第 7 次外，其余 9 次的测量值均为正常值。

需要强调的是：一组数据经离群值剔除后，则测量次数 n、平均值 $\bar{x}$ 及标准差 S 均需重新计算确定。然后再进行离群值检验，直至没有离群值为止。

（四）假设检验

在测量结果的分析中，各测量结果存在着一定的差异，这种差异可能完全是由随机误差引起的，也可能还包含系统误差。如果测量结果之间存在明显的系统误差，就认为它们之间有显著性差异，否则，就认为无显著性差异，即测量结果的差异纯属随机误差引起的，是正常的。下面介绍几种检验法。

1. 测量平均值与标准值比较（t 检验法）

$t_{计算}$ 可通过式（3-28）计算：

$$t_{计算} = \frac{|\bar{x} - \mu|}{S}\sqrt{n} \qquad (3-28)$$

查附录九 t 分布 α 分位数表得 $t_{表}$，若 $t_{计算} > t_{表}$，则存在显著性差异，否则，就认为无显著性差异。

【例 3-7】某再造烟叶还原糖测定值分别为：15.2、14.8、15.7、15.3、15.0（%），设计值为 15%，试判断测定平均值与设计值是否存在显著性差异（置信水平为 95%）。

【解】查附录九 t 分布 α 分位数表，置信水平为 95%，$n=5$ 时，$t_{表}=2.776$。

$$\bar{x} = 15.2, \ S = 0.34, \ \mu = 15$$

$$t_{计算} = \frac{|\bar{x} - \mu|}{S}\sqrt{n} = 1.315 < t_{表}$$

测定平均值与设计值没有显著性差异。

2. 两组测定平均值比较（t 检验法）

如第一组测定次数为 n_1，平均值为 $\bar{x}_1$，标准偏差为 S_1；第二组测定次数为 n_2，平均值为 $\bar{x}_2$，标准偏差为 S_2。$t_{计算}$ 可通过式（3-29）计算：

$$t_{计算} = \frac{|\bar{x}_1 - \bar{x}_2|}{S_P}\sqrt{\frac{n_1 n_2}{n_1 + n_2}} \tag{3-29}$$

式中　S_P——合并标准偏差。

S_P 可通过式（3-30）计算：

$$S_P = \sqrt{\frac{(n_1 - 1)S_1^2 + (n_2 - 1)S_2^2}{n_1 + n_2 - 2}} \tag{3-30}$$

查附录九得 $t_{表}$，若 $t_{计算} > t_{表}$，则存在显著性差异，否则，认为其无显著性差异。

【例 3-8】某烟叶还原糖第一组测定值分别为：15.2、14.8、15.7、15.3、15.0（%）；第二组测定值分别为 15.6、16.0、15.5、16.0、15.4（%），试判断两组测定平均值是否存在显著性差异（置信水平为 95%）。

【解】查附录九，置信水平为 95%，$f = n_1 + n_2 - 2 = 8$ 时，$t_{表} = 2.306$

$$\bar{x}_1 = 15.2, \ S_1 = 0.34; \ \bar{x}_2 = 15.7, \ S_2 = 0.28$$

$$S_P = \sqrt{\frac{(n_1 - 1)S_1^2 + (n_2 - 1)S_2^2}{n_1 + n_2 - 2}} = 0.31$$

$$t_{计算} = \frac{|\bar{x}_1 - \bar{x}_2|}{S_P}\sqrt{\frac{n_1 n_2}{n_1 + n_2}} = 2.550 > t_{表}$$

两组测定平均值存在显著性差异。

3. 成对差值平均值比较检验

在化学分析中，经常会出现复检，复检结果与原检结果是否一致。那么对复检与原检一致的有效性如何进行判断？在多次多平行测定时，成对差值平均值比较检验方法较好地解决了这一问题。

【例 3-9】两组还原糖测量值（$\alpha = 0.05$）

序号	1	2	3	4	5	6	7	8
原检 1	10.6	10.3	10.5	10.3	10.8	10.3	10.4	10.1
复检 2	10.4	10.3	10.1	10.1	11.0	10.5	10.2	10.2
$x_d = x_2 - x_1$	-0.2	0.0	-0.4	-0.2	0.2	0.2	-0.2	0.1

【解】差值均值:(代数和均值),$n=8$,查附表3,$t_{(1-0.5\alpha, f)} = t_{(0.975,7)} = 2.365$。

$$S_d = \sqrt{\frac{\sum(x_d - \bar{x}_d)^2}{n-1}} = 0.2200$$

判定值 $u = t_{(1-0.5\alpha, f)} \times \frac{S_d}{\sqrt{n}} = 0.184$

$|\bar{x}_d| = 0.062 < u = 0.184$ 两组平均值没有显著性差异。

4. 单因子方差分析

方差分析是在相同方差下检验若干个正态均值是否相同的一种统计方法。

设在一个实验中考察一个因子 A,它有 r 个水平,在每一水平下进行 m 次试验,其结果是 $y_{i1}, y_{i2} \cdots y_{im}$ 表示,$i = 1, 2 \cdots r$,如表3-4所示。

表3-4　　　　　　　　　单因子试验数据表

水平	试验数据	和	均值
A_1	$y_{11}, y_{12} \cdots y_{1j}, \cdots, y_{1m}$	T_1	y_1
A_2	$y_{21}, y_{22} \cdots y_{2j}, \cdots, y_{2m}$	T_2	y_2
…	…	…	…
A_i	$y_{i1}, y_{i2} \cdots y_{ij}, \cdots, y_{im}$	T_i	y_i
…	…	…	…
A_r	$y_{r1}, y_{r2} \cdots y_{rj}, \cdots, y_{rm}$	T_r	y_r

$$T_i = \sum_{j=1}^{m} y_{ij}; \quad T = \sum_{i=1}^{r} T_i; \quad y_i = \frac{1}{m} T_i$$

总的均值 $\bar{y} = \frac{1}{r} \sum_{i=1}^{r} y_i$,共有 $n = rm$ 个数据。

它们的波动用总的偏差平方和 S_T 表示,可通过式(3-31)计算:

$$S_T = \sum_{i=1}^{r} \sum_{j=1}^{m} (y_{ij} - \bar{y})^2 = \sum_{i=1}^{r} \sum_{j=1}^{m} y_{ij}^2 - \frac{T^2}{n} \qquad (3-31)$$

自由度 f_T = 试验次数 $-1 = rm - 1$。

由于因子 A 的水平不同，各水平下的均值也有差异。

各水平间的波动用组间偏差平方和 S_A 表示，可通过式（3-32）计算：

$$S_A = \sum_{i=1}^{r} m(y_i - \bar{y})^2 = \sum_{i=1}^{r} \frac{T_i^2}{m} - \frac{T^2}{n} \quad (3-32)$$

自由度 f_A = 水平数 $-1 = r - 1$。

由于存在随机误差，即使在同一水平下获得的数据也有差异。

各组内的波动用组内偏差平方和 S_e 表示，可通过式（3-33）计算：

$$S_e = \sum_{i=1}^{r} \sum_{j=1}^{m} (y_{ij} - y_i)^2 = S_T - S_A \quad (3-33)$$

自由度 $f_e = f_T - f_A = r(m-1)$

统计量可通过式（3-34）计算：

$$F = \frac{\dfrac{S_A}{f_A}}{\dfrac{S_e}{f_e}} \quad (3-34)$$

当 $F > F_{1-\alpha}(f_A, f_e)$ 时认为因子 A 在显著性水平 α 上是显著的，否则没有理由认为各水平均值是不同的。其中 $F_{1-\alpha}(f_A, f_e)$ 是自由度为 f_A、f_e 的 F 分布的 $1-\alpha$ 分位数，如附录九　F 检验临界值表所示。

以上求 F 值的过程可列成一张方差分析表（表3-5）。

表3-5　　　　　　　　　　单因子方差分析表

来源	偏差平方和	自由度	F
因子 A	S_A	$f_A = r - 1$	
误差 e	S_e	$f_e = r(m-1)$	$F = \dfrac{S_A/f_A}{S_e/f_e}$
总计 T	S_T	$f_T = rm - 1$	

单因子方差分析可用于烟气分析中平均值比较检验，也可用于实验室内或实验室间的实验比对，或卷烟样品复检。

【例3-10】多次多平行测定还原糖（$\alpha = 0.05$），测定数据如下（%）：以【例3-9】实验数据为例，如将其视为两实验室间的实验比对（各8组数据）或一个实验内的两次测定间的实验比对（复检）。

序号	1	2	3	4	5	6	7	8
第1次	10.6	10.3	10.5	10.3	10.8	10.3	10.4	10.1
第2次	10.4	10.3	10.1	10.1	11.0	10.5	10.2	10.2

【解】计算各类和 $T_1 = 83.3$　$T_2 = 82.8$　总和 $T = 166.1$

计算各类平方和 $\sum\sum y_{ij}^2 = 1725.29$　$\sum T_i^2 = 13795$

计算各偏差平方和

$S_T = 1725.29 - 166.1^2/16 = 0.9644$　$f_T = 2 \times 8 - 1 = 15$

$S_A = 13795/8 - 166.1^2/16 = 0.0156$　$f_A = 2 - 1 = 1$

$S_e = 0.9644 - 0.0156 = 0.9488$　$f_e = 2(8-1) = 14$

来源	偏差平方和	自由度	F
因子 A	$S_A = 0.0156$	$f_A = 1$	
误差 e	$S_e = 0.9488$	$f_e = 14$	$F = 0.230$
总计 T	$S_T = 0.9644$	$f_T = 15$	

查附录九　F检验临界值表，$F_{0.95}(1, 14) = 4.60$，由于 $F < F_{0.95}(1, 14)$，所以在 $\alpha = 0.05$ 水平上因子 A 不显著，即两次测定均值相同。

若由于剔除异常值等，每一水平试验数不同，那么方差分析的步骤仍然相同，只是在计算上有两个改动：

$$n = rm \text{ 变成 } n = \sum_{i=1}^{r} m_i$$

$$S_A = \sum_{i=1}^{r} \frac{T_i^2}{m} - \frac{T^2}{n} \text{ 变成 } S_A = \sum_{i=1}^{r} \frac{T_i^2}{m_i} - \frac{T^2}{\sum_{i=1}^{r} m_i} \tag{3-35}$$

【例3-11】三台连续流动分析仪分别对某样品进行还原糖测定（$\alpha = 0.05$），测定结果如下：

连续流动分析仪	测定值/%						
A_1	10.6	10.3	10.5	10.2	10.8	10.3	10.4	10.1
A_2	10.4	10.3	10.1	9.9				
A_3	11.0	10.5	10.2	10.2				

【解】A_1：$m_1 = 8$，$T_1 = 83.2$

A_2：$m_2 = 4$，$T_2 = 40.7$

A_3：$m_3 = 4$，$T_3 = 41.9$

$n = \sum\limits_{i=1}^{3} m_i = 16$；$T = \sum\limits_{i=1}^{3} T_i = 165.8$

计算各类平方和 $\sum\sum y_{ij}^2 = 1719.24$ $\sum \dfrac{T_i^2}{m_i} = 1718.30$ $\dfrac{T^2}{n} = 1718.10$

计算各偏差平方和

$S_T = 1719.24 - 1718.10 = 1.14$ $f_T = 16 - 1 = 15$

$S_A = 1718.30 - 1718.10 = 0.20$ $f_A = 3 - 1 = 2$

$S_e = 1.14 - 0.20 = 0.94$ $f_e = 15 - 2 = 13$

来源	偏差平方和	自由度	F
因子 A	$S_A = 0.20$	$f_A = 2$	
误差 e	$S_e = 0.94$	$f_e = 13$	$F = 1.383$
总计 T	$S_T = 1.14$	$f_T = 15$	

查附录九 F 检验临界值表，$F_{0.95}(2, 13) = 3.81$，由于 $F < F_{0.95}(2, 13)$，所以在 $\alpha = 0.05$ 水平上因子 A 不显著，即三台连续流动分析仪还原糖测定均值没有差异。

(五) 回归分析

在分析测试中经常需要研究两个变量之间的相互关系。

为研究两个变量之间的关系，可以将每一对数据 (x, y) 看作直角坐标系中的一个点，在图中标出 n 个点，该图即是散布图（图 3-6）。

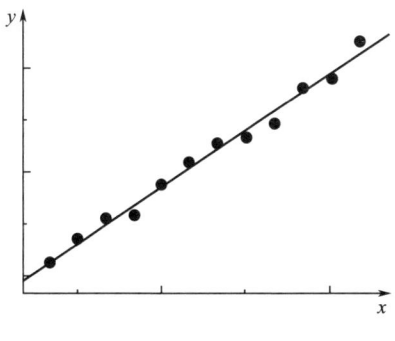

图 3-6 散布图

如图 3-6 所示，即 n 个点基本在一条直线附近，但又不完全在一条直线上，我们希望用一个统计量来表示它们关系的密切程度，这个量称为相关系数，记为 r。

$$r = \frac{\sum_{i=1}^{n}(x_i - \bar{x})(y_i - \bar{y})}{\sqrt{\sum_{i=1}^{n}(x_i - \bar{x})^2 \sum_{i=1}^{n}(y_i - \bar{y})^2}} = \frac{L_{xy}}{\sqrt{L_{xx}L_{yy}}}$$

其中：

$$L_{xy} = \sum_{i=1}^{n}(x_i - \bar{x})(y_i - \bar{y}) = \sum_{i=1}^{n}x_i y_i - \frac{\sum_{i=1}^{n}x_i \sum_{i=1}^{n}y_i}{n}$$

$$L_{xx} = \sum_{i=1}^{n}(x_i - \bar{x})^2 = \sum_{i=1}^{n}x_i^2 - \frac{(\sum_{i=1}^{n}x_i)^2}{n}$$

$$L_{yy} = \sum_{i=1}^{n}(y_i - \bar{y})^2 = \sum_{i=1}^{n}y_i^2 - \frac{(\sum_{i=1}^{n}y_i)^2}{n}$$

可以证明 $|r| \leq 1$。

当 $r = \pm 1$ 时，n 个点在一条直线上，这时两个变量之间完全线性相关；

当 $r = 0$ 时，两个变量不相关，散布图上 n 点没有规律，也可能两个变量间有某种曲线的趋势；

当 $r > 0$ 时，两个变量间呈正相关关系；

当 $r < 0$ 时，两个变量间呈负相关关系。

不同 r 值的示意图如图 3-7 所示。

现在给出 n 对数据 (x_i, y_i)，$i = 1, 2 \cdots n$，然后根据这些数据去估计截距 a 和斜率 b。如果 a 和 b 已经估计出，那么在给定的 x_i 值上，回归直线上对应点的纵坐标是：

$$\hat{y}_i = a + bx_i \tag{3-36}$$

称 $\hat{y}_i$ 为回归值。实际观测值 y_i 与 $\hat{y}_i$ 间存在偏差，但我们希望这种偏差的平方和达到最小，即使 $\sum_{i=1}^{n}(y_i - \hat{y}_i)^2$ 达到最小。证明上式中的 a 和 b 可用式 (3-37) 求出：

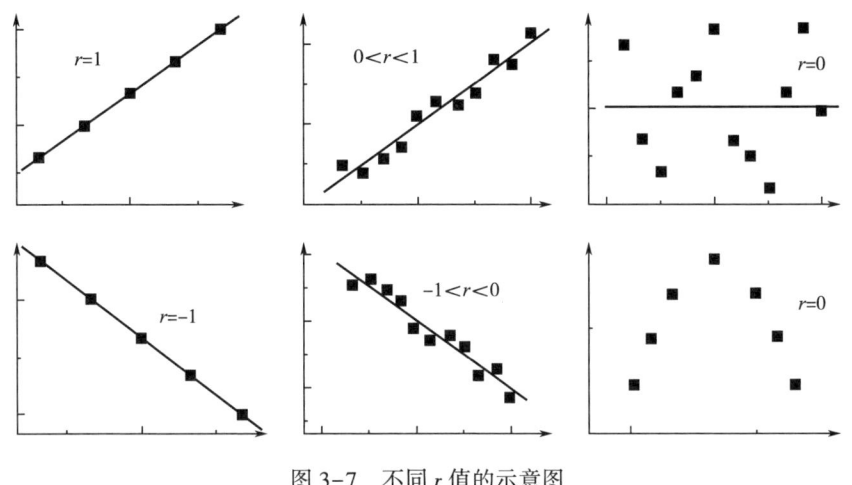

图 3-7　不同 r 值的示意图

$$b = \frac{L_{xy}}{L_{xx}}, \ a = \bar{y} - b\bar{x} \tag{3-37}$$

这一组解称为最小二乘估值。

(六) 重复性和复现性

1. 重复性

在相同测量条件下，对同一被测量进行连续多次测量所得结果之间的一致性，称为测量结果的重复性。这些条件称为重复性条件，它包括：

（1）相同的测量方法。

（2）相同的观测者。

（3）在相同的条件下使用相同的测量仪器。

（4）相同的地点。

（5）在短时间内重复测量。

即在尽量相同的人、机、料、法、环等条件下，在尽量短的时间间隔内完成重复测量任务。

上述定义中的"一致性"是定量的，可以用重复性条件下对同一量进行多次测量所得结果的分散性来表示。最为常用的表示分散性的量就是实验标准差。

2. 复现性

在改变了的测量条件下，对同一被测量的测量结果之间的一致性，称为测量结果的复现性。复现性又称为再现性、重现性。

在给出复现性时，应详细地说明测量条件改变的情况，它包括：测量原理、测量方法、观测者、测量仪器、参考测量标准、地点、使用条件及时间等。这些条件可改变其中一项、多项或全部。

同测量重复性一样，这里的"一致性"也是定量的，可以用复现性条件下对同一量进行重复测量所得结果的分散性来表示。例如用复现性标准差来表示。

测量结果的重复性和复现性是有明显区别的。虽然都是指同一被测量的测量结果之间的一致性，但其前提是不同的。重复性是在测量条件保持不变的情况下，连续多次测量结果之间的一致性；而复现性则是指在测量条件改变了的情况下，测量结果之间的一致性。

3. 重复性和复现性的计算

m 个实验室对同一样品用同一方法测得 m 组结果如表 3-6 所示。

表 3-6　　m 个实验室对同一样品用同一方法测得 m 组结果

实验室	测量值	平均值	标准差
A_1	$x_{11}, x_{12} \cdots x_{1j} \cdots x_{1n_1}$	y_1	S_1
A_2	$x_{21}, x_{22} \cdots x_{2j} \cdots x_{2n_2}$	y_2	S_2
…	…	…	…
A_i	$x_{i1}, x_{i2} \cdots x_{ij} \cdots x_{in_i}$	y_i	S_i
…	…	…	…
A_m	$x_{m1}, x_{m2} \cdots x_{mj} \cdots x_{mn_m}$	y_m	S_m

重复性标准差可通过式（3-38）计算：

$$S_r = \sqrt{\frac{\sum_{i=1}^{m}(n_i-1)S_i^2}{\sum_{i=1}^{m} n_i - m}} = \sqrt{\frac{\sum_{i=1}^{m}\sum_{j=1}^{n_i}(x_{ij}-y_i)^2}{\sum_{i=1}^{m} n_i - m}} \tag{3-38}$$

如果各实验室 n_i 相等，即 $n_i = n$，则：

$$S_r = \sqrt{\frac{\sum_{i=1}^{m} S_i^2}{m}} = \sqrt{\frac{\sum_{i=1}^{m}\sum_{j=1}^{n}(x_{ij}-y_i)^2}{m(n-1)}} \tag{3-39}$$

在置信概率为 95% 时得出的重复性值可通过式（3-40）计算：

$$r = 2\sqrt{2}S_r = 2.83S_r \tag{3-40}$$

所有测量值的总平均值可通过式（3-41）计算：

$$\bar{y} = \frac{\sum_{i=1}^{m} n_i \bar{x}_i}{\sum_{i=1}^{m} n_i} \tag{3-41}$$

组间偏差平方和及自由度可通过式（3-42）计算：

$$Q_1 = \sum_{i=1}^{m} n_i (y_i - \bar{y})^2$$
$$f_1 = m - 1 \tag{3-42}$$

组内偏差平方和及自由度可通过式（3-43）计算：

$$Q_2 = \sum_{i=1}^{m} \sum_{j=1}^{n_i} (x_{ij} - y_i)^2$$
$$f_2 = \sum_{i=1}^{m} n_i - m \tag{3-43}$$

则变动性的标准偏差可通过式（3-44）计算：

$$S_l = \sqrt{\frac{(m-1)\sum_{i=1}^{m} n_i}{(\sum_{i=1}^{m} n_i)^2 - \sum_{i=1}^{m} n_i^2} \left(\frac{Q_1}{f_1} - \frac{Q_2}{f_2} \right)}$$

$$= \sqrt{\frac{(m-1)\sum_{i=1}^{m} n_i}{(\sum_{i=1}^{m} n_i)^2 - \sum_{i=1}^{m} n_i^2} \left[\frac{(\sum_{i=1}^{m} n_i)(\sum_{i=1}^{m} n_i y_i^2) - (\sum_{i=1}^{m} n_i y_i)^2}{(m-1)\sum_{i=1}^{m} n_i} - S_r^2 \right]}$$

$$\tag{3-44}$$

当实验室 n_i 相等，即 $n_i = n$，则：

$$S_l = \sqrt{\frac{m\sum_{i=1}^{m} y_i^2 - (\sum_{i=1}^{m} y_i)^2}{m(m-1)} - \frac{S_r^2}{n}} \tag{3-45}$$

复现性标准差可通过式（3-46）计算：

$$S_R = \sqrt{S_r^2 + S_l^2} \tag{3-46}$$

在置信概率为95%时得出的复现性值可通过式（3-47）计算：

$$R = 2\sqrt{2}S_R = 2.83S_R \tag{3-47}$$

【例3-12】 10个实验室用同一分析方法测定某样品的还原糖,每个实验室平行测定6次,得到结果如下(%),确定它们的重复性标准差 S_r、重复性值 r、复现性标准差 S_R 及复现性值 R。

实验室	x_1	x_2	x_3	x_4	x_5	x_6
1	13.72	13.93	13.21	13.81	13.64	13.90
2	13.49	13.55	13.83	13.58	12.91	13.15
3	13.17	13.32	13.13	13.89	13.02	13.49
4	12.87	12.89	12.92	12.84	12.94	12.94
5	12.15	12.31	12.10	12.17	12.49	12.67
6	13.32	13.05	13.57	13.62	13.55	13.62
7	12.54	12.98	12.88	13.00	13.03	12.76
8	12.92	12.82	13.75	13.62	13.46	12.76
9	13.47	13.53	13.54	13.47	13.66	13.64
10	13.32	13.65	13.80	13.71	13.13	13.73

【解】 根据以上数据可计算出 y_i、y_i^2、S_i^2。

实验室	y_i	y_i^2	S_i^2
1	13.70	187.736	0.0698
2	13.42	180.052	0.1097
3	13.34	177.867	0.1001
4	12.90	166.410	0.0016
5	12.32	151.659	0.0502
6	13.46	181.037	0.0518
7	12.86	165.508	0.0351
8	13.22	174.812	0.1920
9	13.55	183.648	0.0067
10	13.56	183.783	0.0719
Σ	132.32	1752.512	0.6890

$$S_r = \sqrt{\frac{\sum_{i=1}^{m} S_i^2}{m}} = \sqrt{\frac{0.6890}{10}} = 0.2625$$

$$r = 2\sqrt{2}S_r = 2.83S_r = 0.743$$

$$S_l = \sqrt{\frac{m\sum_{i=1}^{m} y_i^2 - (\sum_{i=1}^{m} y_i)^2}{m(m-1)} - \frac{S_r^2}{n}}$$

$$= \sqrt{\frac{10 \times 1752.512 - 132.32^2}{10 \times 9} - \frac{0.2625^2}{6}} = 0.4151$$

$$S_R = \sqrt{S_r^2 + S_l^2} = \sqrt{0.2625^2 + 0.4151^2} = 0.4911$$

$$R = 2\sqrt{2}S_R = 2.83S_R = 1.390$$

统计平均值	重复性标准差	复现性标准差	重复性值	复现性值
13.23%	0.26%	0.49%	0.74%	1.39%

即在置信概率为95%时,可期望在同一个实验室内,用该方法测定该样品得到的任何两个分析结果之间的绝对差值不会超过0.74%。

在置信概率为95%时,可期望在不同实验室中,用该方法测定该样品得到的任何两个分析结果之间的绝对差值不会超过1.39%。

第四章
测量不确定度

第一节　基本术语和概念

一、测量不确定度的来源、发展历史

1. 测量不确定度的来源

术语"不确定度"源于英语"uncertainty",原意为不确定、不稳定,是一个定性表示的名词。现用于描述测量结果时,将其含义扩展为定量表示,即定量表示测量结果的不确定度。在实际工作中,结果的不确定度可能有很多来源,一般应从人员、环境、方法、试剂、设备、被测量、取样方法、样本离散性8个方面考虑不确定度来源。化学定量分析测量过程中不确定度可能来自:①被测对象的定义不完善,例如被测试样的组成、结构不确切。②取样。被测试样可能不代表所定义的被测对象,例如一个子样对整个被测对象不具有代表性或者被测试样从抽样后随时间而产生变化。因此,在抽样过程中形成潜在的对总体的偏倚都可能对最终结果不确定度产生影响。③基体影响和干扰。④在抽样或试样制备过程中的污染,由于热状态的改变或光分解而引起试样之间的交叉污染以及来自实验室环境的污染。⑤在测量过程中对环境条件的影响缺乏认识或环境条件的测量不够完善。例如容量玻璃器具校准与使用时温度不同所带来的不确定度,环境湿度的变化对某些物质产生的影响等。⑥实验人员读数不准。⑦称量和容量仪器的不确定度。⑧仪器的分辨率或灵敏度不合适、分析天平校准中的准确度极限低,温度控制器可能维持的平均温度与所指示的设定温度点不同、自动分析仪的滞后影响等。⑨标准物质、化学试剂所给定的不确定度值。⑩常数或其他参数所具有的不确定度。⑪测试方法和测试过程中的某些近乎用一条直线校准一条非线性的响应曲线、数据计算中的舍入影响。⑫随机变化。在整个测试过程中随机影响对不确定度都有贡献。此外,这些不确定度因素不一定都是独立的,它们之间还存在一定的相互关系,所以还必须考虑近似和假设、某些不恰当的校

准模式的选择，例如交互影响对不确定度的贡献。

分析测试结果的质量如何，测量不确定度就是一个衡量尺度。不确定度愈小，分析测试结果与真值越靠近，其质量越高，数据越可靠。因此，测量不确定度就是对测量结果质量和水平的定量表征。

2. 测量不确定度的发展历史

为能统一地评价测量结果的质量，1963年原美国标准局（NBS）的数理统计专家埃森哈特（Eisenhart）在研究"仪器校准系统的精密度和准确度估计"时就提出了测量不确定度的概念，并受到国际上的普遍关注。20世纪70年代NBS研究和推广测量保证方案（MAP）给测量不确定度的定量表示带来了新的发展。在那以后，各国计量部门逐渐使用不确定度来评定测量结果。此后许多年中，虽然"不确定度"这一术语已逐渐在各测量领域被越来越多的人使用，但具体表示方法并不统一。由于评定方法不同，评定结果也就不同，以致给测量结果的比较带来很大的不便，各国在互相交流成果时也遇到了极大的困难。

为求得测量不确定度评定和表示方法的国际统一，1980年国际计量局在征求了32个国家的国家计量院以及五个国际组织的意见后，发出了推荐采用测量不确定度来评定测量结果的建议书，即INC-1（1980）。该建议书向各国推荐了测量不确定度的表示原则，此后在1986年国际计量委员会（CIPM）第75届会议上INC-1得到批准。1981年第70届国际计量委员会讨论通过了该建议书，并发布了一份国际计量委员会建议书，即CI-1981。该建议书所推荐的方法，以INC-1（1980）为基础，并要求在所有国际计量委员会及其各咨询委员会参与的国际比对及其他工作中，各参加者在给出测量结果时必须同时给出合成不确定度。

1986年国际标准化组织（ISO）、国际电工委员会（IEC）、国际计量局（BIPM）、国际法制计量组织（OIML）成立了国际不确定度工作组，中国计量科学研究院研究人员也加入了工作组。该工作组经过8年研究，于1993年以上述四个组织及国际临床化学联合会（IFCC）、国际理论与应用化学联合会（IUPAC）、国际理论与应用物理联合会（IUPAP）等共7个组织名义公布了《测量不确定度表示指南》（*Guide to the Expression of Uncertainty in Measurement*，GUM）作为各国共同遵守的标准（1995年出版了第二版）和第二版《国际通用计量学基本术语》（*International Vocabulary of Basic and General Terms in Me-*

trology，VIM）。1995 年又发布了 GUM 的修订版。这两个文件为在全世界统一采用测量结果的不确定度评定和表示奠定了基础。1999 年国家质量技术监督局等同采用了 GUM 的基本内容，发布了国家计量技术规范《JJF 1059—1999：测量不确定度评定与表示》(*Evaluation and Expression of uncertainty in Measurement*)。目前 JJF 1059.1—2012 是我国不确定度及其应用的基础规范，是评定与表示不确定度的通用规则。

二、基本概念

1. 不确定度

本书所使用的（测量）不确定度的术语定义取自《国际通用计量学基本术语》（VIM）。其定义如下：表征合理地赋予被测量之值的分散性，与测量结果相联系的参数。

在该定义中所指的参数可能是，标准偏差（或其指定倍数）或置信区间宽度。

测量不确定度一般包括很多分量。其中一些分量是由测量序列结果的统计学分布得出的，可表示为标准偏差。另一些分量是根据经验和其他信息确定的概率分布得出的，也可以用标准偏差表示。在国际标准化组织指南中将这些不同种类的分量分别划为 A 类评定和 B 类评定。

在化学分析的很多情况中，被测量是指被分析物的浓度。然而，化学分析也可用于测量其他量，例如颜色、pH 等，所以本书中使用了"被测量"这一通用术语。

上述不确定度的定义主要考虑了分析人员确信被测量可以被合理地赋值的数值范围。通常意义上，不确定度这一词汇与怀疑一词的概念接近。在本书中，如未加限定词，不确定度一词可能指上述定义中的有关参数，或是指对于一个特定量的有限知识。测量不确定度一词没有对测量有效性怀疑的意思，正相反，对不确定度的了解表明对测量结果有效性的信心增加了。

2. 不确定度分量

在评估总不确定度时，可能有必要分析不确定度的每一个来源并分别处理，以确定其对总不确定度的贡献。每一个贡献量即为一个不确定度分量。当用标准偏差表示时，测量不确定度分量称为标准不确定度。如果各分量间存在相关性，在确定协方差时必须加以考虑。但是，通常可以评价几个分量的综合效应，这可以减少评估不确定度的总工作量，并且如果综合考虑的几个不确定度分量是相关的,也无需再另外考虑其相关性了。

对于测量结果 y,其总不确定度称为合成标准不确定度,记作 $u_c(y)$,是一个标准偏差估计值,它等于运用不确定度传播规律将所有测量不确定分量(无论是如何评价的)合成为总体方差的正平方根。

在分析化学中,很多情况下要用到扩展不确定度 U。扩展不确定度是指被测量的值以一个较高的置信水平存在的区间宽度。U 是由合成标准不确定度 $u_c(y)$ 乘以包含因子 k 得到的。包含因子 k 的选择是根据其所需要的置信水平。对于大约 95% 的置信水平,k 值为 2。对于包含因子 k 应加以说明,因为只有如此才能复原被测量值的合成标准不确定度,以备在可能需要用该量进行其他测量结果的合成不确定度计算时使用。

3. 误差和不确定度

区分误差和不确定度很重要。误差定义为被测量的单个结果和真值之差。所以,误差是一个单个数值。原则上已知误差的数值可以用来修正结果。真值是一个理想概念,它是不能测得的,误差也就无法知道的。

因为测量有误差,才引入不确定度的概念,但不确定度并不等于误差。误差无法知道,不确定度可以量化。不确定度是对测量误差的估计,只有对测量误差产生的各种因素有了透彻了解,才能科学和准确地表达不确定度。另一方面,不确定度是以一个区间的形式表示,如果是为一个分析过程和所规定的样品类型做评估,可适用于其所描述的所有测量值。一般不能用不确定度数值来修正测量结果。此外,误差和不确定度的差别还表现在:修正后的分析结果可能非常接近于被测量的数值,因此误差可以忽略。但是,不确定度可能还是很大,因为分析人员对于测量结果的接近程度没有把握。

测量结果的不确定度并不可以解释为代表了误差本身或经修正后的残余误差。通常认为误差含有两个分量,分别称为随机误差和系统误差。随机误差通常产生于影响量的不可预测变化。这些随机效应使得被测量的重复观察的结果产生变化。分析结果的随机误差不可消除,但是通常可以通过增加观察的次数加以减少。虽然在一些不确定度的出版物中采用上述表述,但是,实际上算数平均值或一系列观察值的平均值的实验标准差不是平均值的随机误差。它是由一些随机效应产生的平均值不确定度的度量。由这些随机效应产生的平均值的随机误差的准确值是不可知的。

系统误差定义为在对于同一被测量的大量分析过程中保持不变或以可以

预测的方式变化的误差分量。它是独立于测量次数的，因此不能在相同的测量条件下通过增加分析次数的办法使之减小。恒定的系统误差，例如定量分析中没有考虑到试剂空白，或多点设备校准中的不准确性，在给定的测量值水平上是恒定的，但是也可能随着不同测量值的水平而发生变化。

在一系列分析中，影响因素在量上发生了系统的变化，例如由于试验条件控制得不充分所引起的，会产生不恒定的系统误差。测量结果所有已识别的显著的系统影响都应修正。测量仪器和系统通常需要使用测量标准或标准物质来调节或校准，以修正系统影响。与这些测量标准或标准物质有关的不确定度及修正过程中存在的不确定度必须加以考虑。

误差的另一个形式是假误差或过错误差。这种类型的误差使测量无效，它通常由人为失误或仪器失效产生。记录数据时数字进位、光谱仪流通池中存在的气泡或试样之间偶然的交叉污染等原因是这类误差的常见来源。有此类误差的测量是不可接受的，不可将此类误差合成进统计分析中。然而，因数字进位产生的误差可进行修正，特别是当这种误差发生在首位数字时。

假误差并不总是很明显的。当重复测量的次数足够多时，通常应采用异常值检验的方法检查这组数据中是否存在可疑的数据。所有异常值检验中的阳性结果都应该小心对待，可能时，应向实验者核实。通常情况下，不能仅根据统计结果就剔除某一数值。

误差与不确定度的具体区别如下：

（1）误差有符号，其值为测量结果减被测量的真值；不确定度无符号，以标准差或标准差的倍数或置信区间的半宽表示。

（2）误差表明测量结果对真值的偏离；不确定度表明被测量值的分散性。

（3）误差客观存在，不以人们的认识程度而改变；不确定度与人们对被测量、影响量及测量过程的认识有关。

（4）误差当用约定真值代替真值时，可以得到其估计值；不确定度可以根据实验、资料、经验等信息进行评定，评定方法有A、B两类。

（5）误差按性质可分为随机误差和系统误差，按定义两者都是无穷多次测量情况下的理想概念；不确定度分量评定时，一般不必区分其性质，若需要区分时，应为"由随机效应引入的不确定度分量"和"由系统效应引入的不确定度分量"。

（6）当已知系统误差的估计值时，可对测量结果进行修正，得到修正的结果，不能用不确定度对测量结果进行修正。表4-1所示为进一步对误差与不确定度进行比较。

表 4-1　　　　　　　　　　误差与不确定度对比表

项目	误差	不确定度
量的定义	测量结果减真值	测量结果的分散性，分布区间的半宽
测量结果的关系	针对某给定测量结果，不同结果误差不同	合理赋予被测量值均有不确定度。不同测量结果，不确定度可以相同
测量条件的关系	与测量条件、方法、程序无关，只要测量结果不变，误差也不变	条件、方法、程序改变时，不论测量结果如何，测量不确定度必定改变
表达形式	差值，有一个符号：正或负	标准偏差、标准偏差的几倍、置信区间的半宽，恒为正值
分量的划分	按出现于测量结果中的规律分为随机误差与系统误差	按评定的方法划分为 A 类和 B 类。两类不确定度分量无本质区别
分量的合成	代数和	方和根
置信概率	不存在	如需要，可以给出
极限值	一般存在	从分布理论上说，一般不存在
与分布的关系	无	一般有关，特别是 B 类分量评定与 U_p 的给出

4. 量、被测量、测量结果

量即物理量，系现象、物体或物质可定性区别和定量确定的属性。除了国际单位制中规定的长度、质量、时间等 7 个基本量，还有特定量。这些量都是可以测量的，它可由数值和测量单位的组合表示。

被测量（measured）是作为测量对象的特定量。被测量可以是待测量，也可以是已测量，被测量的定义应依据所需准确度的要求，并考虑有关影响量。

测量结果（result of a measurement）：由测量所得到的赋予被测量的值。测量结果仅仅是被测量的最佳估计值，完整表述测量结果时，必须附带其测量不确定度。

5. 实验标准偏差

实验标准偏差（experimental standard deviation）：对同一被测量做 n 次测

量，表征测量结果分散性的量（符号为 S）。

S 可按贝塞尔公式计算，如式（4-1）所示：

$$s(x_k) = \sqrt{\frac{\sum_{k=1}^{n}(x_k - x_i)^2}{n-1}} \quad (4-1)$$

式中 x_k——第 k 次测量结果；

               x_i——n 次测量结果的算术平均值；

            （x_k-x_i）——残差；

            S（x_k）——单次测量标准差；

S（x_i）=S（x_k）/$\sqrt{n}$——平均值的实验标准差。

6. 溯源性

能够可信地比较来自不同实验室的结果或同一实验室不同时期的结果是重要的。通过保证所有的实验室均使用同样的测量尺度或同样的"参考点"，就可达到这一点。许多情况下是通过建立能够达到国家或国际基准，理想的情况下是测量国际单位 SI（为了长期的一致）的校准链。以分析天平为例，每个天平用标准砝码来校准，而后者（最终）跟国家基准核对，如此直至千克基准。这种可到达已知参考值的不间断的比较链提供了对共同"参考点"的溯源性，确保不同的操作者使用同一测量单位。在日常测量中，对用来获得或控制某个测量结果的所有的中间测量，均建立溯源性，可极大地帮助达到一个实验室（一个时期）和另一个实验室（另一个时期）的测量结果的一致性。因此在所有测量领域中溯源性是一个重要的概念。

溯源性的定义："通过一条具有规定不确定度的不间断的比较链，使测量结果或测量标准的值能够与规定的参考标准，通常是与国家测量标准或国际测量标准联系起来的特性。"

需要提及的是，不确定度是由于实验室间的一致性在一定程度上受到每个实验室的溯源性链所带来的不确定度限制，溯源性因此与不确定度紧密联系。溯源性提供了一种将所有有关的测量放在同一测量尺度上的方法，而不确定度则表征了校准链环的"强度"以及从事同类测量的实验室间所期望的一致性。

通常，某个可溯源至特定参考标准的结果的不确定度，将由该标准的不确定度与对照该标准所进行的测量的不确定度组成。

完整的分析过程的结果溯源性应通过下列步骤的综合使用来建立：

（1）使用可溯源性标准来校准测量仪器。
（2）通过使用基准方法或基准方法的结果比较。
（3）使用纯物质的标准物质（RM）。
（4）使用含有合适基体的有证标准物质（CRM）。
（5）使用公认的、规定严谨的程序。

测量仪器的校准：在任何情况下，所使用的测量仪器的校准必须可溯源到适当的标准。分析过程的定量阶段通常使用其值可溯源至 SI 的纯物质的标准物质来进行校准。这种做法为这部分过程结果提供了至 SI 的溯源性。然而，有必要使用额外的程序，为诸如萃取和样品净化等属于定量阶段之前的操作结果建立可溯源性。

使用基准方法来进行测量。基准方法的描述："测量的基准方法是一种具有最高计量学特性、其操作可用 SI 单位进行完整地描述并被理解、其结果无需参考其他标准即可接受的方法。"

基准方法的结果通常直接可溯源至 SI 单位，并且相对于该参考标准具有所能获得的最小不确定度。基准方法通常只由国家测量机构来实施，很少用于日常测试或校准。如有可能，通过直接比较基准方法和测试或校准方法的测量结果来达到对基准方法结果的溯源性。

使用纯物质标准物质。通过测量含有或由已知量纯物质组成的样品可证明溯源性。然而，评估测量系统对所使用的标准和所测试的样品的不同响应总是必要的。对于许多化学分析，在加料或者标准加样的具体例子中，对不同响应的修正和其不确定度可能较大。因此，虽然原则上该结果对 SI 单位的溯源性得以建立，但实际上，除最简单的例子外，所有的例子，其结果的不确定度可能大得不可接受或甚至无法量化。假如其不确定度不能量化，则其溯源性并未建立起来。

使用有证标准物质进行测量。取有证基体的有证标准物质进行测量，并将测量结果与其有证数值比较可证明溯源性。当有合适基体的有证标准物质时，该程序与使用纯物质标准物质相比能够降低不确定度。假如有证标准物质的值可溯源至 SI，则这些测量也可溯源至 SI 单位。然而，即使在这种情况下，假如样品和标准物质的成分之间没有很好的匹配，其结果的不确定度可能大得无法接受甚至无法量化。

使用公认程序。通过使用规定严谨并且普遍接受的程序可达到适当的可比性。该程序通常用输入参数加以确定。当这些输入参数的值按正常方式可溯源至所规定的参考标准时，使用这类程序产生的结果被认为是可溯源的。其结果的不确定度来自所规定的输入参数的不确定度和规范不完整的影响以及执行过程中的变化。当估计另一种方法或程序的结果可与这类公认程序的结果相比较时，则可通过比较两者的结果来建立对该公认值的溯源性。

三、测量不确定度的评估过程

不确定度的评估在原理上很简单。评估的步骤包括：

（1）规定被测量　清楚地写明需要测量什么，包括被测量和被测量所依赖的输入量（例如被测数量、常数、校准标准值等）的关系。只要可能，还应该包括对已知系统影响量的修正。

（2）识别不确定度的来源　列出不确定度的可能来源。包括第一步所规定的关系式中所含参数的不确定度来源，但是也可以有其他的来源。必须包括那些由化学假设所产生的不确定度来源。

（3）不确定度分量的量化　测量或估计与所识别的每一个潜在不确定度来源相关的不确定度分量的大小。通常可能评估或确定与大量独立来源有关的不确定度的单个分量。还有一点很重要的是要考虑数据是否足以反映所有的不确定度来源，计划其他的实验和研究来保证所有的不确定度来源都得到充分的考虑。

（4）计算合成不确定度　在第三步中得到的信息，是合成不确定度的一些量化分量，它们可能与单个来源有关，也可能与几个不确定度来源的合成影响有关。这些分量必须以标准偏差的形式表示，并根据有关规则进行合成，以得到合成标准不确定度。应使用适当的包含因子来给出扩展不确定度。

四、测量不确定度在化学定量分析中的应用情况

化学定量分析对很多重要的决策都有重大影响。例如，化学定量分析的结果可以用于估计收益、判定某些材料是否符合特定规范或者法定限量，或者估计货币价值。当我们使用分析结果来作为决策依据的时候，很重要的一点是必须对这些结果的准确性有所了解，换句话说，就是必须知道用于所需目的时，这些结果在多大程度上是可靠的。化学分析结果的用户，特别是涉及国际贸易领域时，对检测机构施加越来越大的压力，以提升化学分析的效率。达到这个目的的前提是必须建立对由非用户自身机构所取得数据的信心。在化学分析的某些领域，现在已经有一个正式的（经常是法定的）要求，就

是要求实验室引进质量保证措施来确保其能够并且正在提供所需质量的数据。这些质量保证措施包括：使用经确认的分析方法、使用规定的内部质量控制程序、参加水平测试项目、通过根据 ISO 17025 进行的实验室认可和建立测量结果的溯源性。

在分析化学中，曾经把重点放在了通过特定方法获得的结果的精密度，而不是他们对所定义的标准或 SI 单位的溯源性。这种思路导致使用"官方方法"来满足法定要求和贸易要求。但是，因为现在正式要求建立结果的可信度，所以必须要求测量结果可以溯源至所定义的标准，如 SI 单位、标准物质或（如果适用）所定义的方法或经验方法。内部质量控制程序、水平测试和实验室认可可以作为辅助方法来证明与给定标准的溯源性。

上述要求的结果：从事分析工作的化学分析人员，正在受到越来越大的压力，要求其证明结果的质量，特别是通过度量结果的可信度来证明结果的适宜性。度量该项内容的一个有效的方法就是测量不确定度。

测量不确定度评定是化学定量分析中的一项重要内容。在过去的化学基础标准中，对于分析结果的评定一直是使用精密度来度量，即对结果数据的平均偏差和极差进行计算并要求其不超出一定的范围，现今使用的基础标准版本已经对此进行了很大的改动，主要就是把对分析结果的偏差度量改为使用不确定度来评估结果。侧重于评估这些实验结果在多大程度上是可靠的，这就大大提高了用户对于实验结果的信心。而达到这一目的的前提是必须建立对非用户自身机构所得数据的信心，这就客观要求实验室必须引进质量保证措施来确保其能够并且正在提供所需质量的数据。这也是实验室评估不确定度所应具备的必需条件。

虽然化学家们认识测量不确定度的概念已经有很多年了，但是直到1993年《测量不确定度表示指南》的正式发表，才算正式确定了适用于广泛测量领域的评估和表达测量不确定度的通用原则。

评估不确定度时，要求化学分析人员密切注意产生不确定度的所有可能来源。虽然对不确定度来源的详尽研究需要付出相当多的努力，但是，所付出的努力与所分析对象的复杂程度应相适宜。实际上，初步的分析就可快速确定不确定度的最重要的来源。正如实例中所显示的那样，合成不确定度的数值几乎完全取决于那些重要的不确定度分量。此外，对于某特定实验室使用指定方法（即：特定的测量程序）完成不确定度评估后，经过有关质量控制数据验证，这一不确定度估计值适用于以后该实验室使用该方法所得到的结果中。只要测量过程本身或所使用的设备未变化，就不需要再进一步进行不确定度评估了。在测量过程本身或所使用的设备发生变化时，需要重新审查不确定度评估结果，并将这项工作作为常规进行的方法再确认的一部分。

五、测量不确定度在烟草行业连续流动化学定量分析中的应用

目前，虽然部分烟草行业的化学检测实验室在探索研究测量结果的不确定度方面取得了一些进展，但由于确定化学指标的测量不确定度涉及的知识面广（误差理论、数学统计、测量原理等方面的基础知识）、烟草行业相关的化学检测实验室的基础数据缺乏、不同实验室在分析化学指标不确定度分量时采用的方法不一致等原因，致使测量不确定度分量的分析结果存在差异，各实验室计算得到的化学指标不确定度不具可比性，无法起到衡量实验室检测技术水平和数据准确性的作用，且导致了人力物力财力等方面的浪费。

针对这种情况，烟草行业已经发布了 JJF（烟草）1—2007《卷烟主流烟气中烟碱、焦油和一氧化碳测量不确定度评定指南》、JJF（烟草）4.1-4.5—2010《烟草及烟草制品连续流动法测定常规化学成分测量不确定度评定指南》系列标准（第1部分：水溶性糖，第2部分：总植物碱，第3部分：总氮，第4部分：氯，第5部分：钾）以及 JJF（烟草）5.1-5.6—2014《卷烟主流烟气中相关成分测量不确定度评定指南》系列标准（第1部分：氰化氢，第2部分：氨，第3部分：苯酚，第4部分：巴豆醛，第5部分：NNK，第6部分：苯并[a]芘）。

目前连续流动分析仪在烟草行业也已经广泛使用，测定烟草及烟草制品中总植物碱、水溶性糖、总氮、氯和钾含量的行业标准也已经发布，发布的 JJF（烟草）4.1-4.5—2010《烟草及烟草制品连续流动法测定常规化学成分测量不确定度评定指南》技术规范，可以更好地指导检测实验室结合自身特点，按照技术规范的要求，评定用连续流动法测定烟草及烟草制品中总植物碱、水溶性糖、总氮、氯和钾的测量不确定度，便于找出自身差距，进一步提升自身技术水平。另外，在行业内推广应用测量不确定度评定方法，有利于检测技术水平的提高，对我国烟草行业实验室更好地与世界先进的实验室接轨，规范我国烟草行业实验室的管理，提高检测技术水平和数据准确性，具有深远的意义。

第二节 水溶性糖 测量不确定度的评定

一、测量对象和测量依据

烤烟水溶性糖涉及的方法标准：YC/T 159—2002《烟草及烟草制品 水溶性糖的测定 连续流动法》、YC/T 31—1996《烟草及烟草制品 试样的制备和水分测定 烘箱法》。

二、测量条件

（1）环境条件　测量在化学分析实验室内进行，温湿度符合仪器正常工作的要求，无振动、扬尘、电磁干扰等情况。

（2）测量设备　连续流动分析仪，电子天平，烘箱，定量加液器以及样品粉碎机、振荡器等。

三、测量过程

水溶性糖测量过程如图4-1所示。

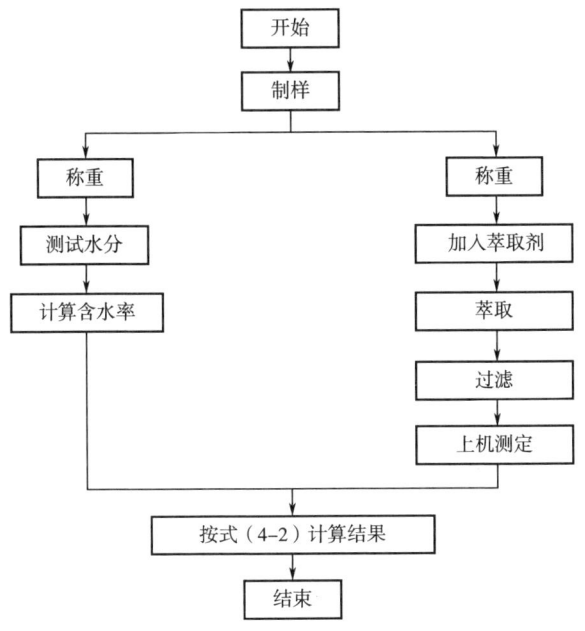

图4-1　水溶性糖测量过程

四、计算公式

水溶性糖含量可按式（4-2）计算：

$$水溶性糖 = \frac{n \times C \times V}{m \times (1-W) \times 1000} \times 100 \qquad (4-2)$$

式中　水溶性糖——水溶性糖含量,%;

n——稀释倍数;

C——萃取液水溶性总（还原）糖的仪器观测值,mg/mL;

V——萃取液的体积,mL;

m——试样的质量,g;

W——试样水分含量,以质量分数计。

五、水溶性糖不确定度评定

（一）不确定度来源

根据烤烟水溶性糖的测量过程（图4-1），对其测量不确定度的来源进行分析，得到烤烟水溶性糖测定的因果关系（图4-2）。在样品质量不确定度分量的影响因素中，由于采用减量法称取样品质量，因此天平的准确度可以忽略；检测人员按天平操作规程要求称取样品质量时，振动的影响可以忽略；由于样品质量称取时间较短，因此温度带来的影响也可以忽略。样品水分不确定度分量的影响因素较多，需整体考虑其影响因素。由于重复性评估作为整体可以从方法确认研究中得到，因此无需分别考虑所有重复性的分量，这些可以归纳为一种分量。由于以上分析，对烤烟水溶性糖测定的因果关系图进行修订得到简化的因果关系（图4-3）。

（二）数学模型

根据图4-3中的不确定度因果关系图，水溶性糖的数学模型可用式（4-3）表示：

$$W.S = R_{W.S} \pm R_{W.S} \times \sqrt{[u_{\rm rel}(m)]^2 + [u_{\rm rel}(W)]^2 + [u_{\rm rel}(V)]^2 + [u_{\rm rel}(C)]^2 + [u_{\rm rel}(rep)]^2} \qquad (4-3)$$

式中　$W.S$——水溶性糖量;

$R_{W.S}$——水溶性糖的测量值;

$u_{\rm rel}(m)$——样品质量测量引入的相对影响量;

$u_{\rm rel}(W)$——样品水分测量引入的相对影响量;

$u_{\rm rel}(V)$——萃取液体积测量引入的相对影响量;

$u_{\rm rel}(C)$——样品浓度测量引入的相对影响量;

$u_{\rm rel}(rep)$——测量重复性引入的相对影响量。

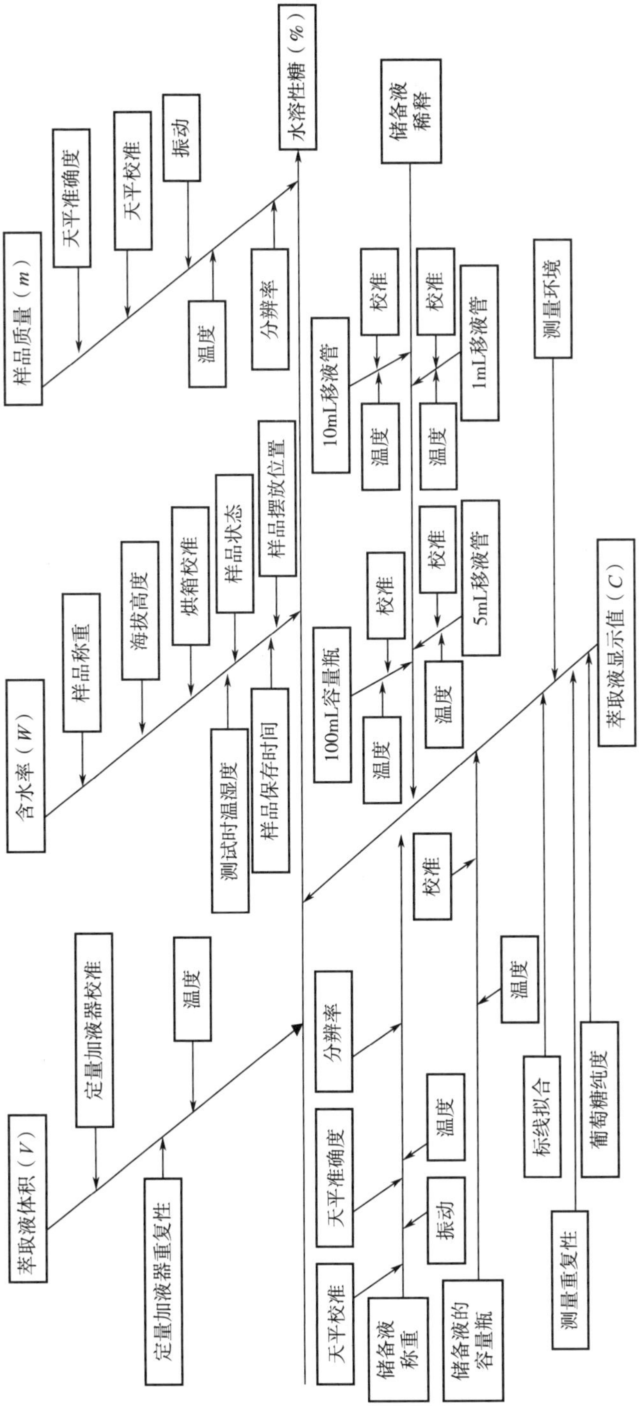

图4-2 水溶性糖测定的因果关系

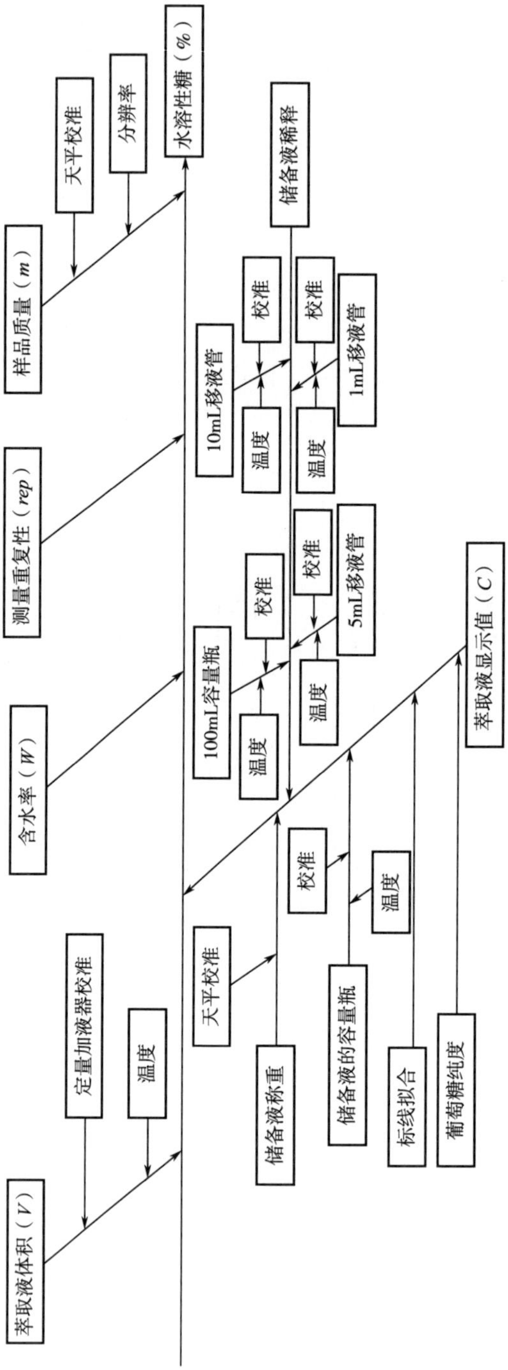

图4-3 水溶性糖测定的简化因果关系

(三) 水溶性糖测量不确定度的评定（烤烟）

通过以下两个具体的例子来介绍水溶性糖测量不确定度的评定。

【例4-1】水溶性糖测量不确定度的评定可采用如下方法：

1. 由质量测量引入的相对不确定度分量，记作 $u_{rel}(m)$

影响该分量的因素：

a. 分辨率（由仪器说明书获取）；

b. 天平校准（由计量证书获取）。

（1）天平校准引入的不确定度分量　计量检定证书给出天平在 0~50g 范围内最大允差为 0.5mg，按均匀分布考虑，称重按 2 次计入。由此得到天平计量引入的不确定度分量：

$$u(B.C_1) = \frac{0.5 \times \sqrt{2}}{\sqrt{3}} = 0.4082(\text{mg})$$

（2）天平分辨率引入的不确定度分量　天平说明书给出天平最小示值为 0.1mg，称重精确至 0.1mg，因此分辨率引入的误差为 0.05mg，按均匀分布考虑，称重按 2 次计入。天平分辨率引入的不确定度分量：

$$u(B.R_1) = \frac{0.05 \times \sqrt{2}}{\sqrt{3}} = 0.04082(\text{mg})$$

（3）合成标准不确定度分量　质量测量引入的不确定度分量：

$$u(m) = \sqrt{u(B.C_1)^2 + u(B.R_1)^2} = 0.4103(\text{mg})$$

（4）相对不确定度分量　由于称重为 250.0mg，质量测量引入的相对不确定度分量为：

$$u_{rel}(m) = 0.4103/250.0 = 0.001642$$

2. 由水分测量引入的相对不确定度分量，记作 $u_{rel}(W)$

对 5 个实验室的烤烟水分数据进行单因子方差分析，结论是存在显著性差异。对其原因进行分析后发现：烘箱法测定样品水分时引入的不确定度受样品保存状态、海拔高度、测试的温湿度条件、烘箱的校准情况、样品在烘箱中摆放的位置等一系列的因素影响，一一考察这些因素对水分的影响难以实现，因此，水分引入的影响量按 YC/T 31—1996 中对平行样的极差规定，统一采用 0.1%。

由于 YC/T 31—1996 中对两平行样的极差规定为 0.1%，引用 JJF 1059.1—2012 中的规定，由水分测试引入的不确定度分量：

$$u(W) = \frac{0.1}{1.13 \times \sqrt{2}} = 0.06258\%$$

由于烤烟水分的平均值为 6.41%，水分测量引入的相对不确定度分量：

$$u_{rel}(W) = 0.06258/6.41 = 0.00976$$

3. 萃取液体积测量引入的相对不确定度分量，记作 $u_{rel}(V)$

萃取液体积有三个主要影响因素：定量加液器的校准、温度的影响、定量加液器的重复性。由于定量加液器的重复性包括在整体的重复性中，因此在后文测量的分散性引入的相对不确定度中合并讨论。

（1）定量加液器校准引入的相对不确定度分量　由自校获取，定量加液器在 20℃ 时水的体积为（25±0.2）mL，按三角形分布考虑，定量加液器校准引入的不确定度分量：

$$u(D.C) = \frac{0.2}{\sqrt{6}} = 0.08165(mL)$$

（2）温度波动引入的不确定度分量　定量加液器在 20℃ 校准，实验室温度控制在（20±5）℃ 范围内，水的体积变化为 ±(25×5×0.000208) = ±0.0263mL（水的体积膨胀系数为 0.000208/℃）。按均匀分布考虑，温度波动引入的不确定度分量：

$$u(V.C) = \frac{0.0263}{\sqrt{3}} = 0.0152(mL)$$

（3）萃取液体积测量合成标准不确定度分量　萃取液体积测量引入的不确定度分量：

$$u(V) = \sqrt{u(D.C)^2 + u(V.C)^2} = 0.0830(mL)$$

（4）萃取液体积测量相对不确定度　萃取液体积为 25mL，萃取液体积测量引入的相对不确定度分量为：

$$u_{rel}(V) = 0.0830/25 = 0.00332$$

4. 由 C 值测量引入的相对不确定度分量，记作 $u_{rel}(C)$

（1）配制标准储备液时，由天平测量引入的相对不确定度分量，记作 $u_{rel}(S.m)$。

影响因素：

a. 分辨率（由仪器说明书获取）；

b. 天平校准（由计量证书获取）。

①天平校准引入的不确定度分量：

$$u(B.C_2) = \frac{0.5 \times \sqrt{2}}{\sqrt{3}} = 0.4082(\text{mg})$$

②天平分辨率引入的不确定度分量：

$$u(B.R_2) = \frac{0.05 \times \sqrt{2}}{\sqrt{3}} = 0.04082(\text{mg})$$

③质量测量合成标准不确定度分量：

$$u(S.m) = \sqrt{u(B.C_2)^2 + u(B.R_2)^2} = 0.4103(\text{mg})$$

④标准物质称重在 20173.0mg 时，其相对不确定度 $u_{rel}(S.m)$ 为：

$$u_{rel}(S.m) = 0.4103/20173.0 = 0.000021$$

（2）由容量瓶引入的不确定度，记作 $u_{rel}(S.V)$。

①500mL 容量瓶的校准：由容量瓶的校准证书，在 20℃ 时，500mL 容量瓶最大允差为 0.25mL，按三角形分布考虑，由容量瓶校准引入的不确定度分量：

$$u(S.F) = \frac{0.25}{\sqrt{6}} = 0.1021(\text{mL})$$

②温度波动引入的不确定度分量：容量瓶在 20℃ 校准，实验室温度控制在（20±5）℃ 范围内，水的体积变化为 ±(500×5×0.000208) = ±0.5250mL（水的体积膨胀系数为 0.00021/℃）。按均匀分布考虑，温度波动引入的不确定度分量：

$$u(S.C) = \frac{0.5250}{\sqrt{3}} = 0.3031(\text{mL})$$

③储备液体积测量合成标准不确定度分量：储备液体积测量引入的不确定度分量：

$$u(S.V) = \sqrt{u(S.F)^2 + u(S.C)^2} = 0.3198(\text{mL})$$

④储备液体积测量相对不确定度：由于储备液体积为 500mL，储备液体积测量引入的相对不确定度分量为：

$$u_{rel}(S.V) = 0.3198/500 = 0.00064$$

（3）由葡萄糖纯度引入的不确定度，记作 $u_{rel}(S.P)$ 由供应商提供葡萄糖纯度为：(99.5±0.5)%，按均匀分布的考虑，葡萄糖纯度引入的相对不确定度分量：

$$u_{rel}(S.P) = \frac{0.5}{\sqrt{3} \times 99.5} = 0.003$$

（4）标准储备液稀释过程引入的相对不确定度分量，记作 $u_{rel}(S.D)$。标准储备液稀释受下列因素影响：

a. 容量瓶的校准；

b. 温度对容量瓶定容体积的影响；

c. 移液管的校准；

d. 温度对移液管移出液体积的影响。

水溶性糖工作标准溶液配制过程中，使用了：100mL 容量瓶，10mL 分度吸管，5mL 分度吸管，1mL 分度吸管。由此引入的不确定度见下表。

器具规格	容量允差（A级）/mL	三角形分布系数	校准的标准不确定度	水的膨胀系数	均匀分布系数	温度波动[(20±5)℃]的标准不确定度	合成标准不确定度	相对不确定度
100mL 容量瓶（5个）	0.200	2.449	0.08165	0.00021	1.73205	0.060621778	0.1017	0.001017
10mL 分度吸管（2根）	0.020	2.449	0.00816	0.00021	1.73205	0.006062178	0.01017	0.001017
5mL 分度吸管（2根）	0.025	2.449	0.01021	0.00021	1.73205	0.003031089	0.01065	0.00213
1mL 分度吸管（1根）	0.015	2.449	0.00612	0.00021	1.73205	0.000606218	0.00615	0.00615

$$u_{rel}(S.D) = \sqrt{5 \times (0.001017)^2 + 2 \times (0.001017)^2 + 2 \times (0.00213)^2 + (0.00615)^2}$$
$$= 0.007358$$

（5）连续流动法工作曲线最小二乘法引入的相对不确定度分量，记作 $u_{rel}(C.S)$。

$$Y = b_0 + b_1 X$$

式中　Y——仪器响应值；

　　　X——被测物浓度；

b_0——工作曲线截距；

b_1——工作曲线斜率。

最小二乘法引入的不确定度分量：

$$u(C.S) = \frac{S_E}{b_1} \times \sqrt{\frac{1}{P} + \frac{1}{n} + \frac{(C_0 - C)^2}{S_{XX}}}$$

式中参数由最小二乘法计算获取：

残差的标准差 $S_E = 348.41$；

$b_1 = 9396.72$；

单水平浓度测量次数 $P = 1$；

浓度水平数 $n = 10$；

样品测量平均值 $C_0 = 2.4768 \text{mg/mL}$；

工作曲线浓度平均值 $C = 2.0980 \text{mg/mL}$；

统计量 $S_{XX} = 17.36$。

$$u(C.S) = 0.0391 \text{mg/mL}$$

由以上分析，最小二乘法引入的相对不确定度分量为：

$$u_{rel}(C.S) = 0.0391/2.0980 = 0.0187$$

（6）由 C 值测量引入的相对不确定度分量：

$$u_{rel}(C) = \sqrt{[u_{rel}(S.m)]^2 + [u_{rel}(S.V)]^2 + [u_{rel}(S.P)]^2 + [u_{rel}(S.D)]^2 + [u_{rel}(C.S)]^2}$$

经计算可得 $u_{rel}(C) = 0.0204$。

5. 测量的分散性引入的相对不确定度，记作 $u_{rel}(rep)$

测量的分散性引入的不确定度受天平称重的重复性、定量加液器的重复性、连续流动分析仪测量的重复性等一系列因素的影响，一一考察这些因素对测试结果的影响难以实现，因此，测量的分散性引入的影响量按 YC/T 159—2002 中对平行样的极差规定，统一采用 0.5%。为了考察采用 0.5% 是否合适，分别在国内 6 个实验室对 5 个样品的水溶性糖进行了测试。

由于 YC/T 159—2002 中对两平行样的极差规定为 0.5%，引用 JJF 1059—2012 中的规定，测量的分散性引入的不确定度分量：

$$u(rep) = \frac{0.5}{1.13 \times \sqrt{2}} = 0.31\%$$

烤烟水溶性糖的平均值为 26.20%，测量的分散性引入的相对不确定度分量为：

$$u_{\text{rel}}(rep) = 0.3129/26.20 = 0.01195$$

6. 烤烟水溶性糖的不确定度

烤烟水溶性糖的标准不确定度：

$$u(W.S) = R_{W.S} \times \sqrt{[u_{\text{rel}}(m)]^2 + [u_{\text{rel}}(W)]^2 + [u_{\text{rel}}(V)]^2 + [u_{\text{rel}}(C)]^2 + [u_{\text{rel}}(rep)]^2}$$

烤烟水溶性糖的平均值为 26.2%，烤烟水溶性糖的标准不确定度为：

$$u(W.S) = 26.2\% \times \sqrt{0.001642^2 + 0.00976^2 + 0.003322^2 + 0.0204^2 + 0.01195^2}$$
$$= 0.68\%$$

【例 4-2】 水溶性糖测量不确定度的评定可采用如下方法。

1. 由质量测量引入的相对不确定度分量，记作 $u_{\text{rel}}(m)$

计量检定证书给出天平的不确定度为：$u(m) = 0.125$mg（证书给出的扩展不确定度为 $U = 0.25$mg，$k = 2$）。

称重为 250mg，按两次称重考虑，质量测量引入的相对不确定度分量为：

$$u_{\text{rel}}(m) = 0.125 \times \sqrt{2}/250 = 0.00071$$

2. 由水分测量引入的相对不确定度分量，记作 $u_{\text{rel}}(W)$

对 5 个实验室的烤烟水分数据进行单因子方差分析，结论是存在显著性差异。对其原因进行分析后发现：烘箱法测定样品水分时引入的不确定度受样品保存状态、海拔高度、测试的温湿度条件、烘箱的校准情况、样品在烘箱中摆放的位置等一系列因素的影响，一一考察这些因素对水分的影响难以实现，因此，水分引入的影响量按 YC/T 31—1996 中对平行样的极差规定，统一采用 0.1%。

由于 YC/T 31—1996 中对两平行样的极差规定为 0.1%，引用 JJF 1059.—2012 中的规定，由水分测试引入的不确定度分量：

$$u(W) = \frac{0.1}{1.13 \times \sqrt{2}} = 0.06258\%$$

由于烤烟水分的平均值为 6.41%，水分测量引入的相对不确定度分量：

$$u_{\text{rel}}(W) = 0.06258/6.41 = 0.00976$$

3. 萃取液体积测量引入的相对不确定度分量，记作 $u_{\text{rel}}(V)$

萃取液体积有三个主要影响因素：定量加液器的校准、温度的影响、定量加液器的重复性。由于定量加液器的重复性包括在整体的重复性中，因此在后文测量的分散性引入的相对不确定度中合并讨论。

（1）定量加液器校准引入的不确定度分量　由自校获取，定量加液器在

20℃时水的体积为（25±0.2）mL，按三角形分布考虑，定量加液器校准引入的不确定度分量：

$$u(D.C) = \frac{0.2}{\sqrt{6}} = 0.0816(\text{mL})$$

（2）温度波动引入的不确定度分量　定量加液器在20℃校准，实验室温度控制在（20±5）℃范围内，水的体积变化为±(25×5×0.000208) = ±0.0263mL（水的体积膨胀系数为0.000208/℃）。按均匀分布考虑，温度波动引入的不确定度分量按下式计算：

$$u(V.C) = \frac{0.0263}{\sqrt{3}} = 0.0152(\text{mL})$$

（3）萃取液体积测量引入的不确定度分量：

$$u(V) = \sqrt{u(D.C)^2 + u(V.C)^2} = 0.08304(\text{mL})$$

（4）萃取液体积测量相对不确定度　萃取液体积为25mL，萃取液体积测量引入的相对不确定度分量为：

$$u_{\text{rel}}(V) = 0.08304/25 = 0.003322$$

4. 由 C 值测量引入的相对不确定度分量，记作 $u(C)$

（1）配制标准储备液时，由天平测量引入的相对不确定度分量，记作 $u_{\text{rel}}(S.m)$。

计量检定证书给出天平的不确定度为：$u(m) = 0.125$mg（证书给出的扩展不确定度为 $U = 0.25$mg，$k = 2$）。

由于标准物质称重为20173.0mg，按两次称重考虑，标准物质质量测量引入的相对不确定度分量为：

$$u_{\text{rel}}(S.m) = 0.125 \times \sqrt{2}/20173.0 = 0.0000088$$

（2）由容量瓶引入的不确定度，记作 $u_{\text{rel}}(S.V)$。

①500mL容量瓶的校准：由容量瓶的校准证书，在20℃时，500mL容量瓶最大允差为0.25mL，按三角形分布考虑，由容量瓶校准引入的不确定度分量：

$$u(S.F) = \frac{0.25}{\sqrt{6}} = 0.1021(\text{mL})$$

②温度波动引入的不确定度分量：容量瓶在20℃校准，实验室温度控制在（20±5）℃范围内，水的体积变化为±(500×5×0.00021) = ±0.525（mL）

(水的体积膨胀系数为0.00021/℃)。按均匀分布考虑，温度波动引入的不确定度分量：

$$u(S.C) = \frac{0.5250}{\sqrt{3}} = 0.3031(\text{mL})$$

③储备液体积测量引入的不确定度分量：

$$u(S.V) = \sqrt{u(S.F)^2 + u(S.C)^2} = 0.3198(\text{mL})$$

④由于储备液体积为500mL，储备液体积测量引入的相对不确定度分量为：

$$u_{\text{rel}}(S.V) = 0.3198/500 = 0.00064$$

（3）由葡萄糖纯度引入的相对不确定度分量，记作$u_{\text{rel}}(S.P)$。

由供应商提供葡萄糖纯度：(99.5±0.5)%，按均匀分布的考虑，葡萄糖纯度引入的相对不确定度分量：

$$u_{\text{rel}}(S.P) = \frac{0.5}{\sqrt{3} \times 99.5} = 0.003$$

（4）标准储备液稀释过程引入的相对不确定度分量，记作$u_{\text{rel}}(S.D)$。

标准储备液稀释受下列因素影响：

a. 容量瓶的校准；

b. 温度对容量瓶定容体积的影响；

c. 移液管的校准；

d. 温度对移液管移出液体积的影响。

水溶性糖工作标准溶液配制过程中，使用了：100mL 容量瓶，10mL 分度吸管，5mL 分度吸管，1mL 分度吸管。由此引入的不确定度见下表。

器具规格	容量允差(A级)/mL	三角形分布系数	校准的标准不确定度	水的膨胀系数	均匀分布系数	温度波动[(20±5)℃]的标准不确定度	合成标准不确定度	相对不确定度
100mL 容量瓶（5个）	0.200	2.449	0.08165	0.00021	1.73205	0.060621778	0.1017	0.001017
10mL 分度吸管（2根）	0.020	2.449	0.00816	0.00021	1.73205	0.006062178	0.01017	0.001017

续表

器具规格	容量允差（A级）/mL	三角形分布系数	校准的标准不确定度	水的膨胀系数	均匀分布系数	温度波动[(20±5)℃]的标准不确定度	合成标准不确定度	相对不确定度
5mL 分度吸管（2根）	0.025	2.449	0.01021	0.00021	1.73205	0.003031089	0.01065	0.00213
1mL 分度吸管（1根）	0.015	2.449	0.00612	0.00021	1.73205	0.000606218	0.00615	0.00615

$$u_{rel}(S.D) = \sqrt{5 \times (0.001017)^2 + 2 \times (0.001017)^2 + 2 \times (0.00213)^2 + (0.00615)^2}$$
$$= 0.007358$$

（5）连续流动法工作曲线最小二乘法引入的相对不确定度分量，记作 $u_{rel}(C.S)$。

$$Y = b_0 + b_1 X$$

式中　Y——仪器响应值；

　　　X——被测物浓度；

　　　b_0——工作曲线截距；

　　　b_1——工作曲线斜率。

最小二乘法引入的不确定度分量：

$$u(C.S) = \frac{S_E}{b_1} \times \sqrt{\frac{1}{P} + \frac{1}{n} + \frac{(C_0 - C)^2}{S_{XX}}}$$

式中参数由最小二乘法计算获取：

残差的标准差 $S_E = 348.41$；

$b_1 = 9396.72$；

单水平浓度测量次数 $P = 1$；

浓度水平数 $n = 10$；

样品测量平均值 $C_0 = 2.4768 \text{mg/mL}$；

工作曲线浓度平均值 $C = 2.0980 \text{mg/mL}$；

统计量 $S_{XX} = 17.36$。

$$u(C.S) = 0.0391 \text{mg/mL}$$

由以上分析，最小二乘法引入的相对不确定度分量为：

$$u_{rel}(C.S) = 0.0391/2.0980 = 0.0187$$

(6) 由 C 值测量引入的相对不确定度分量：

$$u_{rel}(C) = \sqrt{[u_{rel}(S.m)]^2 + [u_{rel}(S.V)]^2 + [u_{rel}(S.P)]^2 + [u_{rel}(S.D)]^2 + [u_{rel}(C.S)]^2}$$

经计算可得 $u_{rel}(C) = 0.0204$。

5. 测量的分散性引入的相对不确定度，记作 $u_{rel}(rep)$

由计量证书给出的化学自动分析仪水溶性糖的相对标准偏差为 0.008，测定时采用两平行样测定，测量的分散性引入的相对不确定度分量：

$$u_{rel}(rep) = \frac{0.008}{\sqrt{2}} = 0.0057$$

6. 烤烟水溶性糖的标准测量不确定度：

$$u(W.S) = R_{W.S} \times \sqrt{[u_{rel}(m)]^2 + [u_{rel}(W)]^2 + [u_{rel}(V)]^2 + [u_{rel}(C)]^2 + [u_{rel}(rep)]^2}$$

由于烤烟水溶性糖的平均值为 26.2%，烤烟水溶性糖的标准测量不确定度为：

$$u(W.S) = 26.2\% \times \sqrt{0.00071^2 + 0.00976^2 + 0.003322^2 + 0.0204^2 + 0.0057^2}$$
$$= 0.62\%$$

（四）白肋烟、香料烟、烤烟型卷烟、混合型卷烟水溶性糖测量不确定度的评定

（1）白肋烟、香料烟、烤烟型卷烟、混合型卷烟水溶性糖测量不确定度的评定过程与烤烟【例 4-1】相同，具体数据见下表。

卷烟品种	$u_{rel}(m)$	$u_{rel}(W)$	$u_{rel}(V)$	$u_{rel}(C)$	$u_{rel}(rep)$	$u(W.S)$
白肋烟	0.001641	0.00839	0.003322	0.1376	0.3688	0.07
香料烟	0.001641	0.00944	0.003322	0.0208	0.0342	0.38
烤烟型卷烟	0.001641	0.01098	0.003322	0.0202	0.0118	0.70
混合型卷烟	0.001641	0.01061	0.003322	0.0202	0.0191	0.50

由于白肋烟水溶性糖含量较低，其测量的分散性引入的相对不确定度计算过程如下：

白肋烟水溶性糖测量的分散性引入的不确定度分量按下式计算：

$$u(rep) = \frac{0.059}{0.160} = 0.369\%$$

式中　0.059——白肋烟水溶性糖 10 次测定结果的标准偏差；

　　　0.16——白肋烟水溶性糖 10 次测定结果的平均值。

（2）白肋烟、香料烟、烤烟型卷烟、混合型卷烟水溶性糖测量不确定度的评定过程与烤烟【例 4-2】相同，具体数据见下表。

卷烟品种	$u_{\text{rel}}(m)$	$u_{\text{rel}}(W)$	$u_{\text{rel}}(V)$	$u_{\text{rel}}(c)$	$u_{\text{rel}}(rep)$	$u(W.S)$
白肋烟	0.00071	0.00839	0.003322	0.1376	0.0057	0.03
香料烟	0.00071	0.00944	0.003322	0.0208	0.0057	0.22
烤烟型卷烟	0.00071	0.01098	0.003322	0.0202	0.0057	0.64
混合型卷烟	0.00071	0.01061	0.003322	0.0202	0.0057	0.39

第三节　总植物碱 测量不确定度的评定

一、测量对象和测量依据

烤烟总植物碱涉及的方法标准：YC/T 160—2002《烟草及烟草制品 总植物碱的测定 连续流动法》、YC/T 31—1996《烟草及烟草制品 试样的制备和水分测定 烘箱法》。

二、测量条件

（1）环境条件　测量在化学分析实验室内进行，温湿度符合仪器正常工作的要求，无振动、扬尘、电磁干扰等情况。

（2）测量设备　连续流动分析仪，电子天平，烘箱，定量加液器以及样品粉碎机、振荡器等。

三、测量过程

总植物碱测量过程如图 4-4 所示。

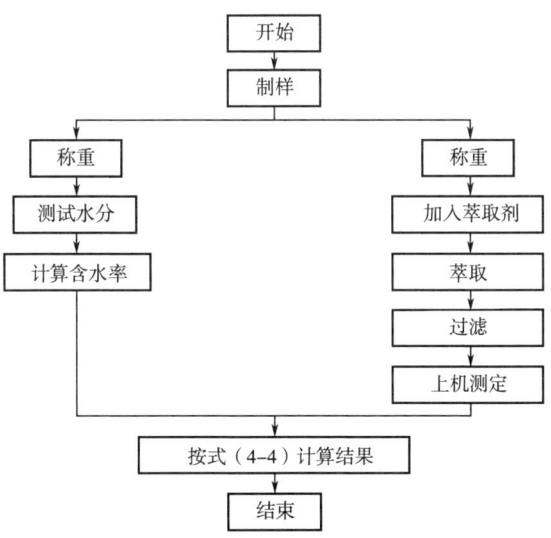

图 4-4　总植物碱测量过程

四、计算公式

总植物碱含量可按式（4-4）计算：

$$总植物碱 = \frac{C \times V}{m \times (1-W) \times 1000} \times 100 \quad (4-4)$$

式中　总植物碱——总植物碱的含量,%;

　　　　C——样品液总植物碱的仪器观测值,mg/mL;

　　　　V——萃取液的体积,mL;

　　　　m——试料的质量,g;

　　　　W——试样的水分含量,%。

五、总植物碱不确定度评定

（一）不确定度来源

根据烤烟总植物碱的测量过程（图4-4）对其测量不确定度的来源进行分析,得到烤烟总植物碱测定的因果关系图（图4-5）。在样品质量不确定度分量的影响因素中,由于采用减量法称取样品质量,因此天平的准确度可以忽略;检测人员按天平操作规程要求称取样品质量时,振动的影响可以忽略;由于样品质量称取时间较短,因此温度带来的影响也可以忽略。样品水分不确定度分量的影响因素较多,需整体考察其影响因素。由于重复性评估作为整体可以从方法确认研究中得到,因此无需分别考虑所有重复性的分量,这些可以归纳为一种分量。由于以上分析,对烤烟总植物碱测定的因果关系图进行修订得到简化的因果关系图（图4-6）。

（二）数学模型

根据图4-6中的不确定度因果关系图,总植物碱的数学模型可用式（4-5）表示：

$$T.A = R_{T.A} \pm R_{T.A} \times \sqrt{[u_{rel}(m)]^2 + [u_{rel}(W)]^2 + [u_{rel}(V)]^2 + [u_{rel}(C)]^2 + [u_{rel}(rep)]^2} \quad (4-5)$$

式中　$T.A$——总植物碱量;

　　　　$R_{T.A}$——总植物碱的测量值;

　　　　$u_{rel}(m)$——样品质量测量引入的相对影响量;

　　　　$u_{rel}(W)$——样品水分测量引入的相对影响量;

　　　　$u_{rel}(V)$——萃取液体积测量引入的相对影响量;

　　　　$u_{rel}(C)$——样品浓度测量引入的相对影响量;

　　　　$u_{rel}(rep)$——测量重复性引入的相对影响量。

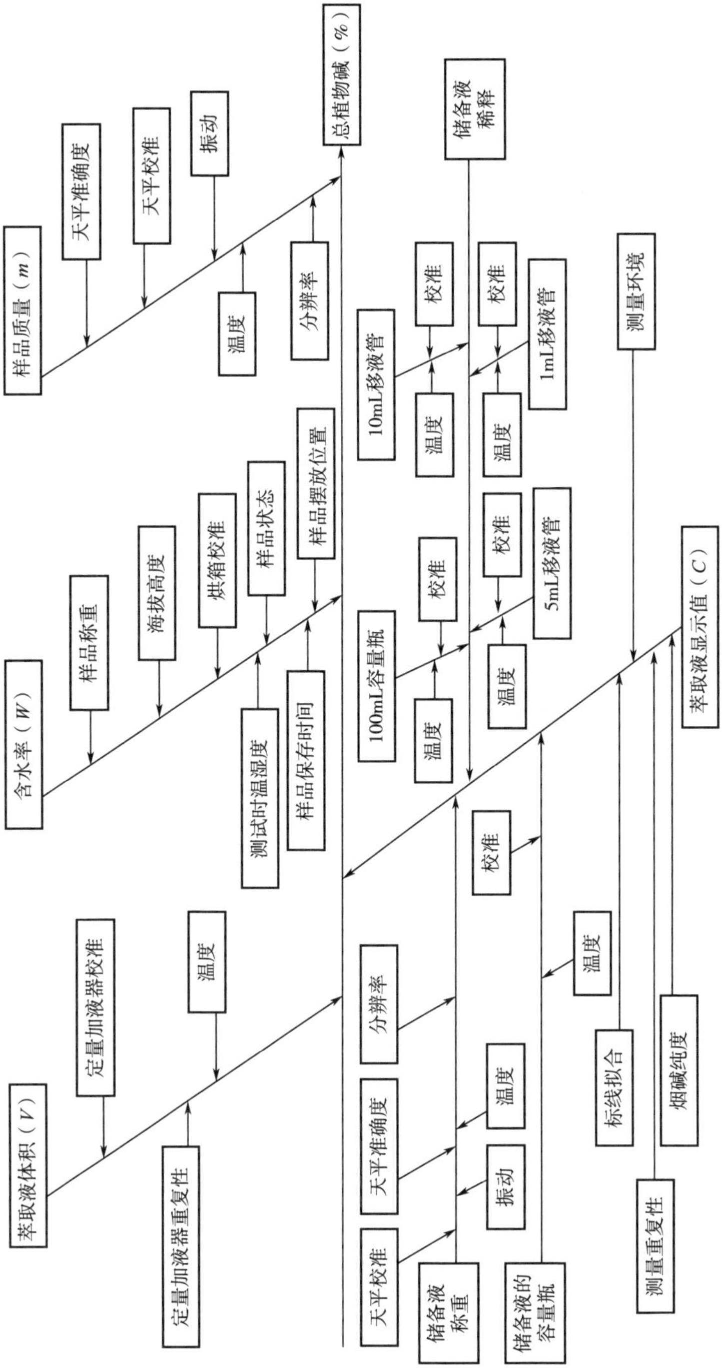

图4-5 总植物碱测定的因果关系

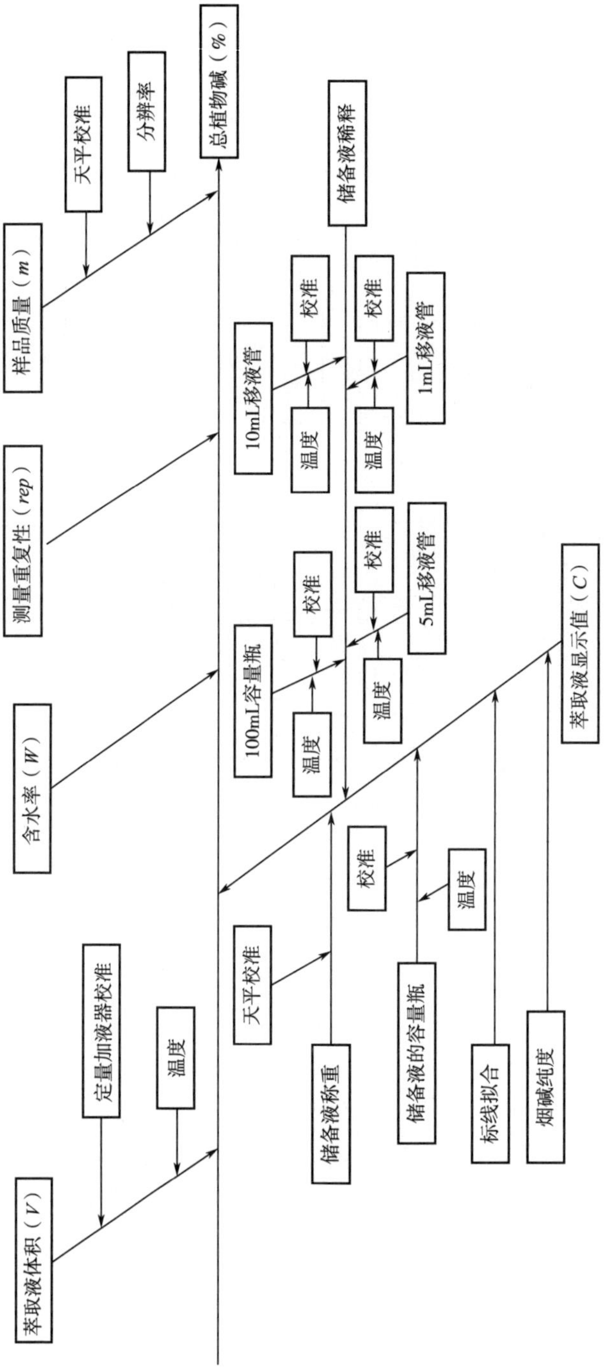

图4-6 总植物碱测定的简化因果关系

(三) 总植物碱不确定度的评定 (烤烟)

通过以下两个具体的例子来介绍总植物碱测量不确定度的评定。

【例 4-3】总植物碱测量不确定度的评定可采用如下方法：

1. 由质量测量引入的相对不确定度分量，记作 $u_{rel}(m)$

影响该分量因素：

a. 分辨率 (由仪器说明书获取)；

b. 天平校准 (由计量证书获取)。

(1) 天平校准引入的不确定度分量　计量检定证书给出天平在 0~50g 范围内最大允差为 0.5mg，按均匀分布考虑，称重按 2 次计入。由此得到天平计量引入的不确定度分量：

$$u(B.C_1) = \frac{0.5 \times \sqrt{2}}{\sqrt{3}} = 0.4082(\text{mg})$$

(2) 天平分辨率引入的不确定度分量　天平说明书给出天平最小示值为 0.1mg，称重精确至 0.1mg，因此分辨率引入的误差为 0.05mg，按均匀分布考虑，称重按 2 次计入。天平分辨率引入的不确定度分量：

$$u(B.R_1) = \frac{0.05 \times \sqrt{2}}{\sqrt{3}} = 0.04082(\text{mg})$$

(3) 合成标准不确定度分量　质量测量引入的不确定度分量：

$$u(m) = \sqrt{u(B.C_1)^2 + u(B.R_1)^2} = 0.4103(\text{mg})$$

(4) 相对不确定度分量　由于称重为 250mg，质量测量引入的相对不确定度分量：

$$u_{rel}(m) = 0.4103/250 = 0.001642$$

2. 由水分测量引入的相对不确定度分量，记作 $u_{rel}(W)$

对 5 个实验室的烤烟水分数据进行单因子方差分析，结论是存在显著性差异。对其原因进行分析后发现：烘箱法测定样品水分时引入的不确定度受样品保存状态、海拔高度、测试的温湿度条件、烘箱的校准情况、样品在烘箱中摆放的位置等一系列的因素影响，一一考察这些因素对水分的影响难以实现，因此，水分引入的影响量按 YC/T 31—1996 中对平行样的极差规定，统一采用 0.1%。

由于 YC/T 31—1996 中对两平行样的极差规定为 0.1%，引用 JJF 1059.1—2012 中的规定，由水分测试引入的不确定度分量：

$$u(W) = \frac{0.10}{1.13 \times \sqrt{2}} = 0.06258\%$$

由于烤烟水分的平均值为 5.70%，水分测量引入的相对不确定度分量：

$$u_{rel}(W) = 0.06258/5.70 = 0.0110$$

3. 萃取液体积测量引入的相对不确定度分量，记作 $u_{rel}(V)$

萃取液体积有三个主要影响因素：定量加液器的校准、温度的影响、定量加液器的重复性。由于定量加液器的重复性包括在整体的重复性中，因此在后文中测量的分散性引入的相对不确定度中合并讨论。

（1）定量加液器校准引入的不确定度分量　由自校获取，定量加液器在 20℃时水的体积为（25±0.2）mL，按三角形分布考虑，定量加液器校准引入的不确定度分量：

$$u(D.C) = \frac{0.2}{\sqrt{6}} = 0.08165 \text{(mL)}$$

（2）温度波动引入的不确定度分量　定量加液器在 20℃校准，实验室温度控制在（20±5）℃范围内，水的体积变化为 ±(25×5×0.000208) = ±0.0263mL（水的体积膨胀系数为 0.000208/℃）。按均匀分布考虑，温度波动引入的不确定度分量：

$$u(V.C) = \frac{0.0263}{\sqrt{3}} = 0.0152 \text{(mL)}$$

（3）萃取液体积测量合成标准不确定度分量　萃取液体积测量引入的不确定度分量：

$$u(V) = \sqrt{u(D.C)^2 + u(V.C)^2} = 0.08304 \text{(mL)}$$

（4）萃取液体积测量相对不确定度　萃取液体积为 25mL，萃取液体积测量引入的相对不确定度分量为：

$$u_{rel}(V) = 0.08304/25 = 0.003322$$

4. 由 C 值测量引入的相对不确定度分量，记作 $u_{rel}(C)$

（1）配制标准储备液时，由天平测量引入的相对不确定度分量，记作 $u_{rel}(S.m)$。

影响因素：

a. 分辨率（由仪器说明书获取）；

b. 天平校准（由计量证书获取）。

①天平校准引入的不确定度分量:

$$u(B.C_2) = \frac{0.5 \times \sqrt{2}}{\sqrt{3}} = 0.4082(\mathrm{mg})$$

②天平分辨率引入的不确定度分量:

$$u(B.R_2) = \frac{0.05 \times \sqrt{2}}{\sqrt{3}} = 0.04082(\mathrm{mg})$$

③质量测量合成标准不确定度分量:

$$u(S.m) = \sqrt{u(B.C_2)^2 + u(B.R_2)^2} = 0.4103(\mathrm{mg})$$

④标准物质称重在 2500.4mg 时,其相对不确定度 $u_{\mathrm{rel}}(S.m)$:

$$u_{\mathrm{rel}}(S.m) = 0.4103/2500.4 = 0.0001641$$

(2) 由容量瓶引入的不确定度,记作 $u_{\mathrm{rel}}(S.V)$。

①250mL 容量瓶的校准:由容量瓶的校准证书,在 20℃时,250mL 容量瓶最大允差为 0.15mL,按三角形分布考虑,由容量瓶校准引入的不确定度分量:

$$u(S.F) = \frac{0.15}{\sqrt{6}} = 0.0612(\mathrm{mL})$$

②温度波动引入的不确定度分量:容量瓶在 20℃校准,实验室温度控制在 (20±5)℃范围内,水的体积变化为 ±(250×5×0.000208) = ±0.2625 (mL)(水的体积膨胀系数为 0.000208/℃)。按均匀分布考虑,温度波动引入的不确定度分量:

$$u(S.C) = \frac{0.2625}{\sqrt{3}} = 0.1516(\mathrm{mL})$$

③储备液体积测量引入的不确定度分量:

$$u(S.V) = \sqrt{u(S.F)^2 + u(S.C)^2} = 0.1635(\mathrm{mL})$$

④由于储备液体积为 250mL,储备液体积测量引入的相对不确定度分量为:

$$u_{\mathrm{rel}}(S.V) = 0.1635/250 = 0.00066$$

(3) 由烟碱纯度引入的相对不确定度,记作 $u_{\mathrm{rel}}(S.P)$。

由供应商提供烟碱纯度为:(99.37±0.12)%,按均匀分布的考虑,烟碱纯度引入的相对不确定度分量:

$$u_{\mathrm{rel}}(S.P) = \frac{0.12}{\sqrt{3} \times 99.37} = 0.0007$$

(4) 标准储备液稀释过程引入的相对不确定度分量,记作 $u_{rel}(S.D)$。

标准储备液稀释受下列因素影响:

a. 容量瓶的校准;

b. 温度对容量瓶定容体积的影响;

c. 移液管的校准;

d. 温度对移液管移出液体积的影响。

烟碱工作标准溶液配制过程中,使用了:100mL 容量瓶,10mL 分度吸管,5mL 分度吸管,1mL 分度吸管。由此引入的不确定度见下表。

器具规格	容量允差(A级)/mL	三角形分布系数	校准的标准不确定度	水的膨胀系数	均匀分布系数	温度波动[(20±5)℃]的标准不确定度	合成标准不确定度	相对不确定度
100mL 容量瓶(5个)	0.200	2.449	0.08165	0.00021	1.73205	0.060621778	0.1017	0.001017
10mL 分度吸管(2根)	0.020	2.449	0.00816	0.00021	1.73205	0.006062178	0.01017	0.001017
5mL 分度吸管(3根)	0.025	2.449	0.01021	0.00021	1.73205	0.003031089	0.01065	0.00213
1mL 分度吸管(1根)	0.015	2.449	0.00612	0.00021	1.73205	0.000606218	0.00615	0.00615

$$u_{rel}(S.D) = \sqrt{5 \times (0.001017)^2 + 2 \times (0.001017)^2 + 3 \times (0.00213)^2 + (0.00615)^2}$$
$$= 0.007660$$

(5) 连续流动法工作曲线最小二乘法引入的相对不确定度分量,记作 $u_{rel}(C.S)$。

$$Y = b_0 + b_1 X$$

式中 Y——仪器响应值;

         X——被测物浓度;

         b_0——工作曲线截距;

         b_1——工作曲线斜率。

最小二乘法引入的不确定度分量:

$$u(C.S) = \frac{S_E}{b_1} \times \sqrt{\frac{1}{P} + \frac{1}{n} + \frac{(C_0 - C)^2}{S_{XX}}}$$

式中参数由最小二乘法计算获取：

残差的标准差 $S_E = 127.99$；

$b_1 = 32013.23$；

单水平浓度测量次数 $P = 1$；

浓度水平数 $n = 10$；

样品测量平均值 $C_0 = 0.1633 \text{mg/mL}$；

工作曲线浓度平均值 $C = 0.6058 \text{mg/mL}$；

统计量 $S_{XX} = 2.01$。

$$u(C.S) = 0.0044 \text{mg/mL}$$

由以上分析，最小二乘法引入的相对不确定度分量：

$$u_{rel}(C.S) = 0.0044/0.6058 = 0.0073$$

（6）由 C 值测量引入的相对不确定度分量计算如下：

$$u_{rel}(C) = \sqrt{[u_{rel}(S.m)]^2 + [u_{rel}(S.V)]^2 + [u_{rel}(S.P)]^2 + [u_{rel}(S.D)]^2 + [u_{rel}(C.S)]^2}$$

经计算可得 $u_{rel}(C) = 0.0107$。

5. 测量的分散性引入的相对不确定度，记作 $u_{rel}(rep)$

测量的分散性引入的不确定度受天平称重的重复性、定量加液器的重复性、连续流动分析仪测量的重复性等一系列因素的影响，一一考察这些因素对测试结果的影响难以实现，因此，测量的分散性引入的影响量按 YC/T 160—2002 中对平行样的极差规定，统一采用 0.05%。

由于 YC/T 160—2002 中对两平行样的极差规定为 0.05%，引用 JJF 1059.1—2012 中的规定，测量的分散性引入的不确定度分量计算如下：

$$u(rep) = \frac{0.05}{1.13 \times \sqrt{2}} = 0.0313\%$$

烤烟总植物碱的平均值为 1.73%，测量的分散性引入的相对不确定度分量为：

$$u_{rel}(rep) = 0.0313/1.73 = 0.01810$$

6. 烤烟总植物碱的不确定度

烤烟总植物碱的标准不确定度计算如下：

$$u(T.A) = R_{T.A} \times \sqrt{[u_{rel}(m)]^2 + [u_{rel}(W)]^2 + [u_{rel}(V)]^2 + [u_{rel}(c)]^2 + [u_{rel}(rep)]^2}$$

烤烟总植物碱的平均值为1.73%，烤烟总植物碱的标准不确定度为：

$$u(T.A) = 1.73\% \times \sqrt{0.001642^2 + 0.01098^2 + 0.003322^2 + 0.0107^2 + 0.01810^2} = 0.05\%$$

【例4-4】 总植物碱测量不确定度的评定可采用如下方法。

1. 由质量测量引入的相对不确定度分量，记作 $u_{rel}(m)$

计量检定证书给出天平的不确定度为：$u(m) = 0.125 mg$（证书给出的扩展不确定度为 $U = 0.25 mg$, $k = 2$）。

称重为250mg，按两次称重考虑，质量测量引入的相对不确定度分量为：

$$u_{rel}(m) = 0.125 \times \sqrt{2}/250 = 0.00071$$

2. 由水分测量引入的相对不确定度分量，记作 $u_{rel}(W)$

对5个实验室的烤烟水分数据进行单因子方差分析，结论是存在显著性差异。对其原因进行分析后发现：烘箱法测定样品水分时引入的不确定度受样品保存状态、海拔高度、测试的温湿度条件、烘箱的校准情况、样品在烘箱中摆放的位置等一系列因素的影响，一一考察这些因素对水分的影响难以实现，因此，水分引入的影响量按 YC/T 31—1996 中对平行样的极差规定，统一采用0.1%。

由于YC/T 31—1966中对两平行样的极差规定为0.1%，引用JJF 1059.1—2012中的规定，由水分测试引入的不确定度分量按下式计算：

$$u(W) = \frac{0.1}{1.13 \times \sqrt{2}} = 0.06258\%$$

由于烤烟水分的平均值为5.70%，水分测量引入的相对不确定度分量：

$$u_{rel}(W) = 0.06258/5.70 = 0.0110$$

3. 萃取液体积测量引入的相对不确定度分量，记作 $u_{rel}(V)$

萃取液体积有三个主要影响因素：定量加液器的校准、温度的影响、定量加液器的重复性。由于定量加液器的重复性包括在整体的重复性中，因此在后文中测量的分散性引入的相对不确定度中合并讨论。

（1）定量加液器校准引入的相对不确定度分量　由自校获取，定量加液器在20℃时水的体积为（25±0.2）mL，按三角形分布考虑，定量加液器校准引入的不确定度分量为：

$$u(D.C) = \frac{0.2}{\sqrt{6}} = 0.0816 (mL)$$

（2）温度波动引入的不确定度分量　定量加液器在20℃校准，实验室温度控制在（20±5）℃范围内，水的体积变化为±(25×5×0.000208) = ±0.0263mL（水的体积膨胀系数为0.000208/℃）。按均匀分布考虑，温度波动引入的不确定度分量为：

$$u(V.C) = \frac{0.0263}{\sqrt{3}} = 0.0152(\text{mL})$$

（3）萃取液体积测量引入的不确定度分量为：

$$u(V) = \sqrt{u(D.C)^2 + u(V.C)^2} = 0.08304(\text{mL})$$

（4）萃取液体积测量相对不确定度 萃取液体积为25mL，萃取液体积测量引入的相对不确定度分量为：

$$u_{\text{rel}}(V) = 0.08304/25 = 0.003322$$

4. 由 C 值测量引入的相对不确定度分量，记作 $u_{\text{rel}}(C)$

（1）配制标准储备液时，由天平测量引入的相对不确定度分量，记作 $u_{\text{rel}}(S.m)$。

计量检定证书给出天平的不确定度为：$u(m) = 0.125$mg（证书给出的扩展不确定度为 $U=0.25$mg，$k=2$）。

由于标准物质称重为2500.4mg，按两次称重考虑，标准物质质量测量引入的相对不确定度分量为：

$$u_{\text{rel}}(S.m) = 0.125 \times \sqrt{2}/2500.4 = 0.000071$$

（2）由容量瓶引入的相对不确定度分量，记作 $u_{\text{rel}}(S.V)$。

①250mL容量瓶的校准：由容量瓶的校准证书，在20℃时，250mL容量瓶最大允差为0.15mL，按三角形分布考虑，由容量瓶校准引入的不确定度分量：

$$u(S.F) = \frac{0.15}{\sqrt{6}} = 0.0612(\text{mL})$$

②温度波动引入的不确定度分量：容量瓶在20℃校准，实验室温度控制在（20±5）℃范围内，水的体积变化为±(250×5×0.000208) = ±0.263mL（水的体积膨胀系数为0.000208/℃）。按均匀分布考虑，温度波动引入的不确定度分量：

$$u(S.C) = \frac{0.263}{\sqrt{3}} = 0.152(\text{mL})$$

③储备液体积测量引入的不确定度分量：

$$u(S.V) = \sqrt{u(S.F)^2 + u(S.C)^2} = 0.1635(\text{mL})$$

④储备液体积测量相对不确定度：由于储备液体积为250mL，储备液体积测量引入的相对不确定度分量：

$$u_{rel}(S.V) = 0.1635/250 = 0.00066$$

(3) 由烟碱纯度引入的相对不确定度分量，记作 $u_{rel}(S.P)$。

由供应商提供烟碱纯度为：（99.37±0.12)%，按均匀分布的考虑，烟碱纯度引入的相对不确定度分量：

$$u_{rel}(S.P) = \frac{0.12}{\sqrt{3} \times 99.37} = 0.0007$$

(4) 标准储备液稀释过程引入的不确定度分量。

标准储备液稀释受下列因素影响：

a. 容量瓶的校准；

b. 温度对容量瓶定容体积的影响；

c. 移液管的校准；

d. 温度对移液管移出液体积的影响。

烟碱工作标准溶液配制过程中，使用了：100mL 容量瓶，10mL 分度吸管，5mL 分度吸管，1mL 分度吸管。由此引入的不确定度见下表。

器具规格	容量允差（A级）/mL	三角形分布系数	校准的标准不确定度	水的膨胀系数	均匀分布系数	温度波动[(20±5)℃]的标准不确定度	合成标准不确定度	相对不确定度
100mL 容量瓶（5个）	0.200	2.449	0.08165	0.00021	1.73205	0.060621778	0.1017	0.001017
10mL 分度吸管（2根）	0.020	2.449	0.00816	0.00021	1.73205	0.006062178	0.01017	0.001017
5mL 分度吸管（3根）	0.025	2.449	0.01021	0.00021	1.73205	0.003031089	0.01065	0.00213
1mL 分度吸管（1根）	0.015	2.449	0.00612	0.00021	1.73205	0.000606218	0.00615	0.00615

$$u_{\rm rel}(S.D) = \sqrt{5\times(0.001017)^2 + 2\times(0.001017)^2 + 3\times(0.00213)^2 + (0.00615)^2}$$
$$= 0.007660$$

（5）连续流动法工作曲线最小二乘法引入的相对不确定度分量，记作 $u_{\rm rel}(C.S)$。

$$Y = b_0 + b_1 X$$

式中　Y——仪器响应值；

　　　X——被测物浓度；

　　　b_0——工作曲线截距；

　　　b_1——工作曲线斜率。

最小二乘法引入的不确定度分量：

$$u(C.S) = \frac{S_E}{b_1} \times \sqrt{\frac{1}{P} + \frac{1}{n} + \frac{(C_0 - C)^2}{S_{XX}}}$$

式中参数由最小二乘法计算获取：

残差的标准差 $S_E = 127.99$；

$b_1 = 32013.23$；

单水平浓度测量次数 $P = 1$；

浓度水平数 $n = 10$；

样品测量平均值 $C_0 = 0.1633{\rm mg/mL}$；

工作曲线浓度平均值 $C = 0.6058{\rm mg/mL}$；

统计量 $S_{XX} = 2.01$。

$$u(C.S) = 0.0044{\rm mg/mL}$$

由以上分析，最小二乘法引入的相对不确定度分量：

$$u_{\rm rel}(C.S) = 0.0044/0.6058 = 0.0073$$

（6）由 C 值测量引入的相对不确定度分量按式计算：

$$u_{\rm rel}(C) = \sqrt{[u_{\rm rel}(S.m)]^2 + [u_{\rm rel}(S.V)]^2 + [u_{\rm rel}(S.P)]^2 + [u_{\rm rel}(S.D)]^2 + [u_{\rm rel}(C.S)]^2}$$

经计算可得 $u_{\rm rel}(C) = 0.0107$。

5. 测量的分散性引入的相对不确定度，记作 $u_{\rm rel}(rep)$

由计量证书给出的化学自动分析仪总植物碱的相对标准偏差为 0.003，测定时采用两平行样测定，测量的分散性引入的相对不确定度分量：

$$u_{\rm rel}(rep) = \frac{0.003}{\sqrt{2}} = 0.0022$$

6. 烤烟总植物碱的不确定度

烤烟总植物碱的标准不确定度按下式计算：

$$u(T.A) = R_{T.A} \times \sqrt{[u_{rel}(m)]^2 + [u_{rel}(W)]^2 + [u_{rel}(V)]^2 + [u_{rel}(C)]^2 + [u_{rel}(rep)]^2}$$

由于烤烟总植物碱的平均值为 1.73%，烤烟总植物碱的标准不确定度为：

$$u(T.A) = 1.73\% \times \sqrt{0.00071^2 + 0.01098^2 + 0.003322^2 + 0.0107^2 + 0.0022^2}$$
$$= 0.03\%$$

（四）白肋烟、香料烟、烤烟型卷烟、混合型卷烟总植物碱不确定度的评定

白肋烟、香料烟、烤烟型卷烟、混合型卷烟总植物碱测量不确定度的评定过程与烤烟【例4-3】相同，具体数据见下表。

卷烟品种	$u_{rel}(m)$	$u_{rel}(W)$	$u_{rel}(V)$	$u_{rel}(C)$	$u_{rel}(rep)$	$u(T.A)$
白肋烟	0.001641	0.00839	0.003322	0.0104	0.0067	0.08
香料烟	0.001641	0.00944	0.003322	0.0106	0.0319	0.04
烤烟型卷烟	0.001641	0.01098	0.003322	0.0106	0.0154	0.05
混合型卷烟	0.001641	0.01061	0.003322	0.0106	0.0149	0.05

白肋烟、香料烟、烤烟型卷烟、混合型卷烟总植物碱测量不确定度的评定过程与烤烟【例4-4】相同，具体数据见下表。

卷烟品种	$u_{rel}(m)$	$u_{rel}(W)$	$u_{rel}(V)$	$u_{rel}(C)$	$u_{rel}(rep)$	$u(T.A)$
白肋烟	0.00071	0.00839	0.003322	0.0104	0.0021	0.08
香料烟	0.00071	0.00944	0.003322	0.0106	0.0021	0.02
烤烟型卷烟	0.00071	0.01098	0.003322	0.0106	0.0021	0.04
混合型卷烟	0.00071	0.01061	0.003322	0.0106	0.0021	0.04

第四节 氯 测量不确定度的评定

一、测量对象和测量依据

烤烟氯涉及的方法标准有：YC/T 162—2002《烟草及烟草制品 氯的测定 连续流动法》、YC/T 31—1996《烟草及烟草制品 试样的制备和水分测定 烘箱法》。

二、测量条件

(1) 环境条件　测量在化学分析实验室内进行,温湿度符合仪器正常工作的要求,无振动、扬尘、电磁干扰等情况。

(2) 测量设备　连续流动分析仪,电子天平,烘箱,定量加液器以及样品粉碎机、振荡器等。

三、测量过程

氯测量过程如图 4-7 所示。

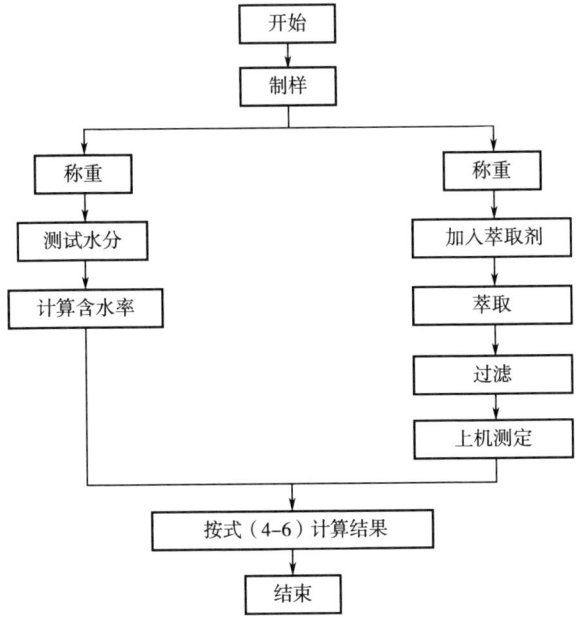

图 4-7　氯测量过程

四、计算公式

氯的含量按式 (4-6) 计算:

$$氯 = \frac{C \times V}{m \times (1-W) \times 1000} \times 100 \qquad (4-6)$$

式中　氯——氯的含量,%;

C——萃取液氯的仪器观测值,g/mL;

V——萃取液的体积,mL;

m——试样的质量,g;

W——试样水分的质量分数,%。

五、氯不确定度评定

(一) 不确定度来源

根据烤烟氯的测量过程（图4-7）对其测量不确定度的来源进行分析，得到烤烟氯测定的因果关系图（图4-8）。在样品质量不确定度分量的影响因素中，由于采用减量法称取样品质量，因此天平的准确度可以忽略；检测人员按天平操作规程要求称取样品质量时，振动的影响可以忽略；由于样品质量称取时间较短，因此温度带来的影响也可以忽略。样品水分不确定度分量的影响因素较多，需整体考察其影响因素。由于重复性评估作为整体可以从方法确认研究中得到，因此无需分别考虑所有重复性的分量，这些可以归纳为一种分量。由于以上分析，对烤烟氯测定的因果关系图进行修订得到简化的因果关系图（图4-9）。

(二) 数学模型

根据图4-9中的不确定度因果关系图，氯的数学模型可用式（4-7）表示：

$$CHL = R_{CHL} \pm R_{CHL} \times \sqrt{[u_{rel}(m)]^2 + [u_{rel}(W)]^2 + [u_{rel}(V)]^2 + [u_{rel}(C)]^2 + [u_{rel}(rep)]^2}$$

(4-7)

式中　CHL——氯量；

　　　R_{CHL}——氯的测量值；

$u_{rel}(m)$——样品质量引入的相对影响量；

$u_{rel}(W)$——样品水分测量引入的相对影响量；

$u_{rel}(V)$——消化液体积测量引入的相对影响量；

$u_{rel}(C)$——样品浓度测量引入的相对影响量；

$u_{rel}(rep)$——测量重复性引入的相对影响量。

(三) 氯不确定度的评定 (烤烟)

【例4-5】氯测量不确定度的评定可采用如下方法：

1. 由质量测量引入的相对不确定度分量，记作 $u_{rel}(m)$

影响该分量因素：

a. 分辨率（由仪器说明书获取）；

b. 天平校准（由计量证书获取）。

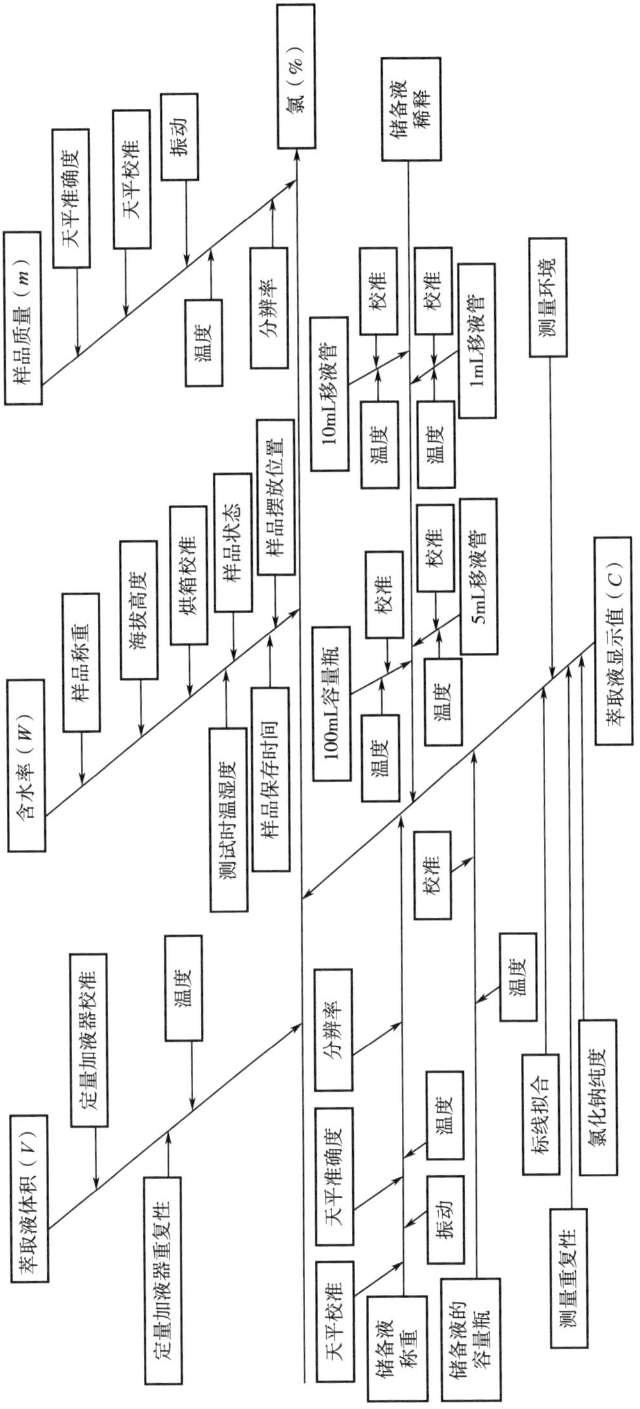

图4-8 氯测定的因果关系图

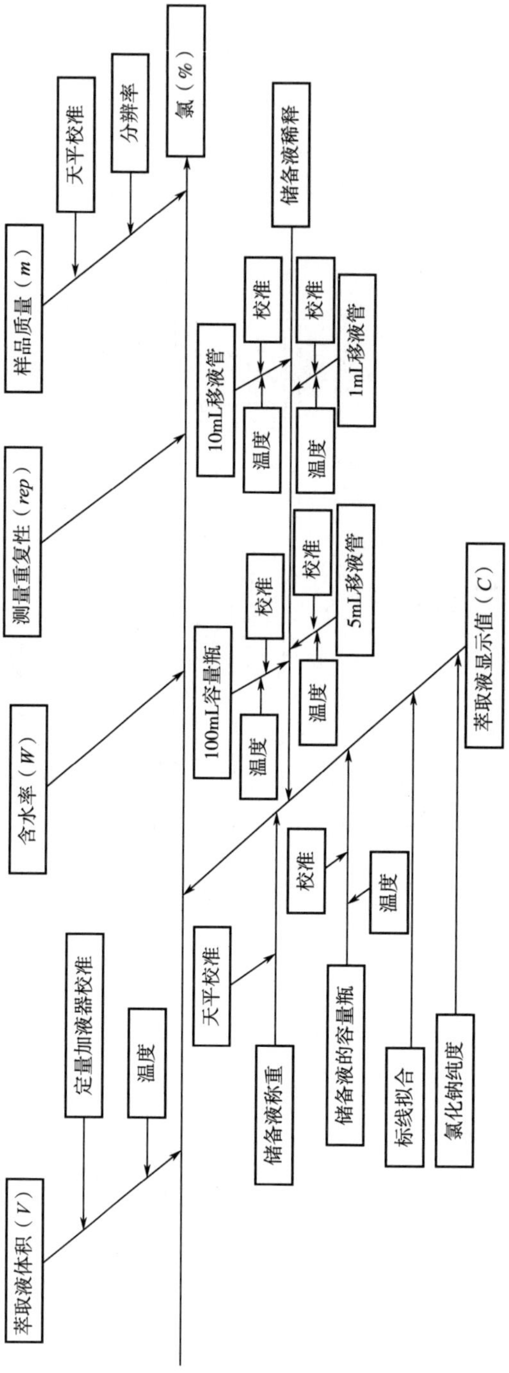

图4-9 氯测定简化的因果关系图

(1) 天平校准引入的不确定度分量　计量检定证书给出天平在 0~50g 范围内最大允差为 0.5mg，按均匀分布考虑，称重按两次计入。由此得到天平计量引入的不确定度分量按式计算：

$$u(B.C_1) = \frac{0.5 \times \sqrt{2}}{\sqrt{3}} = 0.4082(\text{mg})$$

(2) 天平分辨率引入的不确定度分量　天平说明书给出天平最小示值为 0.1mg，称重精确至 0.1mg，因此分辨率引入的误差为 0.05mg，按均匀分布考虑，称重按两次计入。天平分辨率引入的不确定度分量按式计算：

$$u(B.R_1) = \frac{0.05 \times \sqrt{2}}{\sqrt{3}} = 0.04082(\text{mg})$$

(3) 合成标准不确定度分量　质量测量引入的不确定度分量按式计算：

$$u(m) = \sqrt{u(B.C_1)^2 + u(B.R_1)^2} = 0.4103(\text{mg})$$

(4) 相对不确定度分量　由于称重为 250mg，质量测量引入的相对不确定度分量为：

$$u_{\text{rel}}(m) = 0.4103/250 = 0.001642$$

2. 由水分测量引入的相对不确定度分量，记作 $u_{\text{rel}}(W)$

对 5 个实验室的烤烟水分数据进行单因子方差分析，结论是存在显著性差异。对其原因进行分析后发现：烘箱法测定样品水分时引入的不确定度受样品保存状态、海拔高度、测试的温湿度条件、烘箱的校准情况、样品在烘箱中摆放的位置等一系列因素的影响，一一考察这些因素对水分的影响难以实现，因此，水分引入的影响量按 YC/T 31—1996 中对平行样的极差规定，统一采用 0.1%。

由于 YC/T 31—1996 中对两平行样的极差规定为 0.1%，引用 JJF 1059.1—2012 中的规定，由水分测试引入的不确定度分量计算如下：

$$u(W) = \frac{0.1}{1.13 \times \sqrt{2}} = 0.06258\%$$

由于烤烟水分的平均值为 5.70%，水分测量引入的相对不确定度分量为：

$$u_{\text{rel}}(W) = 0.06258/5.70 = 0.0110$$

3. 萃取液体积测量引入的相对不确定度分量，记作 $u_{\text{rel}}(V)$

萃取液体积有三个主要影响因素：定量加液器的校准、温度的影响、定量加液器的重复性。由于定量加液器的重复性包括在整体的重复性中，因此在后文测量的分散性引入的相对不确定度中合并讨论。

（1）定量加液器校准引入的不确定度分量　由自校获取，定量加液器在20℃时水的体积为（25±0.2）mL，按三角形分布考虑，定量加液器校准引入的不确定度分量：

$$u(D.C) = \frac{0.2}{\sqrt{6}} = 0.0816(\text{mL})$$

（2）温度波动引入的不确定度分量　定量加液器在20℃校准，实验室温度控制在（20±5）℃范围内，水的体积变化为±（25×5×0.000208）=±0.0263（mL）（水的体积膨胀系数为0.000208/℃）。按均匀分布考虑，温度波动引入的不确定度分量：

$$u(V.C) = \frac{0.0263}{\sqrt{3}} = 0.0152(\text{mL})$$

（3）萃取液体积测量合成标准不确定度分量　萃取液体积测量引入的不确定度分量：

$$u(V) = \sqrt{u(D.C)^2 + u(V.C)^2} = 0.08304(\text{mL})$$

（4）萃取液体积测量相对不确定度　萃取液体积为25mL，萃取液体积测量引入的相对不确定度分量为：

$$u_{\text{rel}}(V) = 0.08304/25 = 0.003322$$

4. 由 C 值测量引入的相对不确定度分量，记作 $u_{\text{rel}}(C)$

（1）配制标准储备液时，由天平测量引入的相对不确定度分量，记作 $u_{\text{rel}}(S.m)$。

影响因素：

a. 分辨率（由仪器说明书获取）；

b. 天平校准（由计量证书获取。

①天平校准引入的不确定度分量：

$$u(B.C_2) = \frac{0.5 \times \sqrt{2}}{\sqrt{3}} = 0.4082(\text{mg})$$

②天平分辨率引入的不确定度分量：

$$u(B.R_2) = \frac{0.05 \times \sqrt{2}}{\sqrt{3}} = 0.04082(\text{mg})$$

③质量测量合成标准不确定度分量计算如下：

$$u(S.m) = \sqrt{u(B.C_2)^2 + u(B.R_2)^2} = 0.4103(\text{mL})$$

④标准物质称重在 524.8mg 时，其相对不确定度 u_{rel} （S.m） 为：

$$u_{\text{rel}}(S.m) = 0.4103/524.8 = 0.0007818$$

（2）由容量瓶引入的相对不确定度分量，记作 u_{rel}（S.V）。

①由容量瓶的校准证书，在 20℃ 时，250mL 容量瓶最大允差为 0.15mL，按三角形分布考虑，由容量瓶校准引入的不确定度分量：

$$u(S.F) = \frac{0.15}{\sqrt{6}} = 0.0612(\text{mL})$$

②温度波动引入的不确定度分量。容量瓶在 20℃ 校准，实验室温度控制在 （20±5）℃ 范围内，水的体积变化为 ±（250×5×0.000208）= ±0.263mL（水的体积膨胀系数为 0.000208/℃）。按均匀分布考虑，温度波动引入的不确定度分量：

$$u(S.C) = \frac{0.2625}{\sqrt{3}} = 0.152(\text{mL})$$

③储备液体积测量引入的不确定度分量：

$$u(S.V) = \sqrt{u(S.F)^2 + u(S.C)^2} = 0.1635(\text{mL})$$

④由于储备液体积为 250mL，储备液体积测量引入的相对不确定度分量为：

$$u_{\text{rel}}(S.V) = 0.1635/250 = 0.00066$$

（3）由氯化钠纯度引入的相对不确定度分量，记作 u_{rel}（S.P）。

由供应商提供氯化钠纯度为：（99.97±0.02）%，按均匀分布的考虑，氯化钠纯度引入的相对不确定度分量：

$$u_{\text{rel}}(S.P) = \frac{0.02}{\sqrt{3} \times 99.97} = 0.00012$$

（4）标准储备液稀释过程引入的不确定度分量。

标准储备液稀释受下列因素影响：

a. 容量瓶的校准；

b. 温度对容量瓶定容体积的影响；

c. 移液管的校准；

d. 温度对移液管移出液体积的影响。

氯工作标准溶液配制过程中，使用了：100mL 容量瓶，10mL 分度吸管，

5mL 分度吸管，1mL 分度吸管。由此引入的不确定度见下表。

器具规格	容量允差（A 级）/mL	三角形分布系数	校准的标准不确定度	水的膨胀系数	均匀分布系数	温度波动[(20±5)℃]的标准不确定度	合成标准不确定度	相对不确定度
100mL 容量瓶（5 个）	0.200	2.449	0.08165	0.00021	1.73205	0.060621778	0.1017	0.001017
10mL 分度吸管（3 根）	0.020	2.449	0.00816	0.00021	1.73205	0.006062178	0.01017	0.001017
5mL 分度吸管（1 根）	0.025	2.449	0.01021	0.00021	1.73205	0.003031089	0.01065	0.00213
1mL 分度吸管（2 根）	0.015	2.449	0.00612	0.00021	1.73205	0.000606218	0.00615	0.00615

$$u_{rel}(S.D) = \sqrt{5 \times (0.001017)^2 + 3 \times (0.001017)^2 + (0.00213)^2 + 2 \times (0.00615)^2}$$
$$= 0.00941$$

（5）连续流动法工作曲线最小二乘法引入的相对不确定度分量，记作 $u_{rel}(C.S)$。

$$Y = b_0 + b_1 X$$

式中　Y——仪器响应值；

　　　X——被测物浓度；

　　　b_0——工作曲线截距；

　　　b_1——工作曲线斜率。

最小二乘法引入的不确定度分量：

$$u(C.S) = \frac{S_E}{b_1} \times \sqrt{\frac{1}{P} + \frac{1}{n} + \frac{(C_0 - C)^2}{S_{XX}}}$$

式中参数由最小二乘法计算获取：

残差的标准差 $S_E = 765.28$；

$b_1 = 422554.34$；

单水平浓度测量次数 $P = 1$；

浓度水平数 $n = 10$；

样品测量平均值 $C_0 = 0.0269$ mg/mL；

工作曲线浓度平均值 $C = 0.0508$ mg/mL；

统计量 $S_{XX} = 0.01923$。

$$u(C.S) = 0.0020 \text{mg/mL}$$

由以上分析，最小二乘法引入的相对不确定度分量为：

$$u_{rel}(C.S) = 0.0020/0.0508 = 0.0394$$

(6) C 值测量合成相对不确定度分量　由 C 值测量引入的相对不确定度分量：

$$u_{rel}(C) = \sqrt{[u_{rel}(S.m)]^2 + [u_{rel}(S.V)]^2 + [u_{rel}(S.P)]^2 + [u_{rel}(S.D)]^2 + [u_{rel}(C.S)]^2}$$

经计算可得 $u_{rel}(C) = 0.0406$。

5. 测量的分散性引入的相对不确定度分量，记作 $u_{rel}(rep)$

测量的分散性引入的不确定度受天平称重的重复性、定量加液器的重复性、连续流动分析仪测量的重复性等一系列因素的影响，一一考察这些因素对测试结果的影响难以实现，因此，测量的分散性引入的影响量按 YC/T 162—2011 中对平行样的极差规定，统一采用 0.05%。

由于 YC/T 162—2011 中对两平行样的极差规定为 0.05%，引用 JJF 1059.1—2012 中的规定，测量的分散性引入的不确定度分量：

$$u(rep) = \frac{0.05}{1.13 \times \sqrt{2}} = 0.0313\%$$

烤烟氯的平均值为 0.28%，测量的分散性引入的相对不确定度分量为：

$$u_{rel}(rep) = 0.0313/0.28 = 0.11179$$

6. 烤烟氯的不确定度

烤烟氯的标准不确定度：

$$u(CHL) = R_{CHL} \times \sqrt{[u_{rel}(m)]^2 + [u_{rel}(W)]^2 + [u_{rel}(V)]^2 + [u_{rel}(C)]^2 + [u_{rel}(rep)]^2}$$

烤烟氯的平均值为 0.28%，烤烟氯的标准不确定度为：

$$u(CHL) = 0.28\% \times \sqrt{0.001642^2 + 0.01098^2 + 0.003322^2 + 0.0406^2 + 0.11179^2}$$
$$= 0.04\%$$

【例 4-6】氯测量不确定度的评定可采用如下方法：

1. 由质量测量引入的相对不确定度分量，记作 $u_{rel}(m)$

计量检定证书给出天平的不确定度为：$u(m) = 0.125$ mg（证书给出的扩展不确定度为 $U = 0.25$ mg，$k = 2$）。

称重为 250mg，按两次称重考虑，质量测量引入的相对不确定度分量为：

$$u_{rel}(m) = 0.125 \times \sqrt{2}/250 = 0.00071$$

2. 由水分测量引入的相对不确定度分量，记作 $u_{rel}(W)$

对 5 个实验室的烤烟水分数据进行单因子方差分析，结论是存在显著性差异。对其原因进行分析后发现：烘箱法测定样品水分时引入的不确定度受样品保存状态、海拔高度、测试的温湿度条件、烘箱的校准情况、样品在烘箱中摆放的位置等一系列因素的影响，一一考察这些因素对水分的影响难以实现，因此，水分引入的影响量按 YC/T 31—1996 中对平行样的极差规定，统一采用 0.1%。

由于 YC/T 31—1996 中对两平行样的极差规定为 0.1%，引用 JJF 1059.1—2012 中的规定，由水分测试引入的不确定度分量：

$$u(W) = \frac{0.1}{1.13 \times \sqrt{2}} = 0.06258\%$$

由于烤烟水分的平均值为 5.70%，水分测量引入的相对不确定度分量为：

$$u_{rel}(W) = 0.06258/5.70 = 0.0110$$

3. 萃取液体积测量引入的相对不确定度分量，记作 $u_{rel}(V)$

萃取液体积有三个主要影响因素：定量加液器的校准、温度的影响、定量加液器的重复性。由于定量加液器的重复性包括在整体的重复性中，因此在后文测量的分散性引入的相对不确定度中合并讨论。

（1）定量加液器校准引入的相对不确定度分量　由自校获取，定量加液器在 20℃ 时水的体积为（25±0.2）mL，按三角形分布考虑，定量加液器校准引入的不确定度分量：

$$u(D.C) = \frac{0.2}{\sqrt{6}} = 0.0816(\text{mL})$$

（2）温度波动引入的不确定度分量　定量加液器在 20℃ 校准，实验室温度控制在（20±5）℃ 范围内，水的体积变化为 ±(25×5×0.000208) = ±0.0263（mL）（水的体积膨胀系数为 0.000208/℃）。按均匀分布考虑，温度波动引入的不确定度分量：

$$u(V.C) = \frac{0.0263}{\sqrt{3}} = 0.0152(\text{mL})$$

（3）萃取液体积测量合成标准不确定度分量　萃取液体积测量引入的不确定度分量：

$$u(V) = \sqrt{u(D.C)^2 + u(V.C)^2} = 0.08304(\text{mL})$$

（4）萃取液体积测量相对不确定度　萃取液体积为25mL，萃取液体积测量引入的相对不确定度分量为：

$$u_{\text{rel}}(V) = 0.08304/25 = 0.003322$$

4. 由 C 值测量引入的相对不确定度分量，记作 $u_{\text{rel}}(C)$

（1）配制标准储备液时，由天平测量引入的相对不确定度分量，记作 $u_{\text{rel}}(S.m)$。

计量检定证书给出天平的不确定度为：$u(m) = 0.125\text{mg}$（证书给出的扩展不确定度为 $U = 0.25\text{mg}$，$k = 2$）。

由于标准物质称重为524.8mg，按两次称重考虑，标准物质质量测量引入的相对不确定度分量为：

$$u_{\text{rel}}(S.m) = 0.125 \times \sqrt{2}/524.8 = 0.000337$$

（2）由容量瓶引入的不确定度，记作 $u_{\text{rel}}(S.V)$。

①由容量瓶的校准证书，在20℃时，250mL容量瓶最大允差为0.15mL，按三角形分布考虑，由容量瓶校准引入的不确定度分量：

$$u(S.F) = \frac{0.15}{\sqrt{6}} = 0.0612(\text{mL})$$

②容量瓶在20℃校准，实验室温度控制在（20±5）℃范围内，水的体积变化为 ±（250×5×0.000208）= ±0.263（mL）（水的体积膨胀系数为0.000208/℃）。按均匀分布考虑，温度波动引入的不确定度分量：

$$u(S.C) = \frac{0.263}{\sqrt{3}} = 0.152(\text{mL})$$

③储备液体积测量引入的不确定度分量：

$$u(S.V) = \sqrt{u(S.F)^2 + u(S.C)^2} = 0.1635(\text{mL})$$

④由于储备液体积为250mL，储备液体积测量引入的相对不确定度分量：

$$u_{\text{rel}}(S.V) = 0.1635/250 = 0.00066$$

（3）由氯化钠纯度引入的相对不确定度分量，记作 $u_{\text{rel}}(S.P)$。

由供应商提供氯化钠纯度为：（99.97±0.02）%，按均匀分布的考虑，氯化钠纯度引入的相对不确定度分量：

$$u_{rel}(S.P) = \frac{0.02}{\sqrt{3} \times 99.97} = 0.00012$$

（4）标准储备液稀释过程引入的不确定度分量。

标准储备液稀释受下列因素影响：

a. 容量瓶的校准；

b. 温度对容量瓶定容体积的影响；

c. 移液管的校准；

d. 温度对移液管移出液体积的影响。

氯工作标准溶液配制过程中，使用了：100mL 容量瓶，10mL 分度吸管，5mL 分度吸管，1mL 分度吸管。由此引入的不确定度见下表。

器具规格	容量允差（A 级）/mL	三角形分布系数	校准的标准不确定度	水的膨胀系数	均匀分布系数	温度波动[(20±5)℃]的标准不确定度	合成标准不确定度	相对不确定度
100mL 容量瓶（5 个）	0.200	2.449	0.08165	0.00021	1.73205	0.060621778	0.1017	0.001017
10mL 分度吸管（3 根）	0.020	2.449	0.00816	0.00021	1.73205	0.006062178	0.01017	0.001017
5mL 分度吸管（1 根）	0.025	2.449	0.01021	0.00021	1.73205	0.003031089	0.01065	0.00213
1mL 分度吸管（2 根）	0.015	2.449	0.00612	0.00021	1.73205	0.000606218	0.00615	0.00615

$$u_{rel}(S.D) = \sqrt{5 \times (0.001017)^2 + 3 \times (0.001017)^2 + (0.00213)^2 + 2 \times (0.00615)^2}$$
$$= 0.009406$$

（5）连续流动法工作曲线最小二乘法引入的相对不确定度分量，记作 $u_{rel}(C.S)$。

$$Y = b_0 + b_1 X$$

式中　Y——仪器响应值；

　　　X——被测物浓度；

　　　b_0——工作曲线截距；

　　　b_1——工作曲线斜率。

最小二乘法引入的不确定度分量：

$$u(C.S) = \frac{S_E}{b_1} \times \sqrt{\frac{1}{P} + \frac{1}{n} + \frac{(C_0 - C)^2}{S_{XX}}}$$

式中参数由最小二乘法计算获取：

残差的标准差 $S_E = 765.28$；

$b_1 = 422554.34$；

单水平浓度测量次数 $P = 1$；

浓度水平数 $n = 10$；

样品测量平均值 $C_0 = 0.0269 \text{mg/mL}$；

工作曲线浓度平均值 $C = 0.0508 \text{mg/mL}$；

统计量 $S_{XX} = 0.01923$。

$$u(C.S) = 0.0020 \text{mg/mL}$$

由以上分析，最小二乘法引入的相对不确定度分量为：

$$u_{rel}(C.S) = 0.0020/0.0508 = 0.0394$$

（6）由 C 值测量引入的相对不确定度分量：

$$u_{rel}(C) = \sqrt{[u_{rel}(S.m)]^2 + [u_{rel}(S.V)]^2 + [u_{rel}(S.P)]^2 + [u_{rel}(S.D)]^2 + [u_{rel}(C.S)]^2}$$

经计算可得 u_{rel}（C）$= 0.0429$。

5. 测量的分散性引入的相对不确定度分量，记作 u_{rel}（rep）

由计量证书给出的化学自动分析仪氯的相对标准偏差为 0.011，测定时采用两平行样测定，测量的分散性引入的相对不确定度分量：

$$u_{rel}(rep) = \frac{0.011}{\sqrt{2}} = 0.0078$$

6. 烤烟氯的不确定度

烤烟氯的标准不确定度：

$$u(CHL) = R_{CHL} \times \sqrt{[u_{rel}(m)]^2 + [u_{rel}(W)]^2 + [u_{rel}(V)]^2 + [u_{rel}(C)]^2 + [u_{rel}(rep)]^2}$$

由于烤烟氯的平均值为 0.28%，烤烟氯的标准不确定度：

$$u(CHL) = 0.28\% \times \sqrt{0.00071^2 + 0.01098^2 + 0.003322^2 + 0.0429^2 + 0.0078^2}$$
$$= 0.02\%$$

（四）白肋烟、香料烟、烤烟型卷烟、混合型卷烟氯不确定度的评定

白肋烟、香料烟、烤烟型卷烟、混合型卷烟氯测量不确定度的评定过程与烤烟【例4-5】相同，具体数据见下表。

卷烟品种	$u_{rel}(m)$	$u_{rel}(W)$	$u_{rel}(V)$	$u_{rel}(C)$	$u_{rel}(rep)$	$u(CHL)$
白肋烟	0.001641	0.00839	0.003322	0.0413	0.0275	0.06
香料烟	0.001641	0.00944	0.003322	0.0388	0.0447	0.05
烤烟型卷烟	0.001641	0.01098	0.003322	0.0386	0.0696	0.04
混合型卷烟	0.001641	0.01061	0.003322	0.0388	0.0441	0.05

白肋烟、香料烟、烤烟型卷烟、混合型卷烟氯测量不确定度的评定过程与烤烟【例4-6】相同，具体数据见下表。

卷烟品种	$u_{rel}(m)$	$u_{rel}(W)$	$u_{rel}(V)$	$u_{rel}(C)$	$u_{rel}(rep)$	$u(CHL)$
白肋烟	0.00071	0.00839	0.003322	0.0413	0.0078	0.05
香料烟	0.00071	0.00944	0.003322	0.0388	0.0078	0.03
烤烟型卷烟	0.00071	0.01098	0.003322	0.0386	0.0078	0.02
混合型卷烟	0.00071	0.01061	0.003322	0.0388	0.0078	0.03

第五节 钾 测量不确定度的评定

一、测量对象和测量依据

烤烟钾涉及的方法标准有：YC/T 217—2007《烟草及烟草制品 钾的测定 连续流动法》、YC/T 31—1996《烟草及烟草制品 试样的制备和水分测定 烘箱法》。

二、测量条件

（1）环境条件 测量在化学分析实验室内进行，温湿度符合仪器正常工作的要求，无振动、扬尘、电磁干扰等情况。

（2）测量设备 连续流动分析仪，电子天平，烘箱，定量加液器以及样品粉碎机、振荡器等。

三、测量过程

钾测量过程如图4-10所示。

四、计算公式

钾的含量按式（4-8）计算：

$$钾 = \frac{C \times V}{m \times (1-W) \times 1000} \times 100 \qquad (4-8)$$

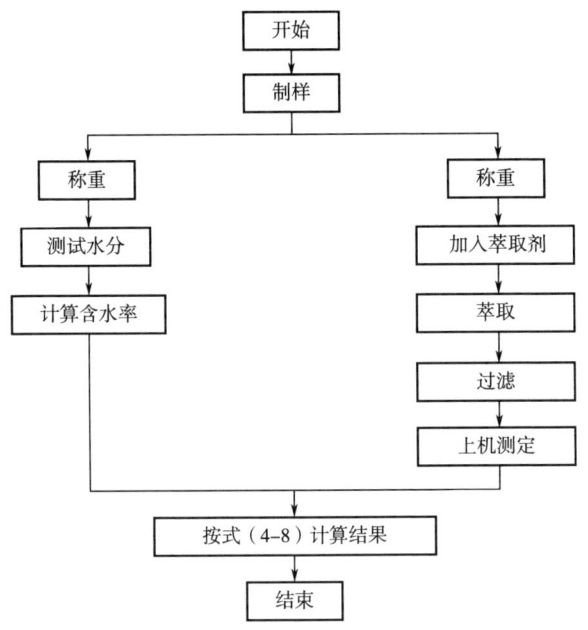

图 4-10 钾测量过程

式中 钾——钾的含量,%；

　　　C——萃取液钾的仪器观测值，mg/mL；

　　　V——萃取液的体积，mL；

　　　m——试样的质量，g；

　　　W——试样水分的质量分数,%。

五、钾不确定度评定

(一) 不确定度来源

根据烤烟钾的测量过程（图 4-10）对其测量不确定度的来源进行分析，得到烤烟钾测定的因果关系图（图 4-11）。在样品质量不确定度分量的影响因素中，由于采用减量法称取样品质量，因此天平的准确度可以忽略；检测人员按天平操作规程要求称取样品质量时，振动的影响可以忽略；由于样品质量称取时间较短，因此温度带来的影响也可以忽略。样品水分不确定度分量的影响因素较多，需整体考察其影响因素。由于重复性评估作为整体可以从方法确认研究中得到，因此无需分别考虑所有重复性的分量，这些可以归纳为一种分量。由于以上分析，对烤烟钾测定的因果关系图进行修订得到简化的因果关系图（图 4-12）。

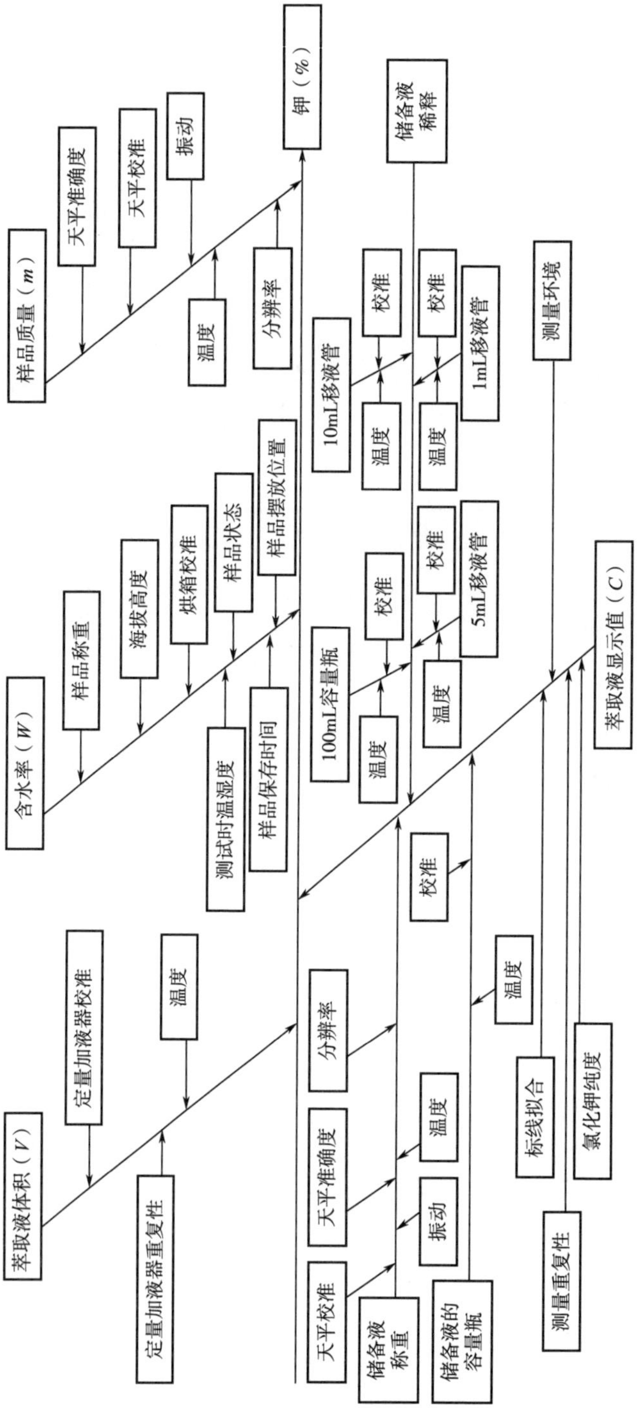

图4-11 钾测定的因果关系图

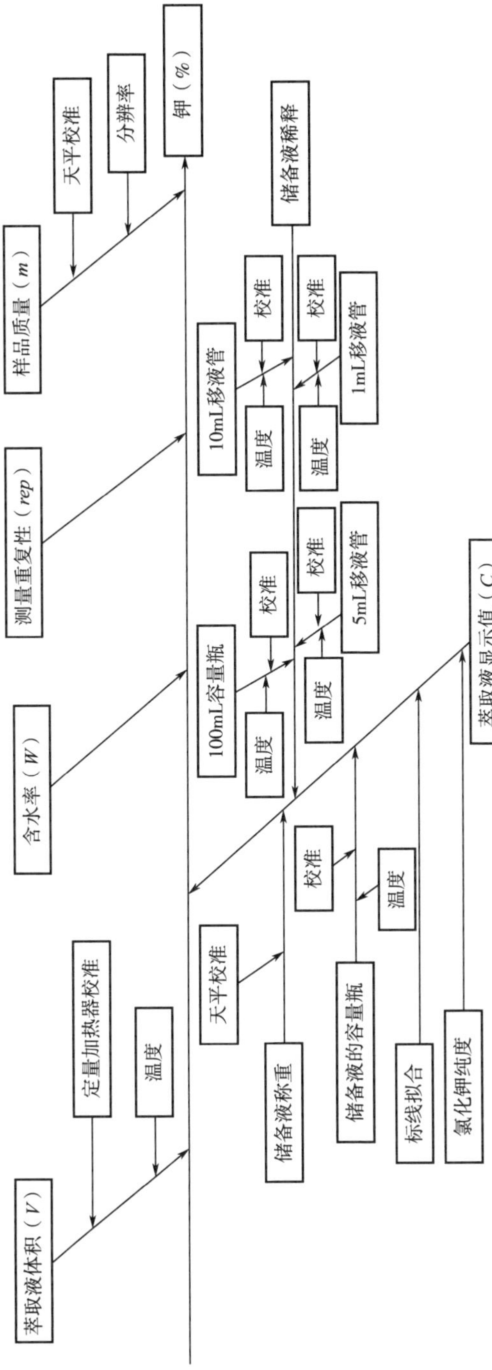

图4-12 钾测定简化的因果关系图

(二) 数学模型

根据图 4-12 中的不确定度因果关系图，钾的数学模型可用式 (4-9) 表示：

$$POT = R_{POT} \pm R_{POT} \times \sqrt{[u_{rel}(m)]^2 + [u_{rel}(W)]^2 + [u_{rel}(V)]^2 + [u_{rel}(C)]^2 + [u_{rel}(rep)]^2}$$
(4-9)

式中　POT——钾量；

　　　R_{POT}——钾的测量值；

$u_{rel}(m)$——样品质量测量引入的相对影响量；

$u_{rel}(W)$——样品水分测量引入的相对影响量；

$u_{rel}(V)$——萃取液体积测量引入的相对影响量；

$u_{rel}(C)$——样品浓度测量引入的相对影响量；

$u_{rel}(rep)$——测量重复性引入的相对影响量。

(三) 钾不确定度的评定 (烤烟)

【例 4-7】钾测量不确定度的评定可采用如下方法：

1. 由质量测量引入的相对不确定度分量，记作 $u_{rel}(m)$

影响该分量因素是：

a. 分辨率 (由仪器说明书获取)；

b. 天平校准 (由计量证书获取)。

(1) 天平校准引入的不确定度分量　计量检定证书给出天平在 0~50g 范围内最大允差为 0.5mg，按均匀分布考虑，称重按两次计入。由此得到天平计量引入的不确定度分量：

$$u(B.C_1) = \frac{0.5 \times \sqrt{2}}{\sqrt{3}} = 0.4082(\text{mg})$$

(2) 天平分辨率引入的不确定度分量　天平说明书给出天平最小示值为 0.1mg，称重精确至 0.1mg，因此分辨率引入的误差为 0.05mg，按均匀分布考虑，称重按两次计入。天平分辨率引入的不确定度分量：

$$u(B.R_1) = \frac{0.05 \times \sqrt{2}}{\sqrt{3}} = 0.04082(\text{mg})$$

(3) 合成标准不确定度分量　质量测量引入的不确定度分量：

$$u(m) = \sqrt{u(B.C_1)^2 + u(B.R_1)^2} = 0.4103(\text{mL})$$

（4）相对不确定度分量　由于称重为 250mg，质量测量引入的相对不确定度分量为：

$$u_{\text{rel}}(m) = 0.4103/250 = 0.001642$$

2. 由水分测量引入的相对不确定度分量，记作 $u_{\text{rel}}(W)$

对 5 个实验室的烤烟水分数据进行单因子方差分析，结论是存在显著性差异。对其原因进行分析后发现：烘箱法测定样品水分时引入的不确定度受样品保存状态、海拔高度、测试的温湿度条件、烘箱的校准情况、样品在烘箱中摆放的位置等一系列因素的影响，一一考察这些因素对水分的影响难以实现，因此，水分引入的影响量按 YC/T 31—1996 中对平行样的极差规定，统一采用 0.1%。

由于 YC/T 31—1996 中对两平行样的极差规定为 0.1%，引用 JJF 1059.1—2012 中的规定，由水分测试引入的不确定度分量：

$$u(W) = \frac{0.1}{1.13 \times \sqrt{2}} = 0.06258\%$$

由于烤烟水分的平均值为 5.70%，水分测量引入的相对不确定度分量为：

$$u_{\text{rel}}(W) = 0.06258/5.70 = 0.0110$$

3. 萃取液体积测量引入的相对不确定度分量，记作 $u_{\text{rel}}(V)$

萃取液体积有三个主要影响因素：定量加液器的校准、温度的影响、定量加液器的重复性。由于定量加液器的重复性包括在整体的重复性中，因此在后文中测量的分散性引入的相对不确定度中合并讨论。

（1）定量加液器校准引入的相对不确定度分量　由自校获取，定量加液器在 20℃时水的体积为（25±0.2）mL，按三角形分布考虑，定量加液器校准引入的不确定度分量：

$$u(D.C) = \frac{0.2}{\sqrt{6}} = 0.0816(\text{mL})$$

（2）温度波动引入的不确定度分量　定量加液器在 20℃校准，实验室温度控制在（20±5）℃范围内，水的体积变化为±（25×5×0.000208）= ±0.0263（mL）（水的体积膨胀系数为 0.000208/℃）。按均匀分布考虑，温度波动引入的不确定度分量：

$$u(V.C) = \frac{0.0263}{\sqrt{3}} = 0.0152(\text{mL})$$

（3）萃取液体积测量合成标准不确定度分量　萃取液体积测量引入的不确定度分量：

$$u(V) = \sqrt{u(D.C)^2 + u(V.C)^2} = 0.08304(\text{mL})$$

（4）萃取液体积测量相对不确定度　萃取液体积为25mL，萃取液体积测量引入的相对不确定度分量为：

$$u_{\text{rel}}(V) = 0.08304/25 = 0.003322$$

4. 由 C 值测量引入的相对不确定度分量，记作 $u_{\text{rel}}(C)$

（1）配制标准储备液时，由天平测量引入的相对不确定度分量，记作 $u_{\text{rel}}(S.m)$。

影响因素：

a. 分辨率（由仪器说明书获取）；

b. 天平校准（由计量证书获取）。

①天平校准引入的不确定度分量：

$$u(B.C_2) = \frac{0.5 \times \sqrt{2}}{\sqrt{3}} = 0.4082(\text{mg})$$

②天平分辨率引入的不确定度分量：

$$u(B.R_2) = \frac{0.05 \times \sqrt{2}}{\sqrt{3}} = 0.04082(\text{mg})$$

③质量测量合成标准不确定度分量：

$$u(S.m) = \sqrt{u(B.C_2)^2 + u(B.R_2)^2} = 0.4103(\text{mg})$$

④标准物质称重在479.0mg时，其相对不确定度分量 $u_{\text{rel}}(S.m)$ 为：

$$u_{\text{rel}}(S.m) = 0.4103/479.0 = 0.0008565$$

（2）由容量瓶引入的相对不确定度分量，记作 $u_{\text{rel}}(S.V)$。

①由容量瓶的校准证书，在20℃时，250mL容量瓶最大允差为0.15mL，按三角形分布考虑，由容量瓶校准引入的不确定度分量：

$$u(S.F) = \frac{0.15}{\sqrt{6}} = 0.0612(\text{mL})$$

②容量瓶在20℃校准，实验室温度控制在（20±5）℃范围内，水的体积变化为±(250×5×0.000208)= ±0.263（mL）（水的体积膨胀系数为0.000208/℃）。按均匀分布考虑，温度波动引入的不确定度分量：

$$u(S.C) = \frac{0.263}{\sqrt{3}} = 0.152(\mathrm{mL})$$

③储备液体积测量引入的不确定度分量：

$$u(S.V) = \sqrt{u(S.F)^2 + u(S.C)^2} = 0.1635(\mathrm{mL})$$

④由于储备液体积为 250mL，储备液体积测量引入的相对不确定度分量为：

$$u_{\mathrm{rel}}(S.V) = 0.1635/250 = 0.00066$$

（3）由氯化钾纯度引入的相对不确定度分量，记作 $u_{\mathrm{rel}}(S.P)$。

由供应商提供氯化钾纯度为：$(99.97\pm0.02)\%$，按均匀分布的考虑，氯化钾纯度引入的相对不确定度分量：

$$u_{\mathrm{rel}}(S.P) = \frac{0.02}{\sqrt{3} \times 99.97} = 0.00012$$

（4）标准储备液稀释过程引入的不确定度分量。

标准储备液稀释受下列因素影响：

a. 容量瓶的校准；

b. 温度对容量瓶定容体积的影响；

c. 移液管的校准；

d. 温度对移液管移出液体积的影响。

钾工作标准溶液配制过程中，使用了：100mL 容量瓶，25mL 移液管，15mL 移液管，10mL 移液管，5mL 移液管，1mL 分度吸管。由此引入的不确定度见下表。

器具规格	容量允差（A 级）/mL	三角形分布系数	校准的标准不确定度	水的膨胀系数	均匀分布系数	温度波动[(20±5)℃]的标准不确定度	合成标准不确定度	相对不确定度
100mL 容量瓶（5 个）	0.200	2.449	0.08165	0.00021	1.73205	0.060621778	0.1017	0.001017
25mL 移液管（1 根）	0.030	2.449	0.01225	0.00021	1.73205	0.015155445	0.0195	0.000779
15mL 移液管（1 根）	0.025	2.449	0.01021	0.00021	1.73205	0.009093267	0.0137	0.000911

续表

器具规格	容量允差（A级）/mL	三角形分布系数	校准的标准不确定度	水的膨胀系数	均匀分布系数	温度波动[(20±5)℃]的标准不确定度	合成标准不确定度	相对不确定度
10mL 移液管（1根）	0.020	2.449	0.00816	0.00021	1.73205	0.006062178	0.0102	0.001017
5mL 移液管（1根）	0.015	2.449	0.00612	0.00021	1.73205	0.003031089	0.00683	0.001367
1mL 分度吸管（1根）	0.015	2.449	0.00612	0.00021	1.73205	0.000606218	0.00615	0.00615

$$u_{\mathrm{rel}}(S.D) = \sqrt{5\times(0.001017)^2+(0.000779)^2+(0.000911)^2+(0.001017)^2+(0.001367)^2+2\times(0.00615)^2}$$
$$= 0.006878$$

（5）连续流动法工作曲线最小二乘法引入的相对不确定度分量，记作 $u_{\mathrm{rel}}(C.S)$。

$$Y = b_0 + b_1 X$$

式中　Y——仪器响应值；

X——被测物浓度；

b_0——工作曲线截距；

b_1——工作曲线斜率。

最小二乘法引入的不确定度分量：

$$u(C.S) = \frac{S_E}{b_1} \times \sqrt{\frac{1}{P} + \frac{1}{n} + \frac{(C_0 - C)^2}{S_{XX}}}$$

式中参数由最小二乘法计算获取：

残差的标准差 $S_E = 704.15$；

$b_1 = 93521.83$；

单水平浓度测量次数 $P = 1$；

浓度水平数 $n = 10$；

样品测量平均值 $C_0 = 0.2274\mathrm{mg/mL}$；

工作曲线浓度平均值 $C = 0.2190\mathrm{mg/mL}$；

统计量 $S_{XX}=0.2934$。

$$u(C.S) = 0.0079\text{mg/mL}$$

由以上分析，最小二乘法引入的相对不确定度分量为：

$$u_{rel}(C.S) = 0.0079/0.0508 = 0.0201$$

（6）C 值测量合成相对不确定度分量　由 C 值测量引入的相对不确定度分量：

$$u_{rel}(C) = \sqrt{[u_{rel}(S.m)]^2 + [u_{rel}(S.V)]^2 + [u_{rel}(S.P)]^2 + [u_{rel}(S.D)]^2 + [u_{rel}(C.S)]^2}$$

经计算可得 $u_{rel}(C) = 0.0213$。

5. 测量的分散性引入的相对不确定度分量，记作 $u_{rel}(rep)$

测量的分散性引入的不确定度受天平称重的重复性、定量加液器的重复性、连续流动分析仪测量的重复性等一系列因素的影响，一一考察这些因素对测试结果的影响难以实现，因此，测量的分散性引入的影响量按 YC/T 217—2007 中对平行样的极差规定，统一采用 0.05%。

由于 YC/T 217—2007 中对两平行样的极差规定为 0.05%，引用 JJF 1059.1—2012 中的规定，测量的分散性引入的不确定度分量：

$$u(rep) = \frac{0.05}{1.13 \times \sqrt{2}} = 0.0313\%$$

烤烟钾的平均值为 2.40%，测量的分散性引入的相对不确定度分量：

$$u_{rel}(rep) = 0.0313/2.40 = 0.01305$$

6. 烤烟钾的不确定度

烤烟钾的标准不确定度：

$$u(POT) = R_{POT} \times \sqrt{[u_{rel}(m)]^2 + [u_{rel}(W)]^2 + [u_{rel}(V)]^2 + [u_{rel}(c)]^2 + [u_{rel}(rep)]^2}$$

烤烟钾的平均值为 2.40%，烤烟钾的标准不确定度为：

$$u(POT) = 2.40\% \times \sqrt{0.001642^2 + 0.01098^2 + 0.003322^2 + 0.0222^2 + 0.01305^2}$$
$$= 0.07\%$$

【例 4-8】钾测量不确定度的评定可采用如下方法：

1. 由质量测量引入的相对不确定度分量，记作 $u_{rel}(m)$

计量检定证书给出天平的不确定度为：$u(m) = 0.125\text{mg}$（证书给出的扩展不确定度为 $U=0.25\text{mg}$，$k=2$）。

称重为 250mg，按两次称重考虑，质量测量引入的相对不确定度分量：

$$u_{rel}(m) = 0.125 \times \sqrt{2}/250 = 0.00071$$

2. 由水分测量引入的相对不确定度分量,记作 $u_{rel}(W)$

对 5 个实验室的烤烟水分数据进行单因子方差分析,结论是存在显著性差异。对其原因进行分析后发现:烘箱法测定样品水分时引入的不确定度受样品保存状态、海拔高度、测试的温湿度条件、烘箱的校准情况、样品在烘箱中摆放的位置等一系列因素的影响,一一考察这些因素对水分的影响难以实现,因此,水分引入的影响量按 YC/T 31—1996 中对平行样的极差规定,统一采用 0.1%。

由于 YC/T 31—1996 中对两平行样的极差规定为 0.1%,引用 JJF 1059.1—2012 中的规定,由水分测试引入的不确定度分量:

$$u(W) = \frac{0.10}{1.13 \times \sqrt{2}} = 0.06258\%$$

由于烤烟水分的平均值为 5.70%,水分测量引入的相对不确定度分量为:

$$u_{rel}(W) = 0.06258/5.70 = 0.0110$$

3. 萃取液体积测量引入的相对不确定度分量,记作 $u_{rel}(V)$

萃取液体积有三个主要影响因素:定量加液器的校准、温度的影响、定量加液器的重复性。由于定量加液器的重复性包括在整体的重复性中,因此在后文测量的分散性引入的相对不确定度中合并讨论。

(1) 定量加液器校准引入的不确定度分量 由自校获取,定量加液器在 20℃时水的体积为(25±0.2)mL,按三角形分布考虑,定量加液器校准引入的不确定度分量:

$$u(D.C) = \frac{0.2}{\sqrt{6}} = 0.0816(\text{mL})$$

(2) 温度波动引入的不确定度分量 定量加液器在 20℃校准,实验室温度控制在(20±5)℃范围内,水的体积变化为±(25×5×0.000208) = ±0.0263 (mL)(水的体积膨胀系数为 0.000208/℃)。按均匀分布考虑,温度波动引入的不确定度分量:

$$u(V.C) = \frac{0.0263}{\sqrt{3}} = 0.0152(\text{mL})$$

(3) 萃取液体积测量合成标准不确定度分量 萃取液体积测量引入的不确定度分量:

$$u(V) = \sqrt{u(D.C)^2 + u(V.C)^2} = 0.08304(\text{mL})$$

(4) 萃取液体积测量相对不确定度 萃取液体积为 25mL，萃取液体积测量引入的相对不确定度分量：

$$u_{rel}(V) = 0.08304/25 = 0.003322$$

4. 由 C 值测量引入的相对不确定度分量，记作 $u_{rel}(C)$

(1) 配制标准储备液时，由天平测量引入的相对不确定度分量，记作 $u_{rel}(S.m)$。

计量检定证书给出天平的不确定度为：$u(m) = 0.125$mg（证书给出的扩展不确定度为 $U = 0.25$mg，$k = 2$）。

由于标准物质称重为 479.0mg，按两次称重考虑，标准物质质量测量引入的相对不确定度分量：

$$u_{rel}(S.m) = 0.125 \times \sqrt{2}/479.0 = 0.000370$$

(2) 由容量瓶引入的相对不确定度分量，记作 $u_{rel}(S.V)$。

①由容量瓶的校准证书，在 20℃ 时，250mL 容量瓶最大允差为 0.15mL，按三角形分布考虑，由容量瓶校准引入的相对不确定度分量：

$$u(S.F) = \frac{0.15}{\sqrt{6}} = 0.0612(mL)$$

②容量瓶在 20℃ 校准，实验室温度控制在 (20±5)℃ 范围内，水的体积变化为 ±(250×5×0.000208) = ±0.263(mL)（水的体积膨胀系数为 0.000208/℃）。按均匀分布考虑，温度波动引入的不确定度分量：

$$u(S.C) = \frac{0.263}{\sqrt{3}} = 0.152(mL)$$

③储备液体积测量引入的不确定度分量：

$$u(S.V) = \sqrt{u(S.F)^2 + u(S.C)^2} = 0.1635(mL)$$

④由于储备液体积为 250mL，储备液体积测量引入的相对不确定度分量：

$$u_{rel}(S.V) = 0.1635/250 = 0.00066$$

(3) 由钾化钠纯度引入的相对不确定度分量，记作 $u_{rel}(S.P)$。

由供应商提供钾化钠纯度为：(99.97±0.02)%，按均匀分布的考虑，钾化钠纯度引入的相对不确定度分量：

$$u_{rel}(S.P) = \frac{0.02}{\sqrt{3} \times 99.97} = 0.00012$$

(4) 标准储备液稀释过程引入的不确定度分量。

标准储备液稀释受下列因素影响：

a. 容量瓶的校准；

b. 温度对容量瓶定容体积的影响；

c. 移液管的校准；

d. 温度对移液管移出液体积的影响。

钾工作标准溶液配制过程中，使用了：100mL 容量瓶，25mL 移液管，15mL 移液管，10mL 移液管，5mL 移液管，1mL 分度吸管。由此引入的不确定度见下表。

器具规格	容量允差（A级）/mL	三角形分布系数	校准的标准不确定度	水的膨胀系数	均匀分布系数	温度波动[(20±5)℃]的标准不确定度	合成标准不确定度	相对不确定度
100mL 容量瓶（5个）	0.200	2.449	0.08165	0.00021	1.73205	0.060621778	0.1017	0.001017
25mL 移液管（1根）	0.030	2.449	0.01225	0.00021	1.73205	0.015155445	0.0195	0.000779
15mL 移液管（1根）	0.025	2.449	0.01021	0.00021	1.73205	0.009093267	0.0137	0.000911
10mL 移液管（1根）	0.020	2.449	0.00816	0.00021	1.73205	0.006062178	0.0102	0.001017
5mL 移液管（1根）	0.015	2.449	0.00612	0.00021	1.73205	0.003031089	0.00683	0.001367
1mL 分度吸管（2根）	0.015	2.449	0.00612	0.00021	1.73205	0.000606218	0.00615	0.00615

$$u_{rel}(S.D) =$$

$$\sqrt{5\times(0.001017)^2+(0.000779)^2+(0.000911)^2+(0.001017)^2+(0.001367)^2+2\times(0.00615)^2}$$

$$= 0.006878$$

(5) 连续流动法工作曲线最小二乘法引入的相对不确定度分量，记作 $u_{rel}(C.S)$。

$$Y = b_0 + b_1 X$$

式中　Y——仪器响应值；
　　　X——被测物浓度；
　　　b_0——工作曲线截距；
　　　b_1——工作曲线斜率。

最小二乘法引入的不确定度分量：

$$u(C.S) = \frac{S_E}{b_1} \times \sqrt{\frac{1}{P} + \frac{1}{n} + \frac{(C_0 - C)^2}{S_{XX}}}$$

式中参数由最小二乘法计算获取：

残差的标准差 $S_E = 704.15$；

$b_1 = 93521.83$；

单水平浓度测量次数 $P = 1$；

浓度水平数 $n = 10$；

样品测量平均值 $C_0 = 0.2274$ mg/mL；

工作曲线浓度平均值 $C = 0.2190$ mg/mL；

统计量 $S_{XX} = 0.2934$。

$$u(C.S) = 0.0079 \text{ mg/mL}$$

由以上分析，最小二乘法引入的相对不确定度分量为：

$$u_{rel}(C.S) = 0.0079/0.0508 = 0.0201$$

(6) C 值测量合成相对不确定度分量　由 C 值测量引入的相对不确定度分量：

$$u_{rel}(C) = \sqrt{[u_{rel}(S.m)]^2 + [u_{rel}(S.V)]^2 + [u_{rel}(S.P)]^2 + [u_{rel}(S.D)]^2 + [u_{rel}(C.S)]^2}$$

由式可得 $u_{rel}(C) = 0.0222$。

5. 测量的分散性引入的相对不确定度，记作 $u_{rel}(rep)$

由计量证书给出的化学自动分析仪钾的相对标准偏差为 0.012，测定时采用两平行样测定，测量的分散性引入的相对不确定度分量：

$$u_{rel}(rep) = \frac{0.012}{\sqrt{2}} = 0.0085$$

6. 烤烟钾的不确定度

烤烟钾的标准不确定度：

$$u(POT) = R_{POT} \times \sqrt{[u_{rel}(m)]^2 + [u_{rel}(W)]^2 + [u_{rel}(V)]^2 + [u_{rel}(C)]^2 + [u_{rel}(rep)]^2}$$

由于烤烟钾的平均值为 2.40%，烤烟钾的标准不确定度为：

$$u(POT) = 2.40\% \times \sqrt{0.00071^2 + 0.01098^2 + 0.003322^2 + 0.0222^2 + 0.0085^2}$$
$$= 0.07\%$$

（四）白肋烟、香料烟、烤烟型卷烟、混合型卷烟钾不确定度的评定

白肋烟、香料烟、烤烟型卷烟、混合型卷烟钾测量不确定度的评定过程与烤烟【例4-7】相同，具体数据见下表。

卷烟品种	$u_{rel}(m)$	$u_{rel}(W)$	$u_{rel}(V)$	$u_{rel}(C)$	$u_{rel}(rep)$	$u(POT)$
白肋烟	0.001641	0.00839	0.003322	0.0122	0.0165	0.05
香料烟	0.001641	0.00944	0.003322	0.0373	0.0135	0.10
烤烟型卷烟	0.001641	0.01098	0.003322	0.0373	0.0151	0.09
混合型卷烟	0.001641	0.01061	0.003322	0.0376	0.0100	0.13

白肋烟、香料烟、烤烟型卷烟、混合型卷烟钾测量不确定度的评定过程与烤烟【例4-8】相同，具体数据见下表。

卷烟品种	$u_{rel}(m)$	$u_{rel}(W)$	$u_{rel}(V)$	$u_{rel}(C)$	$u_{rel}(rep)$	$u(POT)$
白肋烟	0.00071	0.00839	0.003322	0.0122	0.0085	0.04
香料烟	0.00071	0.00944	0.003322	0.0373	0.0085	0.10
烤烟型卷烟	0.00071	0.01098	0.003322	0.0373	0.0085	0.09
混合型卷烟	0.00071	0.01061	0.003322	0.0376	0.0085	0.13

第六节 总氮测量不确定度的评定

一、测量对象和测量依据

烤烟总氮涉及的方法标准有：YC/T 161—2002《烟草及烟草制品 总氮的测定 连续流动法》、YC/T 31—1996《烟草及烟草制品 试样的制备和水分测定 烘箱法》。

二、测量条件

（1）环境条件 测量在化学分析实验室内进行，温湿度符合仪器正常工

作的要求，无振动、扬尘、电磁干扰等情况。

（2）测量设备　连续流动分析仪，电子天平，烘箱，定量加液器，样品粉碎机，振荡器等。

三、测量过程

总氮测量过程如图4-13所示。

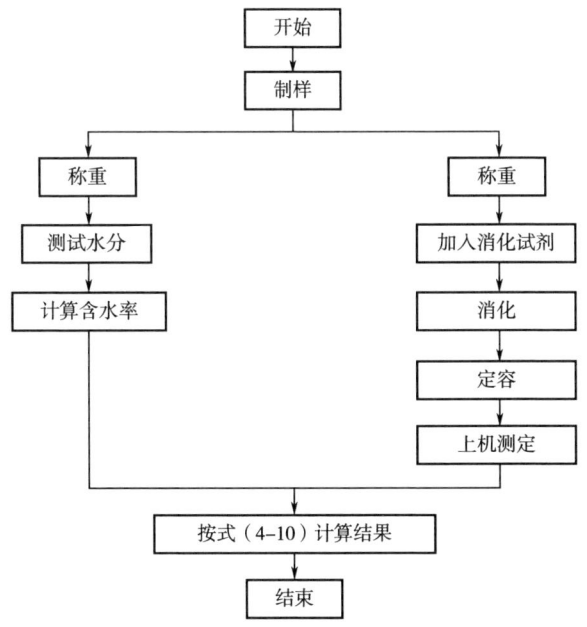

图4-13　总氮测量过程

四、计算公式

总氮含量按式（4-10）计算：

$$总氮 = \frac{C \times V}{m \times (1-W) \times 1000} \times 100 \qquad (4-10)$$

式中　总氮——以干基计的总氮含量,%；

C——样品液总氮的仪器观测值, mg/mL；

V——消化液的体积, mL；

m——试料的质量, g；

W——试样的水分含量,%。

五、总氮不确定度评定

(一) 不确定度来源

根据烤烟总氮的测量过程(图 4-13)对其测量不确定度的来源进行分析,得到烤烟总氮测定的因果关系图(图 4-14)。在样品质量不确定度分量的影响因素中,由于采用减量法称取样品质量,因此天平的准确度可以忽略;检测人员按天平操作规程要求称取样品质量时,振动的影响可以忽略;由于样品质量称取时间较短,因此温度带来的影响也可以忽略。样品水分不确定度分量的影响因素较多,需整体考察其影响因素。由于重复性评估作为整体可以从方法确认研究中得到,因此无需分别考虑所有重复性的分量,这些可以归纳为一种分量。由于以上分析,对烤烟总氮测定的因果关系图进行修订得到简化的因果关系图(图 4-15)。

(二) 数学模型

根据图 4-15 中的不确定度因果关系图,总氮的数学模型可用式(4-11)表示

$$T.N = R_{T.N} \pm R_{T.N} \times \sqrt{[u_{rel}(m)]^2 + [u_{rel}(W)]^2 + [u_{rel}(V)]^2 + [u_{rel}(C)]^2 + [u_{rel}(rep)]^2}$$

(4-11)

式中　$T.N$——总氮量;

　　　$R_{T.N}$——总氮的测量值;

$u_{rel}(m)$——样品质量测量引入的相对影响量;

$u_{rel}(W)$——样品水分测量引入的相对影响量;

$u_{rel}(V)$——消化液体积测量引入的相对影响量;

$u_{rel}(C)$——样品浓度测量引入的相对影响量;

$u_{rel}(rep)$——测量重复性引入的相对影响量。

(三) 总氮不确定度的评定(烤烟)

【例 4-9】总氮测量不确定度评定可采用如下方法:

1. 由质量测量引入的相对不确定度分量,记作 $u_{rel}(m)$

影响该分量因素是:

a. 分辨率(由仪器说明书获取);

b. 天平校准(由计量证书获取)。

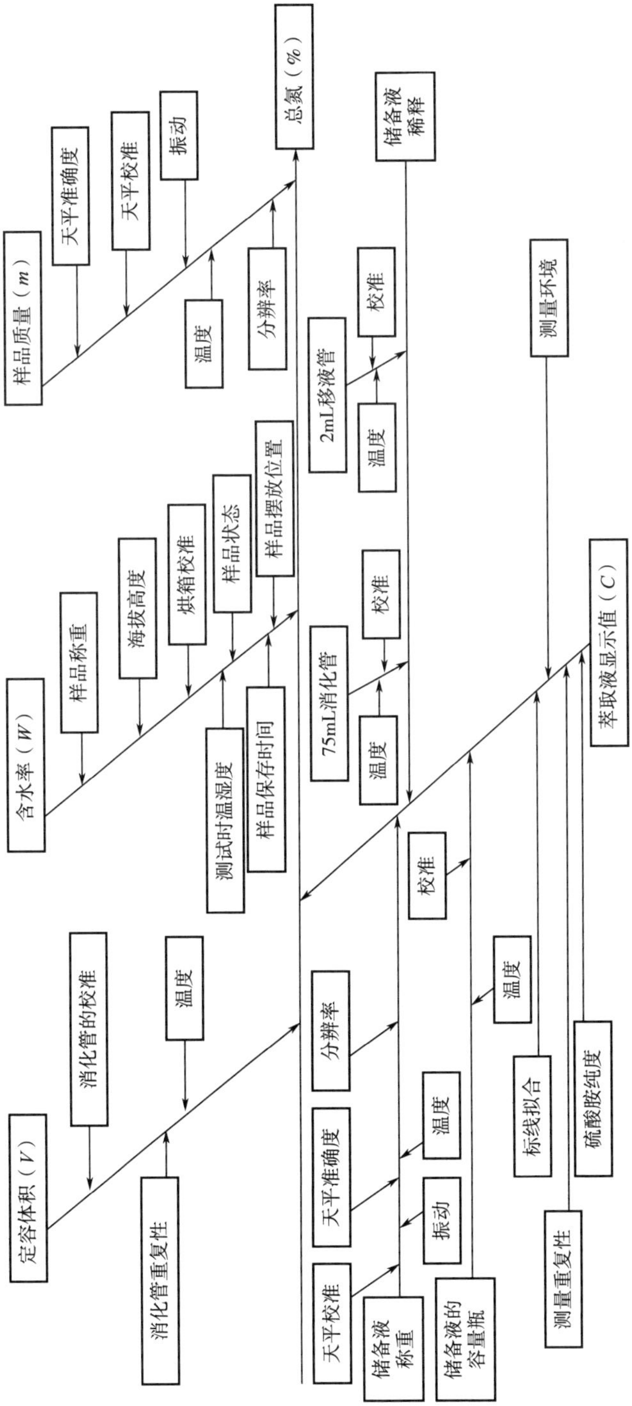

图4-14 总氮测定的因果关系图

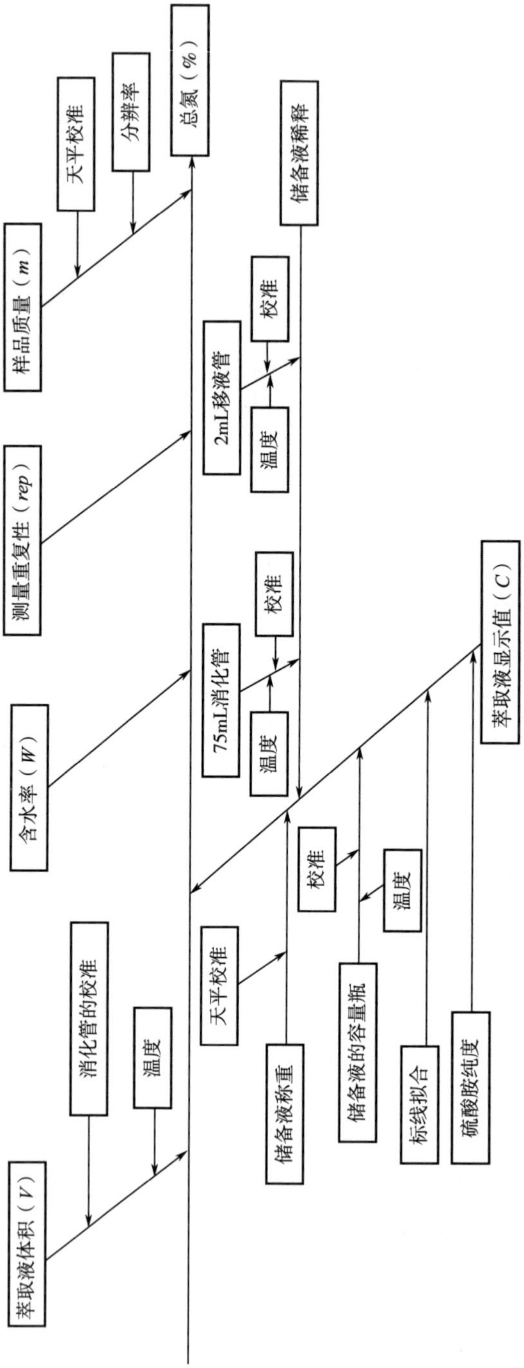

图4-15 总氮测定简化的因果关系图

（1）天平校准引入的不确定度分量　计量检定证书给出天平在 0~50g 范围内最大允差为 0.5mg，按均匀分布考虑，称重按 2 次计入。由此得到天平计量引入的不确定度分量：

$$u(B.C_1) = \frac{0.5 \times \sqrt{2}}{\sqrt{3}} = 0.4082(\text{mg})$$

（2）天平分辨率引入的不确定度分量　天平说明书给出天平最小示值为 0.1mg，称重精确至 0.1mg，因此分辨率引入的误差为 0.05mg，按均匀分布考虑，称重按 2 次计入。天平分辨率引入的不确定度分量：

$$u(B.R_1) = \frac{0.05 \times \sqrt{2}}{\sqrt{3}} = 0.04082(\text{mg})$$

（3）合成标准不确定度分量　质量测量引入的不确定度分量：

$$u(m) = \sqrt{u(B.C_1)^2 + u(B.R_1)^2} = 0.4103(\text{mL})$$

（4）相对不确定度分量　由于称重为 100mg，质量测量引入的相对不确定度分量为：

$$u_{\text{rel}}(m) = 0.4103/100 = 0.004103$$

2. 由水分测量引入的相对不确定度分量，记作 $u_{\text{rel}}(W)$。

对 5 个实验室的烤烟水分数据进行单因子方差分析，结论是存在显著性差异。对其原因进行分析后发现：烘箱法测定样品水分时引入的不确定度受样品保存状态、海拔高度、测试的温湿度条件、烘箱的校准情况、样品在烘箱中摆放的位置等一系列因素的影响，一一考察这些因素对水分的影响难以实现，因此，水分引入的影响量按 YC/T 31—1996 中对平行样的极差规定，统一采用 0.1%。

由于 YC/T 31—1996 中对两平行样的极差规定为 0.1%，引用 JJF 1059.1—2012 中的规定，由水分测试引入的不确定度分量：

$$u(W) = \frac{0.1}{1.13 \times \sqrt{2}} = 0.06258\%$$

由于烤烟水分的平均值为 5.70%，水分测量引入的相对不确定度分量为：

$$u_{\text{rel}}(W) = 0.06258/5.70 = 0.0110$$

3. 消化管定容体积测量引入的相对不确定度分量，记作 $u_{\text{rel}}(V)$

消化管定容体积有三个主要影响因素：消化管的校准、温度的影响、消化管的重复性。由于消化管的重复性包括在整体的重复性中，因此在后文测量的分散性引入的相对不确定度中合并讨论。

（1）消化管校准引入的不确定度分量　由自校获取，消化管在20℃时水的体积为（75±0.5）mL，按三角形分布考虑，消化管校准引入的不确定度分量：

$$u(D.C) = \frac{0.5}{\sqrt{6}} = 0.2041(\text{mL})$$

（2）温度波动引入的不确定度分量　消化管在20℃校准，实验室温度控制在（20±5）℃范围内，水的体积变化为±(75×5×0.000208)＝±0.0788（mL）（水的体积膨胀系数为0.000208/℃）。按均匀分布考虑，温度波动引入的不确定度分量：

$$u(V.C) = \frac{0.0788}{\sqrt{3}} = 0.0455(\text{mL})$$

（3）消化管定容体积测量合成标准不确定度分量　消化管定容体积测量引入的不确定度分量：

$$u(V) = \sqrt{u(D.C)^2 + u(V.C)^2} = 0.2091(\text{mL})$$

（4）消化管定容体积测量相对不确定度　消化管定容体积为75mL，消化管定容体积测量引入的相对不确定度分量为：

$$u_{\text{rel}}(V) = 0.2091/75 = 0.002788$$

4. 由 C 值测量引入的相对不确定度分量，记作 $u_{\text{rel}}(C)$

（1）配制标准储备液时，由天平测量引入的相对不确定度分量，记作 $u_{\text{rel}}(S.m)$。

影响因素：

a. 分辨率（由仪器说明书获取）；

b. 天平校准（由计量证书获取）。

①天平校准引入的不确定度分量：

$$u(B.C_2) = \frac{0.5 \times \sqrt{2}}{\sqrt{3}} = 0.4082(\text{mg})$$

②天平分辨率引入的不确定度分量：

$$u(B.R_2) = \frac{0.05 \times \sqrt{2}}{\sqrt{3}} = 0.04082(\text{mg})$$

③质量测量合成标准不确定度分量：

$$u(S.m) = \sqrt{u(B.C_2)^2 + u(B.R_2)^2} = 0.4103(\text{mL})$$

④标准物质称重在 1203.2mg 时，其相对不确定度分量 $u_{rel}(S.m)$ 为：

$$u_{rel}(S.m) = 0.4103/1203.2 = 0.0003410$$

（2）由容量瓶引入的不确定度，记作 $u_{rel}(S.V)$。

①由容量瓶的校准证书，在 20℃ 时，100mL 容量瓶最大允差为 0.20mL，按三角形分布考虑，由容量瓶校准引入的不确定度分量：

$$u(S.F) = \frac{0.20}{\sqrt{6}} = 0.0816(\text{mL})$$

②容量瓶在 20℃ 校准，实验室温度控制在（20±5）℃范围内，水的体积变化为±(100×5×0.000208) = ±0.105(mL)（水的体积膨胀系数为 0.000208/℃）。按均匀分布考虑，温度波动引入的不确定度分量：

$$u(S.C) = \frac{0.105}{\sqrt{3}} = 0.0606(\text{mL})$$

③储备液体积测量引入的不确定度分量：

$$u(S.V) = \sqrt{u(S.F)^2 + u(S.C)^2} = 0.1017(\text{mL})$$

④由于储备液体积为 100mL，储备液体积测量引入的相对不确定度分量为：

$$u_{rel}(S.V) = 0.1017/100 = 0.00102$$

（3）由硫酸铵纯度引入的相对不确定度分量，记作 $u_{rel}(S.P)$。

由供应商提供硫酸铵纯度为：（99.0±0.5）%，按均匀分布的考虑，硫酸铵纯度引入的相对不确定度分量：

$$u_{rel}(S.P) = \frac{0.5}{\sqrt{3} \times 99.0} = 0.00292$$

（4）标准储备液稀释过程引入的不确定度分量。

标准储备液稀释受下列因素影响：

a. 消化管的校准；

b. 温度对消化管定容体积的影响；

c. 移液管的校准；

d. 温度对移液管移出液体积的影响。

总氮工作标准溶液配制过程中，使用了：75mL 消化管，2mL 分度吸管。由此引入的不确定度见下表。

器具规格	容量允差/mL	三角形分布系数	校准的标准不确定度	水的膨胀系数	均匀分布系数	温度波动[(20±5)℃]的标准不确定度	合成标准不确定度	相对不确定度
75mL消化管（5个）	0.500	2.449	0.2041	0.00021	1.73205	0.04547	0.2091	0.002788
2mL分度吸管（5根）	0.012	2.449	0.0049	0.00021	1.73205	0.00121	0.00505	0.002525

$$u_{rel}(S.D) = \sqrt{5 \times (0.002788)^2 + 5 \times (0.002525)^2} = 0.008411$$

（5）连续流动法工作曲线最小二乘法引入的相对不确定度分量，记作 $u_{rel}(C.S)$。

$$Y = b_0 + b_1 X$$

式中　Y——仪器响应值；

　　　X——被测物浓度；

　　　b_0——工作曲线截距；

　　　b_1——工作曲线斜率。

最小二乘法引入的不确定度分量：

$$u(C.S) = \frac{S_E}{b_1} \times \sqrt{\frac{1}{P} + \frac{1}{n} + \frac{(C_0 - C)^2}{S_{xx}}}$$

式中参数由最小二乘法计算获取：

残差的标准差 $S_E = 789.67$；

$b_1 = 1236735.14$；

单水平浓度测量次数 $P = 1$；

浓度水平数 $n = 10$；

样品测量平均值 $C_0 = 0.0189$ mg/mL；

工作曲线浓度平均值 $C = 0.0228$ mg/mL；

统计量 $S_{xx} = 0.0021$。

$$u(C.S) = 0.00068 \text{mg/mL}$$

由以上分析，最小二乘法引入的相对不确定度分量为：

$$u_{\rm rel}(C.S) = 0.00068/0.0228 = 0.0298$$

（6）C 值测量合成相对不确定度分量 由 C 值测量引入的相对不确定度分量：

$$u_{\rm rel}(C) = \sqrt{[u_{\rm rel}(S.m)]^2+[u_{\rm rel}(S.V)]^2+[u_{\rm rel}(S.P)]^2+[u_{\rm rel}(S.D)]^2+[u_{\rm rel}(C.S)]^2}$$

经计算可得 $u_{\rm rel}(C) = 0.0311$。

5. 测量的分散性引入的相对不确定度分量，记作 $u_{\rm rel}(rep)$

测量的分散性引入的不确定度受天平称重的重复性、定量加液器的重复性、连续流动分析仪测量的重复性等一系列因素的影响，一一考察这些因素对测试结果的影响难以实现，因此，测量的分散性引入的影响量按 YC/T 161—2002 中对平行样的极差规定，统一采用 0.05%。

由于 YC/T 217—2007 中对两平行样的极差规定为 0.05%，引用 JJF 1059.1—2012 中的规定，测量的分散性引入的不确定度分量：

$$u(rep) = \frac{0.05}{1.13 \times \sqrt{2}} = 0.0313\%$$

烤烟总氮的平均值为 1.46%，测量的分散性引入的相对不确定度分量为：

$$u_{\rm rel}(rep) = 0.0313/1.46 = 0.02144$$

6. 烤烟总氮的不确定度

烤烟总氮的标准不确定度：

$$u(T.N) = R_{T.N} \times \sqrt{[u_{\rm rel}(m)]^2+[u_{\rm rel}(W)]^2+[u_{\rm rel}(V)]^2+[u_{\rm rel}(C)]^2+[u_{\rm rel}(rep)]^2}$$

烤烟总氮的平均值为 1.46%，烤烟总氮的标准不确定度为：

$$u(T.N) = 1.46\% \times \sqrt{0.004103^2 + 0.01098^2 + 0.002788^2 + 0.0311^2 + 0.02144^2}$$
$$= 0.06\%$$

【例 4-10】总氮测量不确定度评定可采用如下方法：

1. 由质量测量引入的相对不确定度分量，记作 $u_{\rm rel}(m)$

计量检定证书给出天平的不确定度为：$u(m) = 0.125{\rm mg}$（证书给出的扩展不确定度为 $U=0.25{\rm mg}$，$k=2$）。

称重为 100mg，按两次称重考虑，质量测量引入的相对不确定度分量为：

$$u_{\rm rel}(m) = 0.125 \times \sqrt{2}/100 = 0.00177$$

2. 由水分测量引入的相对不确定度分量，记作 $u_{\rm rel}(W)$

对 5 个实验室的烤烟水分数据进行单因子方差分析，结论是存在显著性差异。对其原因进行分析后发现：烘箱法测定样品水分时引入的不确定度受样品保存状态、海拔高度、测试的温湿度条件、烘箱的校准情况、样品在烘箱中摆放的位置等一系列因素的影响，一一考察这些因素对水分的影响难以实现，因此，水分引入的影响量按 YC/T 31—1996 中对平行样的极差规定，统一采用 0.1%。

由于 YC/T 31—1996 中对两平行样的极差规定为 0.1%，引用 JJF 1059.1—2012 中的规定，由水分测试引入的不确定度分量：

$$u(W) = \frac{0.1}{1.13 \times \sqrt{2}} = 0.06258\%$$

由于烤烟水分的平均值为 5.70%，水分测量引入的相对不确定度分量为：

$$u_{rel}(W) = 0.06258/5.70 = 0.0110$$

3. 消化管定容体积测量引入的相对不确定度分量，记作 $u_{rel}(V)$

消化管定容体积有三个主要影响因素：消化管的校准、温度的影响、消化管的重复性。由于消化管的重复性包括在整体的重复性中，因此在后文中测量的分散性引入的相对不确定度中合并讨论。

（1）消化管校准引入的不确定度分量　由自校获取，消化管在20℃时水的体积为（75±0.5）mL，按三角形分布考虑，消化管校准引入的不确定度分量：

$$u(D.C) = \frac{0.5}{\sqrt{6}} = 0.2041(mL)$$

（2）温度波动引入的不确定度分量　消化管在20℃校准，实验室温度控制在（20±5）℃范围内，水的体积变化为 ±(75×5×0.00021) = ±0.0788(mL)（水的体积膨胀系数为 0.00021/℃）。按均匀分布考虑，温度波动引入的不确定度分量：

$$u(V.C) = \frac{0.0788}{\sqrt{3}} = 0.0455(mL)$$

（3）消化管定容体积测量合成标准不确定度分量　消化管定容体积测量引入的不确定度分量：

$$u(V) = \sqrt{u(D.C)^2 + u(V.C)^2} = 0.2091(mL)$$

（4）消化管定容体积测量相对不确定度分量　消化管定容体积为75mL，消化管定容体积测量引入的相对不确定度分量为：

$$u_{rel}(V) = 0.2091/75 = 0.002788$$

4. 由 C 值测量引入的相对不确定度分量，记作 $u_{\text{rel}}(C)$

（1）配制标准储备液时，由天平测量引入的相对不确定度分量，记作 $u_{\text{rel}}(S.m)$。

计量检定证书给出天平的不确定度分量为：$u(m) = 0.125$mg（证书给出的扩展不确定度为 $U = 0.25$mg，$k = 2$）。

由于标准物质称重为 1203.2mg，按两次称重考虑，标准物质质量测量引入的相对不确定度分量为：

$$u_{\text{rel}}(S.m) = 0.125 \times \sqrt{2}/1203.2 = 0.000147$$

（2）由容量瓶引入的相对不确定度分量，记作 $u_{\text{rel}}(S.V)$。

①由容量瓶的校准证书，在 20℃ 时，100mL 容量瓶最大允差为 0.20mL，按三角形分布考虑，由容量瓶校准引入的不确定度分量：

$$u(S.F) = \frac{0.20}{\sqrt{6}} = 0.0816(\text{mL})$$

②容量瓶在 20℃ 校准，实验室温度控制在（20±5）℃ 范围内，水的体积变化为 ±（100×5×0.00021）= ±0.105（mL）（水的体积膨胀系数为 0.00021/℃）。按均匀分布考虑，温度波动引入的不确定度分量：

$$u(S.C) = \frac{0.105}{\sqrt{3}} = 0.0606(\text{mL})$$

③储备液体积测量引入的不确定度分量：

$$u(S.V) = \sqrt{u(S.F)^2 + u(S.C)^2} = 0.1017(\text{mL})$$

④由于储备液体积为 100mL，储备液体积测量引入的相对不确定度分量为：

$$u_{\text{rel}}(S.V) = 0.1017/100 = 0.00102$$

（3）由硫酸铵纯度引入的相对不确定度分量，记作 $u_{\text{rel}}(S.P)$。

由供应商提供硫酸铵纯度为：（99.0±0.5）%，按均匀分布的考虑，硫酸铵纯度引入的相对不确定度分量：

$$u_{\text{rel}}(S.P) = \frac{0.5}{\sqrt{3} \times 99.0} = 0.00292$$

（4）标准储备液稀释过程引入的不确定度分量。

标准储备液稀释受下列因素影响：

a. 消化管的校准；

b. 温度对消化管定容体积的影响;

c. 移液管的校准;

d. 温度对移液管移出液体积的影响。

总氮工作标准溶液配制过程中,使用了:75mL 消化管,2mL 分度吸管。由此引入的不确定度见下表。

器具规格	容量允差/mL	三角形分布系数	校准的标准不确定度	水的膨胀系数	均匀分布系数	温度波动[(20±5)℃]的标准不确定度	合成标准不确定度	相对不确定度
75mL 消化管(5个)	0.500	2.449	0.2041	0.00021	1.73205	0.04547	0.2091	0.002788
2mL 分度吸管(5根)	0.012	2.449	0.0049	0.00021	1.73205	0.00121	0.00505	0.002525

$$u_{rel}(S.D) = \sqrt{5 \times (0.002788)^2 + 5 \times (0.002525)^2} = 0.008411$$

(5) 连续流动法工作曲线最小二乘法引入的相对不确定度分量,记作 $u_{rel}(C.S)$。

$$Y = b_0 + b_1 X$$

式中　Y——仪器响应值;

　　　X——被测物浓度;

　　　b_0——工作曲线截距;

　　　b_1——工作曲线斜率。

最小二乘法引入的不确定度分量:

$$u(C.S) = \frac{S_E}{b_1} \times \sqrt{\frac{1}{P} + \frac{1}{n} + \frac{(C_0 - C)^2}{S_{XX}}}$$

式中参数由最小二乘法计算获取:

残差的标准差 $S_E = 789.67$;

$b_1 = 1236735.14$;

单水平浓度测量次数 $P = 1$;

浓度水平数 $n = 10$;

样品测量平均值 $C_0 = 0.0189$ mg/mL;

工作曲线浓度平均值 $C = 0.0228\text{mg/mL}$；

统计量 $S_{XX} = 0.0021$。

$$u(C.S) = 0.00068\text{mg/mL}$$

由以上分析，最小二乘法引入的相对不确定度分量为：

$$u_{rel}(C.S) = 0.00068/0.0228 = 0.0298$$

（6）C 值测量合成相对不确定度分量　由 C 值测量引入的相对不确定度分量：

$$u_{rel}(C) = \sqrt{[u_{rel}(S.m)]^2 + [u_{rel}(S.V)]^2 + [u_{rel}(S.P)]^2 + [u_{rel}(S.D)]^2 + [u_{rel}(C.S)]^2}$$

由上式可得 $u_{rel}(C) = 0.0311$。

5. 测量的分散性引入的相对不确定度分量，记作 $u_{rel}(rep)$

由计量证书给出的化学自动分析仪总氮的相对标准偏差为 0.010，测定时采用两平行样测定，测量的分散性引入的相对不确定度分量：

$$u_{rel}(rep) = \frac{0.010}{\sqrt{2}} = 0.0071$$

6. 烤烟总氮的不确定度

烤烟总氮的标准不确定度：

$$u(T.N) = R_{T.N} \times \sqrt{[u_{rel}(m)]^2 + [u_{rel}(W)]^2 + [u_{rel}(V)]^2 + [u_{rel}(C)]^2 + [u_{rel}(rep)]^2}$$

烤烟总氮的平均值为 1.46%，烤烟总氮的标准不确定度为：

$$u(T.N) = 1.46\% \times \sqrt{0.00177^2 + 0.01098^2 + 0.002788^2 + 0.0311^2 + 0.0071^2}$$
$$= 0.05\%$$

（四）白肋烟、香料烟、烤烟型卷烟、混合型卷烟总氮不确定度的评定

白肋烟、香料烟、烤烟型卷烟、混合型卷烟总氮测量不确定度的评定过程与烤烟【例 4-9】相同，具体数据见下表。

卷烟品种	$u_{rel}(m)$	$u_{rel}(W)$	$u_{rel}(V)$	$u_{rel}(C)$	$u_{rel}(rep)$	$u(T.N)$
白肋烟	0.001641	0.00839	0.003322	0.0309	0.0074	0.15
香料烟	0.001641	0.00944	0.003322	0.0308	0.0148	0.08
烤烟型卷烟	0.001641	0.01098	0.003322	0.0307	0.0179	0.07
混合型卷烟	0.001641	0.01061	0.003322	0.0310	0.0134	0.09

白肋烟、香料烟、烤烟型卷烟、混合型卷烟总氮测量不确定度的评定过程与烤烟【例 4-10】相同，具体数据见下表。

卷烟品种	$u_{rel}(m)$	$u_{rel}(W)$	$u_{rel}(V)$	$u_{rel}(C)$	$u_{rel}(rep)$	$u(T.N)$
白肋烟	0.00071	0.00839	0.003322	0.0309	0.0071	0.15
香料烟	0.00071	0.00944	0.003322	0.0308	0.0071	0.08
烤烟型卷烟	0.00071	0.01098	0.003322	0.0307	0.0071	0.06
混合型卷烟	0.00071	0.01061	0.003322	0.0310	0.0071	0.08

第七节 氰化氢 测量不确定度的评定

一、测量依据

氰化氢测量不确定度的评定依据如表4-2所示。

表4-2   氰化氢测量不确定度的评定依据

标准编号	标准名称
GB/T 19609—2004	卷烟 用常规分析用吸烟机测定总粒相物和焦油
GB/T 16450—2004	常规分析用吸烟机定义和标准条件
GB/T 16447—2004	烟草和烟草制品 调节和测试的大气环境
YC/T 253—2008	卷烟主流烟气中氰化氢的测定 连续流动法

二、测量条件

（一）环境条件

1. 卷烟样品调节

按GB/T 16447—2004的要求，在调节大气中调节48~240h。

2. 气相、粒相收集

按GB/T 16447—2004的要求，在测试大气中进行。

3. 连续流动法测定

在化学分析实验室内进行，温湿度符合仪器正常工作的要求，无振动、扬尘、电磁干扰等情况。

（二）卷烟主流烟气中氰化氢测量设备

直线型吸烟机、连续流动分析仪。

涉及的计量器具：

容量瓶50mL，计量证书给出最大允差0.06mL；

容量瓶25mL，计量证书给出最大允差0.04mL；

移液枪 1mL，计量证书给出最大相对允差 0.06%；

移液枪 5mL，计量证书给出最大相对允差 0.01%；

定量加液器 50mL，计量证书给出最大相对允差 0.03%。

三、测量过程

卷烟样品调节，（质量、吸阻）分选，吸烟机抽吸（每通道 4 支），对气相收集液定容（50mL），并对滤片（粒相）加液（50mL），萃取，过滤，将粒相萃取液和定容后的气相收集液分别装入样品杯内，用连续流动分析仪测定，根据工作溶液拟合获取的工作曲线得到结果。

注：每一通道捕集完毕至流动分析仪进样完毕的时间控制在 6h 以内。

四、数学模型

氰化氢气相和粒相分别为：

$$y_G = k(C'_G \times V_G) \text{ 和 } y_P = k(C'_P \times V_P) \quad (4-12)$$

式中 y_G、y_P ——氰化氢的气相和粒相，μg/支；

C'_G、C'_P ——萃取溶液中氰化氢气相和粒相的测定浓度，μg/mL；

V_G、V_P ——氰化氢气相的定容体积和粒相的加液体积，mL；

k ——$k = 1.038/n$，其中 n 是抽吸烟支数。

为方便测量不确定度评定，可将式（4-12）转换成式（4-13）：

$$y_G = C_G \times V_G \text{ 和 } y_P = C_P \times V_P \quad (4-13)$$

式中 $C_G = k \times C'_G$，$C_P = k \times C'_P$，μg/（mL·支）。

氰化氢气相和粒相合成：

$$y_{HCN} = y_G + y_P \quad (4-14)$$

五、不确定因素

（一）主流烟气产生引入的不确定因素 δ_1

该不确定因素主要包括吸烟机相关参数的变异、环境条件的变异等形成测量结果的变异。而这些变异的具体体现是不同时间段各组间测量结果的变异，即组间变异。

（二）测量重复性引入的不确定因素 δ_2

根据标准，每一测量结果由两个平行测量数据取平均值获取。两个平行测量数据间的差异形成了测量结果的变异，即组内变异。

（三）样品前处理引入的不确定因素 δ_3

该不确定因素是：气相收集部分定容不准产生的变异、粒相收集部分加液不准形成的变异。

（四）工作溶液制备引入的不确定因素 δ_4

该不确定因素是在系列工作溶液制备中，各计量器具不准产生的变异。

（五）连续流动分析法引入的不确定因素 δ_5

该不确定因素是由拟合工作曲线非线性形成的变异。

（六）连续流动分析仪测量重复性引入的不确定因素 δ_6

该不确定因素是连续流动分析仪测量稳定性形成的变异。

以上6个不确定因素构成了氰化氢气相和粒相测量结果的变异。构成氰化氢浓度（气、粒相）变异的不确定因素是 δ_1、δ_2、δ_3、δ_4、δ_5、δ_6，即 $f_c(\delta_1, \delta_2, \delta_3, \delta_4, \delta_5, \delta_6)$；构成萃取液体积（气、粒相）变异的不确定因素是 δ_3，即 $f_V(\delta_3)$。氰化氢测量不确定度评定因果关系如图4-16所示。

六、不确定度分量评定

（一）氰化氢气相部分不确定度分量

1. 量化主流烟气产生引入的不确定因素形成的变异

该评定采用多组重复测量，以组间差的估计值予以量化。

多组重复测量实验抽吸方案应考虑：①每组两个平行，组数 $n \geqslant 6$；②不同的工作日；③不同的抽吸通道。

组间差估计值的获取是建立在 χ^2 基础上，χ^2 的前提是卷烟样品测量数据服从正态分布。

评定步骤：

步骤一　按标准要求，对卷烟样品重复测量，获取样品的浓度值 C_{Gij}；

步骤二　确认各组浓度测量平均值 $\bar{C}_{Gi}$ 呈正态分布；

步骤三　对各 $\bar{C}_{Gi}$ 进行异常值检验，并剔除离群值（歧离值）；

步骤四　计算组间、组内偏差平方和；

步骤五　计算组间差的估计值。

量化五（一）形成的变异具体方法如下所示。

（1）步骤一　对某一卷烟样品进行重复测量，获取每支浓度值，量纲是 $\mu g/(mL \cdot 支)$，组数为 m；组内重复测量数 $n = 2$（标准要求）。

$$C_{G11}, C_{G21} \cdots C_{Gi1} \cdots C_{Gm1}$$
$$C_{G12}, C_{G22} \cdots C_{Gi2} \cdots C_{Gm2}$$

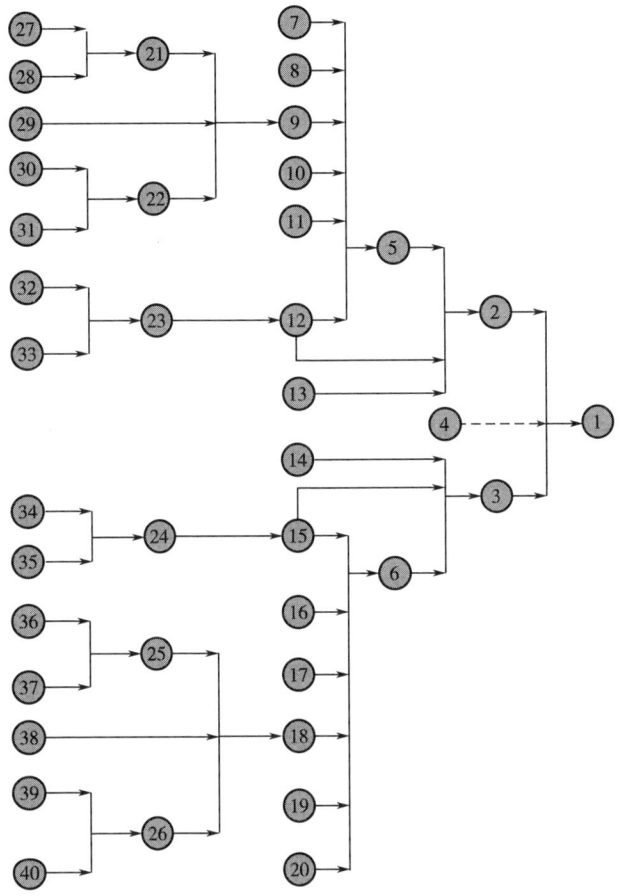

图 4-16 氰化氢测量不确定度评定因果关系

1—氰化氢；2—氰化氢气相；3—氰化氢粒相；4—氰化氢气相与粒相的相关性；5—氰化氢气相浓度；6—氰化氢粒相浓度；7—组间变异（气相）δ_1；8—组内变异（气相）δ_2；9—工作溶液制备（气相）δ_4；10—工作曲线非线性（气相）δ_5；11—连续流动分析仪测量稳定性（气相）δ_6；12—样品的前处理（气相）δ_3；13—氰化氢气相浓度与定容体积的相关性；14—氰化氢粒相浓度与加液体积的相关性；15—样品的前处理（粒相）δ_3；16—组间变异（粒相）δ_1；17—组内变异（粒相）δ_2；18—工作溶液制备（粒相）δ_4；19—工作曲线非线性（粒相）δ_5；20—连续流动分析仪测量稳定性（粒相）δ_6；21—移液枪（1mL、5mL）；22—25mL 容量瓶；23—50mL 容量瓶；24—50mL 定量加液器；25—移液枪（1mL、5mL）；26—25mL 容量瓶；27—移液枪（1mL、5mL）计量；28—移液枪（1mL、5mL）液体体膨胀；29—标准品传递；30—25mL 容量瓶计量；31—25mL 容量瓶液体体膨胀；32—50mL 容量瓶计量；33—50mL 容量瓶液体体膨胀；34—50mL 定量加液器计量；35—50mL 定量加液器液体体膨胀；36—移液枪（1mL、5mL）计量；37—移液枪（1mL、5mL）液体体膨胀；38—标准品传递；39—25mL 容量瓶计量；40—25mL 容量瓶液体体膨胀。

【例 4-11】

用 3R4F 卷烟，在直线型吸烟机上重复收集 10 组氰化氢气相吸收液，定容。按标准要求，用连续流动分析仪进行测定，获取 $2 \times 10 = 20$ 个氰化氢气相浓度值 [单位：$\mu g/(mL \cdot 支)$]。

序号	1	2	3	4	5	6	7	8	9	10
C_{Gi1}	1.059	1.043	0.996	1.020	0.929	1.090	1.142	1.015	1.035	1.064
C_{Gi2}	0.973	0.996	1.118	0.971	1.160	1.090	0.999	1.080	1.051	0.900
$\overline{C}_{Gi}$	1.016	1.020	1.057	0.995	1.044	1.090	1.070	1.047	1.043	0.982

（2）步骤二 对 m 个测量平均值进行正态性检验，采用夏皮罗-威尔逊检验法。

【例 4-12】

把上表第 3 行中的浓度平均值 $\overline{C}_{Gi}$ 由小到大排序。

1	2	3	4	5	6	7	8	9	10
0.982	0.995	1.016	1.020	1.043	1.044	1.047	1.057	1.070	1.090

由于 $m/2 = 5$，则查下表获取 a_k。

a_1	a_2	a_3	a_4	a_5
0.5739	0.3291	0.2141	0.1224	0.0399

$$W = \frac{\left\{\sum_{k=1}^{[m/2]} a_k (\overline{C}_{Gm-k+1} - \overline{C}_{Gk})\right\}^2}{\sum_{k=1}^{m} (\overline{C}_{Gk} - \overline{\overline{C}}_G)^2} = 0.9753$$

显著性水平取 $\alpha = 0.05$

查表临界值 $W(m, \alpha) = 0.842$

$W > W(m, \alpha)$，即浓度平均值 $\overline{C}_{Gi}$ 服从正态分布。

（3）步骤三 对 m 个测量平均值进行异常值检验；采用格拉布斯检验法。

【例 4-13】

$$\overline{\overline{C}}_G = \frac{1}{m} \sum_{i=1}^{m} \overline{C}_{Gi} = 1.037 \mu g/(mL \cdot 支)$$

$$S = \sqrt{\frac{\sum_{i=1}^{m}(\overline{C}_{Gi}-\overline{\overline{C}}_{G})^2}{m-1}} = 3.336\times10^{-2}\mu g/(mL\cdot 支)$$

$$G_m = \frac{\overline{C}_{Gm}-\overline{\overline{C}}_G}{S} = 1.598$$

$$G_1 = \frac{\overline{\overline{C}}_G - \overline{C}_{G1}}{S} = 1.629$$

取显著性水平取 $\alpha = 0.05$

查表临界值 $G(m, \alpha) = 2.290$

G_m、$G_1 < G(m, \alpha)$，即10个浓度平均值 $\overline{C}_{Gi}$ 中没有异常值。

(4) 步骤四 组间偏差平方和 $Q_{间}$ 和组内偏差平方和 $Q_{内}$。

组间偏差平方和可通过式 (4-15) 计算：

$$Q_{间} = \sum_{i=1}^{m} 2(\overline{C}_{Gi} - \overline{\overline{C}}_G)^2 \tag{4-15}$$

组内偏差平方和可通过式 (4-16) 计算：

$$Q_{内} = \sum_{i=1}^{m}\sum_{j=1}^{2}(C_{Gij} - \overline{C}_{Gi})^2 \tag{4-16}$$

注：m 为剔除异常值后的组数。

【例4-14】

$$Q_{间} = \sum_{i=1}^{m} 2(\overline{C}_{Gi} - \overline{\overline{C}}_G)^2 = 2.004\times10^{-2}[\mu g/(mL\cdot 支)]^2$$

$$Q_{内} = \sum_{i=1}^{m}\sum_{j=1}^{2}(C_{Gij} - \overline{C}_{Gi})^2 = 6.586\times10^{-2}[\mu g/(mL\cdot 支)]^2$$

(5) 步骤五 组间差的估计值。

在正态分布的基础上，有式 (4-17)：

$$\frac{Q_{间}}{n\sigma_{间}^2 + \sigma_{内}^2} \sim \chi^2(m-1)$$

$$\frac{Q_{间}}{2\sigma_{间}^2 + \sigma_{内}^2} \sim \chi^2(m-1)$$

$$\frac{Q_{内}}{\sigma_{内}^2} \sim \chi^2[m(n-1)]$$

$$\frac{Q_{内}}{\sigma_{内}^2} \sim \chi^2(m) \tag{4-17}$$

式中　$\sigma_{间}^2$——组间方差；

　　　$\sigma_{内}^2$——组内方差。

组间差 $\sigma_{间}$ 的估计值可通过式（4-18）计算：

$$\hat{\sigma}_{间} = \sqrt{\frac{1}{2}\left(\frac{Q_{间}}{m-1} - \frac{Q_{内}}{m}\right)} \quad (4\text{-}18)$$

组间差形成的相对不确定度分量可通过式（4-19）计算：

$$u_{1rel}(C_G) = \frac{\hat{\sigma}_{间}}{\overline{\overline{C}}_G} \quad (4\text{-}19)$$

【例 4-15】

以步骤四获取的结果，可得：

$$\hat{\sigma}_{间} = \sqrt{\frac{1}{2}\left(\frac{Q_{间}}{m-1} - \frac{Q_{内}}{m}\right)} = 4.047 \times 10^{-2} \mu g/(mL \cdot 支)$$

组间差形成的相对不确定度分量：

$$u_{1rel}(C_G) = \frac{\hat{\sigma}_{间}}{\overline{\overline{C}}_G} = 3.904 \times 10^{-2}$$

2. 量化测量重复性引入的不确定因素形成的变异

一组测量浓度值 C_{Gi1} 和 C_{Gi2}，其平均值为 $\overline{C}_{Gi} = \frac{1}{2}\sum_{j=1}^{2} C_{Gij}$，极差为 $d_i = |C_{Gi1} - C_{Gi2}|$。则有式（4-20）：

$$u_2(C_G) = \frac{d_i}{1.128 \times \sqrt{2}} \quad (4\text{-}20)$$

式中　1.128——$n = 2$ 时极差转化为标准差的计量系数查表值，即 $\dfrac{d_i}{1.128}$ 为该组两个平行浓度值标准差的估计值。

由于测量报告是以两个平行测量平均值出示，因此标准差应转化为平均值的标准差，即标准差/$\sqrt{2}$。

组内差形成的相对不确定度分量可通过式（4-21）计算：

$$u_{2rel}(C_G) = \frac{u_2(C_G)}{\overline{C}_{Gi}} \quad (4\text{-}21)$$

【例 4-16】

以下表中第 1 列数据为例。以下类同。

序号	1	2	3	4	5	6	7	8	9	10
C_{Gi1}	1.059	1.043	0.996	1.020	0.929	1.090	1.142	1.015	1.035	1.064
C_{Gi2}	0.973	0.996	1.118	0.971	1.160	1.090	0.999	1.080	1.051	0.900
$\overline{C}_{Gi}$	1.016	1.020	1.057	0.995	1.044	1.090	1.070	1.047	1.043	0.982

$$u_2(C_G) = \frac{d_i}{1.128 \times \sqrt{2}} = 5.368 \times 10^{-2} \mu g/(mL \cdot 支)$$

$$\overline{C}_{G1} = \frac{1}{2}\sum_{j=1}^{2} C_{G1j} = 1.016 \mu g/(mL \cdot 支)$$

组内差形成的相对不确定度分量:

$$u_{2rel}(C_G) = \frac{u_2(C_G)}{\overline{C}_{G1}} = 5.284 \times 10^{-2}$$

3. 量化样品前处理引入的不确定因素形成的变异

测量过程:对氰化氢气相吸收液定容。

(1) 容量瓶计量引入的相对不确定度分量 $u_{rel}(VfC)$。

$u_{rel}(VfC)$ 可通过式 (4-22) 计算:

$$u_{rel}(VfC) = \frac{D}{\sqrt{6} \times V} \tag{4-22}$$

式中　D——容量瓶的最大允差,mL;

　　　V——容量瓶的定容体积,mL。

(2) 容量瓶液体体膨胀引入的相对不确定度分量 $u_{rel}(Vft)$。

$u_{rel}(Vft)$ 可通过式 (4-23) 计算:

$$u_{rel}(Vft) = \frac{\Delta t_{max} \times \alpha_V}{\sqrt{3}} \tag{4-23}$$

式中　Δt_{max}——温度波动范围,℃;

　　　α_V——定容液体的体膨胀系数,℃$^{-1}$。

(3) 样品的前处理形成的相对不确定度分量。

考虑 $u_{rel}(VfC)$ 和 $u_{rel}(Vft)$ 不相关。如式 (4-24) 所示:

$$u_{3rel}(C_G) = \sqrt{[u_{rel}(VfC)]^2 + [u_{rel}(Vft)]^2} \tag{4-24}$$

【例 4-17】

(1) 计量引入的相对不确定度分量　计量证书给出该种 50mL 容量瓶的最大允差是 $D=0.06$mL,按三角分布考虑,则有:

$$u_{\text{rel}}(VfC) = \frac{D}{\sqrt{6} \times V} = 4.899 \times 10^{-4}$$

(2) 体膨胀引入的相对不确定度分量 $\Delta t_{\max} = 5℃$，溶液主要是水，水的体膨胀系数是 $2.08 \times 10^{-4} ℃^{-1}$，按均匀分布考虑，则有：

$$u_{\text{rel}}(Vft) = \frac{\Delta t_{\max} \times \alpha_V}{\sqrt{3}} = 6.004 \times 10^{-4}$$

(3) 样品的前处理形成的相对不确定度分量：

$$u_{3\text{rel}}(C_G) = \sqrt{[u_{\text{rel}}(VfC)]^2 + [u_{\text{rel}}(Vft)]^2} = 7.749 \times 10^{-4}$$

4. 量化工作溶液制备引入的不确定因素形成的变异

(1) 制备标准储备液引入的相对不确定度分量。

【例4-18】

使用的标准品是浓度为 50μg/mL 的溶液，相对扩展不确定度为 1%（包含因子 $k=2$）。将该标准品作为标准储备液使用，即：

$$u_{\text{rel}}(SS) = u_{\text{rel}}(SP) = \frac{1}{2 \times 100} = 5 \times 10^{-3}$$

(2) 制备工作溶液引入的相对不确定度分量。

【例4-19】

制备各工作标准溶液过程：用 1mL 移液枪移取 0.1mL、0.75mL 标准储备液，分别置于 25mL 容量瓶定容；用 5mL 移液枪移取 1.5mL、3mL、4mL、5mL 标准储备液，分别置于 25mL 容量瓶定容。

共 6 级工作溶液，制备流程及相对不确定度分量如下所示。

	标准溶液	1级	2级	3级	4级	5级	6级
移液枪	移液枪量程/mL	1		5			
	移取量/mL	0.1	0.75	1.5	3	4	5
容量瓶容量/mL		25					
浓度/(μg/mL)		0.2	1.5	3	6	8	10

	标准溶液	1级	2级	3级	4级	5级	6级
移液枪	移液枪量程/mL	1		5			
	最大相对允差/%	0.06		0.01			
	$u_{\text{reli}}(PC)$	2.449×10^{-4}		4.082×10^{-5}			
	水体膨胀系数/℃$^{-1}$	2.08×10^{-4}					
	$u_{\text{reli}}(PT)$	6.004×10^{-4}					
	$u_{\text{reli}}(P) = \sqrt{[u_{\text{reli}}(PC)]^2 + [u_{\text{reli}}(Pt)]^2}$	6.485×10^{-4}		6.018×10^{-4}			

续表

标准溶液		1级	2级	3级	4级	5级	6级
容量瓶	容量瓶容量/mL	25					
	最大允差/mL	0.04					
	$u_{\text{reli}}(VfC)$	6.532×10^{-4}					
	水体膨胀系数/℃$^{-1}$	2.08×10^{-4}					
	$u_{\text{reli}}(Vft)$	6.004×10^{-4}					
	$u_{\text{reli}}(Vf)=\sqrt{[u_{\text{reli}}(VfC)]^2+[u_{\text{reli}}(Vft)]^2}$	8.872×10^{-4}					
	$u_{\text{reli}}(D)=\sqrt{[u_{\text{reli}}(P)]^2+[u_{\text{reli}}(Vf)]^2}$	1.099×10^{-3}		1.072×10^{-3}			

则其相对不确定度分量：

$$u_{4\text{rel}}(C_G)=u_{\text{rel}}(WS)=\sqrt{\frac{n\times[u_{\text{rel}}(SP)]^2+\sum_{i=1}^{n}[u_{\text{reli}}(D)]^2}{n}}=5.116\times10^{-3}$$

5. 量化连续流动分析法引入的不确定因素形成的变异

制备的工作溶液为 n 级。各工作溶液的浓度为 $C'_1,C'_2\cdots C'_i\cdots C'_n$。将各工作溶液浓度转化成：$C''_i=\dfrac{1.038\times C'_i}{\text{烟支数}}$，可得 $C''_1,C''_2\cdots C''_i\cdots C''_n$，量纲是 μg/(mL·支)。将各工作溶液通过连续流动分析仪测量，获取各对应响应值 $e_1,e_2\cdots e_i\cdots e_n$。对形成的各对应点 (C''_i,e_i) 进行线性拟合（最小二乘法），获取工作曲线 $\hat{e}=k\hat{C''}+b$。

通过计算可得连续流动法工作曲线非线性形成的相对不确定度分量可通过式（4-25）计算：

$$u_{5\text{rel}}(C_G)=\frac{S_E}{\overline{C''}k}\times\sqrt{\frac{1}{P}+\frac{1}{n}+\frac{(\overline{C}-\overline{C})''^2}{L_{C''C''}}} \tag{4-25}$$

式中 P——样品测量数，按标准 $P=2$；

$$\overline{C''}=\frac{1}{n}\sum_{i=1}^{n}C''_i;$$

$\overline{C}$——2 平行样品测量平均值。

【例 4-20】

浓度值 C'_i 转化成 $C''_i=\dfrac{1.038\times C'_i}{\text{烟支数}}$，烟支数为 4，浓度与响应如下。

序号	1	2	3	4	5	6
C'_i / (μg/mL)	0.2	1.5	3	6	8	10
$C''_i = \dfrac{1.038 \times C'_i}{烟支数}$ /[μg/(mL·支)]	0.0519	0.3893	0.7785	1.5570	2.0760	2.5950
响应 e_i	3800	9798	17422	34059	45546	56582

$$L_{C''e} = \sum_{i=1}^{n}(C''_i - \overline{C''})(e_i - \bar{e}) = 1.044 \times 10^5 \, \text{mg}/(\text{mL·支})$$

$$L_{C''C''} = \sum_{i=1}^{n}(C''_i - \overline{C''})^2 = 4.984 [\text{mg}/(\text{mL·支})]^2$$

$$L_{ee} = \sum_{i=1}^{n}(e_i - \bar{e})^2 = 2.190 \times 10^9$$

$$\overline{C''} = \frac{1}{n}\sum_{i=1}^{n}C''_i = 1.241 \, \mu\text{g}/(\text{mL·支})$$

$$\bar{e} = \frac{1}{n}\sum_{i=1}^{n}e_i = 2.787 \times 10^4$$

$$k = \frac{L_{C''e}}{L_{C''C''}} = 2.096 \times 10^4 [\mu\text{g}/(\text{mL·支})]^{-1}$$

$$S_E = \sqrt{\frac{L_{ee} - \dfrac{L_{C''e}^2}{L_{C''C''}}}{n-2}} = 6.469 \times 10^2$$

取下表中第 1 列数据。

序号	1	2	3	4	5	6	7	8	9	10
C_{Gi1}	1.059	1.043	0.996	1.020	0.929	1.090	1.142	1.015	1.035	1.064
C_{Gi2}	0.973	0.996	1.118	0.971	1.160	1.090	0.999	1.080	1.051	0.900
$\overline{C}_{Gi}$	1.016	1.020	1.057	0.995	1.044	1.090	1.070	1.047	1.043	0.982

$$\overline{C} = \overline{C}_{G1} = 1.016 \, \mu\text{g}/(\text{mL·支})$$

连续流动法工作曲线非线性形成的相对不确定度分量:

$$u_{5rel}(C_G) = \frac{S_E}{\overline{C''}k} \times \sqrt{\frac{1}{P} + \frac{1}{n} + \frac{(\overline{C} - \overline{C''})^2}{L_{C''C''}}} = 2.046 \times 10^{-2}$$

6. 量化连续流动分析仪测量重复性引入的不确定因素形成的变异

该评定是考量连续流动分析仪的测量稳定性。

对同一萃取液连续进样 n 次，获取 n 个浓度值 C_1，$C_2 \cdots C_i \cdots C_n$。

浓度均值可通过式（4-26）计算：

$$\overline{C} = \frac{1}{n} \sum_{i=1}^{n} C_i \tag{4-26}$$

连续流动仪测量稳定性引入的相对不确定度分量可通过式（4-27）计算：

$$u_{6\text{rel}}(C_G) = \frac{1}{\overline{C}} \sqrt{\frac{1}{n-1} \sum_{i=1}^{n} (C_i - \overline{C})^2} \tag{4-27}$$

【例 4-21】

浓度 C_i 重复测量值 [单位：$\mu g/(mL \cdot 支)$] 如下。

序号	1	2	3	4	5	6	7	8	9	10
C_i	1.046	1.043	1.043	1.041	1.035	1.054	1.051	1.051	1.048	1.048

$$\overline{C} = \frac{1}{n} \sum_{i=1}^{n} C_i = 1.046 \mu g/(mL \cdot 支)$$

连续流动仪测量稳定性引入的相对不确定度分量：

$$u_{6\text{rel}}(C_G) = \frac{1}{\overline{C}} \sqrt{\frac{1}{n-1} \sum_{i=1}^{n} (C_i - \overline{C})^2} = 5.288 \times 10^{-3}$$

7. 氰化氢气相 δ_1，δ_2，δ_3，δ_4，δ_5，δ_6 各因素形成的相对不确定度分量权重（图 4-17）

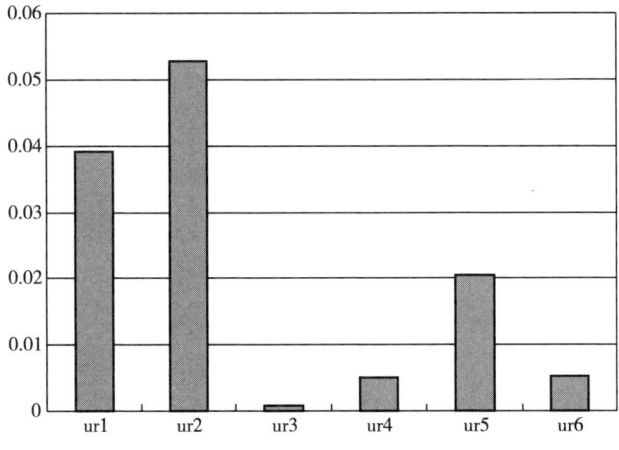

图 4-17　氰化氢气相各因素的相对不确定度分量权重

主要分量是 $u_{1rel}(C_G)$、$u_{2rel}(C_G)$ 和 $u_{5rel}(C_G)$。

(二) 氰化氢粒相部分不确定度分量

1. 量化主流烟气产生引入的不确定度因素形成的变异

该评定与氰化氢气相部分不确定度分量评定类同。

【例 4-22】

(1) 步骤一 用 3R4F 卷烟，在直线型吸烟机上重复收集 10 组氰化氢粒相物。对滤片加液萃取，按标准要求，用连续流动分析仪进行测定，获取 $2 \times 10 = 20$ 个氰化氢粒相浓度值 [单位：μg/(mL·支)] 如下。

序号	1	2	3	4	5	6	7	8	9	10
C_{Pi1}	0.867	0.895	0.859	0.802	0.877	0.747	0.799	0.864	0.706	0.791
C_{Pi2}	0.799	0.794	0.610	0.810	0.737	0.825	0.797	0.802	0.708	0.807
$\overline{C}_{Pi}$	0.833	0.845	0.734	0.806	0.807	0.786	0.798	0.833	0.707	0.799

(2) 步骤二 正态性检验。

$\overline{C}_{Pi}$ 升序									
1	2	3	4	5	6	7	8	9	10
0.707	0.734	0.786	0.798	0.799	0.806	0.807	0.833	0.833	0.845

$$W = \frac{\left\{\sum_{k=1}^{[m/2]} a_k(\overline{C}_{Pm-k+1} - \overline{C}_{Pk})\right\}^2}{\sum_{k=1}^{m}(\overline{C}_{Pk} - \overline{\overline{C}}_P)^2} = 0.8806$$

显著性水平取 $\alpha = 0.05$；

查表临界值 $W(m, \alpha) = 0.842$；

$W > W(m, \alpha)$，即浓度平均值 $\overline{C}_{Pi}$ 服从正态分布。

(3) 步骤三 异常值检验。

根据步骤二 $\overline{\overline{C}}_{Pi}$ 可得：

$$\overline{\overline{C}}_P = \frac{1}{m}\sum_{i=1}^{m}\overline{C}_{Pi} = 0.795 \mu g/(mL·支)$$

$$S = \sqrt{\frac{\sum_{i=1}^{m}(\overline{C}_{Pi} - \overline{\overline{C}}_P)^2}{m-1}} = 0.0436 \mu g/(mL·支)$$

$$G_m = \frac{\overline{C}_{Pm} - \overline{\overline{C}}_P}{S} = 1.143$$

$$G_1 = \frac{\overline{\overline{C}}_P - \overline{C}_{P1}}{S} = 2.012$$

显著性水平取 $\alpha = 0.05$；

查表临界值 $G(m, \alpha) = 2.290$；

G_m，$G_1 < G(m, \alpha)$，即 10 个浓度平均值 $\overline{C}_{Pi}$ 中没有异常值。

(4) 步骤四 组间、组内偏差平方和：

$$Q_{\text{间}} = \sum_{i=1}^{m} 2(\overline{C}_{Pi} - \overline{\overline{C}}_P)^2 = 3.422 \times 10^{-2} [\mu g/(mL \cdot 支)]^2$$

$$Q_{\text{内}} = \sum_{i=1}^{m} \sum_{j=1}^{2} (C_{Pij} - \overline{C}_{Pi})^2 = 5.337 \times 10^{-2} [\mu g/(mL \cdot 支)]^2$$

(5) 步骤五 组间差的估计值：

$$\hat{\sigma}_{\text{间}} = \sqrt{\frac{1}{2}\left(\frac{Q_{\text{间}}}{m-1} - \frac{Q_{\text{内}}}{m}\right)} = 5.591 \times 10^{-2} \mu g/(mL \cdot 支)$$

组间差形成的相对不确定度分量：

$$u_{1rel}(C_P) = \frac{\hat{\sigma}_{\text{间}}}{\overline{\overline{C}}_P} = 7.034 \times 10^{-2}$$

2. 量化测量重复性引入的不确定因素形成的变异

该评定与氰化氢气相部分不确定度分量评定类同。

【例 4-23】

以下表中第 1 列数据为例。以下类同。

序号	1	2	3	4	5	6	7	8	9	10
C_{Pi1}	0.867	0.895	0.859	0.802	0.877	0.747	0.799	0.864	0.706	0.791
C_{Pi2}	0.799	0.794	0.610	0.810	0.737	0.825	0.797	0.802	0.708	0.807
$\overline{C}_{Pi}$	0.833	0.845	0.734	0.806	0.807	0.786	0.798	0.833	0.707	0.799

$$u_2(C_P) = \frac{d_i}{1.128 \times \sqrt{2}} = 4.230 \times 10^{-2} \mu g/(mL \cdot 支)$$

$$\overline{C}_{P1} = \frac{1}{2} \sum_{j=1}^{2} C_{P1j} = 0.833 \mu g/(mL \cdot 支)$$

组内差形成的相对不确定度分量：

$$u_{2\text{rel}}(C_P) = \frac{u_2(C_P)}{\overline{C}_{P1}} = 5.077 \times 10^{-2}$$

3. 量化样品前处理引入的不确定因素形成的变异

测量过程：氰化氢气相采用吸收液定容，而氰化氢粒相采用滤片加液萃取。

涉及的计量器具是定量加液器，该评定与氰化氢气相部分不确定度分量评定类似。只要将容量瓶的不确定度评定方法改成定量加液器的不确定度评定方法即可。

【例4-24】

(1) 定量加液器计量引入的相对不确定度分量。

计量证书给出该种50mL定量加液器的最大相对允差是 $I_r = 0.03\%$，按三角分布考虑，则有：

$$u_{\text{rel}}(qdC) = \frac{I_r}{\sqrt{6}} = 1.224 \times 10^{-4}$$

(2) 定量加液器液体体膨胀引入的相对不确定度分量。

$\Delta t_{\max} = 5\text{℃}$，溶液主要是水，水的体膨胀系数是 $2.08 \times 10^{-4}\text{℃}^{-1}$，按均匀分布考虑，则有：

$$u_{\text{rel}}(qdt) = \frac{\Delta t_{\max} \times \alpha_V}{\sqrt{3}} = 6.004 \times 10^{-4}$$

(3) 样品的前处理形成的相对不确定度分量。

考虑 $u_{\text{rel}}(pdC)$ 和 $u_{\text{rel}}(pdt)$ 不相关。

$$u_{3\text{rel}}(C_P) = \sqrt{[u_{\text{rel}}(pdC)]^2 + [u_{\text{rel}}(pdt)]^2} = 6.128 \times 10^{-4}$$

4. 量化工作溶液制备引入的不确定因素形成的变异

粒相和气相采用相同的工作曲线，即工作溶液系列制备相同。

工作溶液系列制备形成的相对不确定度分量：

$$u_{4\text{rel}}(C_P) = u_{4\text{rel}}(C_G) = 5.116 \times 10^{-3}$$

5. 量化连续流动分析法引入的不确定因素形成的变异

由于粒相和气相采用相同的工作曲线，只是样品测量平均值 $\overline{C}$ 不同。气相 $\overline{C} = \overline{C}_{Gi} = 1.016\mu\text{g}/(\text{mL}\cdot\text{支})$，而粒相 $\overline{C} = \overline{C}_{Pi} = 0.833\mu\text{g}/(\text{mL}\cdot\text{支})$。

连续流动法工作曲线非线性形成的相对不确定度分量：

$$u_{5\text{rel}}(C_P) = \frac{S_E}{\overline{C''}k} \times \sqrt{\frac{1}{P} + \frac{1}{n} + \frac{(\overline{C} - \overline{C''})^2}{L_{C''C''}}} = 2.081 \times 10^{-2}$$

6. 量化连续流动分析仪测量重复性引入的不确定因素形成的变异

该评定与氰化氢气相部分不确定度分量评定类同。

【例 4-25】

浓度 C_i 重复测量值如下表所示。

序号	1	2	3	4	5	6	7	8	9	10
$C_i/[\mu g/(mL \cdot 支)]$	0.916	0.913	0.908	0.908	0.908	0.913	0.913	0.913	0.913	0.913

$$\overline{C} = \frac{1}{n}\sum_{i=1}^{n} C_i = 0.912 \mu g/(mL \cdot 支)$$

连续流动分析仪测量稳定性引入的相对不确定度分量:

$$u_{6\text{rel}}(C_P) = \frac{1}{\overline{C}}\sqrt{\frac{1}{n-1}\sum_{i=1}^{n}(C_i - \overline{C})^2} = 3.073 \times 10^{-3}$$

7. 氰化氢粒相 δ_1, δ_2, δ_3, δ_4, δ_5, δ_6 各因素形成的相对不确定度分量权重（图 4-18）

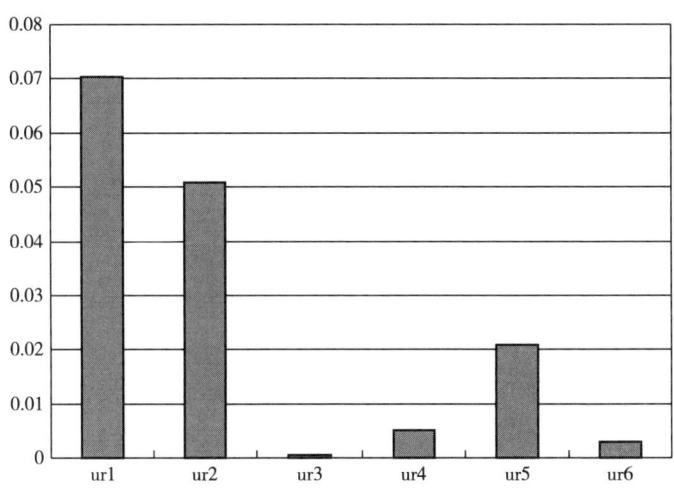

图 4-18 氰化氢粒相各因素的相对不确定度分量权重

主要分量是 $u_{1\text{rel}}(C_P)$ 和 $u_{2\text{rel}}(C_P)$。

七、合成标准不确定度

（一）氰化氢气相各不确定度分量合成

1. 氰化氢气相浓度不确定度分量合成 $f_c(\delta_1, \delta_2, \delta_3, \delta_4, \delta_5, \delta_6)$

考虑各 $u_{irel}(C_G)$ 互不相关，如式（4-28）所示。

$$u_{rel}(C_G) = \sqrt{\sum_{i=1}^{6}[u_{irel}(C_G)]^2} \qquad (4-28)$$

测量值取下表中第1列数据 C_{G11} 和 C_{G12} 的平均值 $\overline{C}_{G1} = \dfrac{1}{2}\sum_{j=1}^{2}C_{G1j}$，即氰化氢气相浓度值是 $\overline{C}_{G1}$，量纲是 μg/（mL·支）。

序号	1	2	3	4	5	6	7	8	9	10
C_{Gi1}	1.059	1.043	0.996	1.020	0.929	1.090	1.142	1.015	1.035	1.064
C_{Gi2}	0.973	0.996	1.118	0.971	1.160	1.090	0.999	1.080	1.051	0.900
$\overline{C}_{Gi}$	1.016	1.020	1.057	0.995	1.044	1.090	1.070	1.047	1.043	0.982

氰化氢气相浓度的不确定度分量是 $u(C_G) = \overline{C}_{G1} \times u_{rel}(C_G)$，量纲是 μg/（mL·支）。

【例4-26】

从前文氰化氢气相部分不确定度分量的评定，可得各相对不确定度分量如下表。

$u_{1rel}(C_G)$	$u_{2rel}(C_G)$	$u_{3rel}(C_G)$	$u_{4rel}(C_G)$	$u_{5rel}(C_G)$	$u_{6rel}(C_G)$
3.904×10^{-2}	5.284×10^{-2}	7.749×10^{-4}	5.116×10^{-3}	2.046×10^{-2}	5.288×10^{-3}

$$u_{rel}(C_G) = \sqrt{\sum_{i=1}^{6}[u_{irel}(C_G)]^2} = 6.921\times10^{-2}$$

取数据 C_{G11} 和 C_{G12}

$$\overline{C}_{G1} = \frac{1}{2}\sum_{j=1}^{2}C_{G1j} = 1.016\,\mu\text{g/(mL·支)}$$

氰化氢气相浓度的不确定度分量：

$$u(C_G) = \overline{C}_{G1} \times u_{rel}(C_G) = 7.031\times10^{-2}\,\mu\text{g/(mL·支)}$$

2. 氰化氢气相吸收液体积不确定度分量合成 $f_V(\delta_3)$

$$u_{rel}(V_G) = u_{3rel}(C_G) \qquad (4-29)$$

氰化氢气相吸收液的体积是 50mL，则氰化氢气相吸收液体积的不确定度分量为 $u(V_G) = 50 \times u_{rel}(V_G)$，量纲是 mL。

【例 4-27】

根据例 4-26，可得：

$$u_{rel}(V_G) = u_{3rel}(C_G) = 7.749 \times 10^{-4}$$

氰化氢气相吸收液体积的不确定度分量：

$$u(V_G) = 50 \times u_{rel}(V_G) = 3.875 \times 10^{-2} \text{mL}$$

3. 氰化氢气相部分浓度与体积的相关性

当氰化氢气相收集（吸收瓶内）完毕后，吸收瓶内的氰化氢量是恒定的，即 $y_G = C_G \times V_G$ 中的 y_G 是恒定的量值，则 $C_G \times V_G = K$ 呈双曲线函数关系（C_G 和 V_G 呈反比关系）。本研究要在前文中浓度 $\overline{C}_{Gi}$ 值附近的微小区间内确定 C_G 和 V_G 的相关系数。根据 $C_G \times V_G = K$ 可得表 4-3。

表 4-3　　　　　　　　C_G 和 V_G 的相关性

V_{Gi}/mL	50	48	49	51	52
C_{Gi}/[μg/(mL·支)]	$\overline{C}_i$	$\frac{50}{48} \times \overline{C}_i$	$\frac{50}{49} \times \overline{C}_i$	$\frac{50}{51} \times \overline{C}_i$	$\frac{50}{52} \times \overline{C}_i$

对形成的各对应点 (V_{Gi}, C_{Gi}) 进行线性拟合（最小二乘法），获取 C_G 和 V_G 的相关系数 $r(C_G, V_G)$。

【例 4-28】

取氰化氢气相浓度值 $\overline{C}_{Gi} = \overline{C}_{G1} = 1.016 \mu g/(\text{mL} \cdot \text{支})$，则可得 C_G 和 V_G 相关性如下表。

V_{Gi}/mL	50	48	49	51	52
C_{Gi}/[μg/(mL·支)]	$\overline{C}_i = 1.016$	1.058	1.037	0.996	0.977

采用最小二乘法。可得：

$$r(C_G, V_G) = -0.9997 \approx -1$$

4. 氰化氢气相各不确定度分量合成

根据数学模型 $y_G = C_G \times V_G$ 及通用公式

$$\begin{aligned} u^2(y) &= \sum_{i=1}^{N} \sum_{j=1}^{N} \frac{\partial f}{\partial x_i} \frac{\partial f}{\partial x_j} u(x_i, x_j) \\ &= \sum_{i=1}^{N} \left(\frac{\partial f}{\partial x_i}\right)^2 u^2(x_i) + 2 \sum_{i=1}^{N-1} \sum_{j=i+1}^{N} \frac{\partial f}{\partial x_i} \frac{\partial f}{\partial x_j} u(x_i, x_j) \end{aligned} \quad (4-30)$$

且相关系数 $r(x_i, x_j) = \dfrac{u(x_i, x_j)}{u(x_i)u(x_j)}$。

由于 $N = 2$，上式可转换成

$$u^2(y_G) = \left(\dfrac{\partial y_G}{\partial C_G}\right)^2 u^2(C_G) + \left(\dfrac{\partial y_G}{\partial V_G}\right)^2 u^2(V_G) + 2\dfrac{\partial y_G}{\partial C_G}\dfrac{\partial y_G}{\partial V_G}u(C_G)u(V_G)r(C_G, V_G)$$

(4-31)

根据 $y_G = C_G \times V_G$ 可得：$\dfrac{\partial y_G}{\partial C_G} = V_G$，$\dfrac{\partial y_G}{\partial V_G} = C_G$。

$r(C_G, V_G) = -0.9997 \approx -1$。则

$$\begin{aligned}u(y_G) &= \sqrt{V_G^2 u^2(C_G) + C_G^2 u^2(V_G) - 2V_G u(C_G) C_G u(V_G)} \\ &= |V_G u(C_G) - C_G u(V_G)|\end{aligned}$$

(4-32)

【例 4-29】

根据上述评定，可知

$$C_G = 1.016 \mu g/(mL \cdot 支)$$

$$V_G = 50 mL$$

$$u(C_G) = 7.031 \times 10^{-2} \mu g/(mL \cdot 支)$$

$$u(V_G) = 3.875 \times 10^{-2} mL$$

氰化氢气相部分的测量值

$$y_G = C_G \times V_G = 50.797 \mu g/支$$

氰化氢气相部分的合成标准不确定度

$$u(y_G) = |V_G u(C_G) - C_G u(V_G)| = 3.476 \mu g/支$$

(二) 氰化氢粒相各不确定度分量合成

1. 氰化氢粒相浓度不确定度分量合成 $f_c(\delta_1, \delta_2, \delta_3, \delta_4, \delta_5, \delta_6)$

该评定与氰化氢气相浓度不确定度分量合成类同。

【例 4-30】

从前文氰化氢粒相部分不确定度分量的评定，可得各相对不确定度分量如下。

$u_{1\text{rel}}(C_P)$	$u_{2\text{rel}}(C_P)$	$u_{3\text{rel}}(C_P)$	$u_{4\text{rel}}(C_P)$	$u_{5\text{rel}}(C_P)$	$u_{6\text{rel}}(C_P)$
7.034×10^{-2}	5.077×10^{-2}	6.128×10^{-4}	5.116×10^{-3}	2.081×10^{-2}	3.073×10^{-3}

$$u_{rel}(C_P) = \sqrt{\sum_{i=1}^{6}[u_{irel}(C_P)]^2} = 8.941 \times 10^{-2}$$

取氰化氢粒相浓度值 C_{P11} 和 C_{P12}：

$$\overline{C}_{P1} = \frac{1}{2}\sum_{j=1}^{2}C_{P1j} = 0.833 \mu g/(mL \cdot 支)$$

氰化氢粒相浓度的不确定度分量：

$$u(C_P) = \overline{C}_{P1} \times u_{rel}(C_P) = 7.448 \times 10^{-2} \mu g/(mL \cdot 支)$$

2. 氰化氢粒相萃取液体积不确定度分量合成 $f_V(\delta_3)$

该评定与前文类同。

【例 4-31】

根据例 4-30，可得：

$$u_{rel}(V_P) = u_{3rel}(C_P) = 6.128 \times 10^{-4}$$

氰化氢粒相萃取液体积的不确定度分量：

$$u(V_P) = 50 \times u_{rel}(V_P) = 3.064 \times 10^{-2} mL$$

3. 氰化氢粒相部分浓度与体积的相关性

粒相与气相相同，即：

$$r(V_P, C_P) = r(V_G, C_G) = -0.9997 \approx -1$$

4. 氰化氢粒相各不确定度分量合成

该评定与氰化氢气相各不确定度分量合成类同。

【例 4-32】

根据上述评定，可知：

$$C_P = 0.833 \mu g/(mL \cdot 支)$$

$$V_P = 50 mL$$

$$u(C_P) = 7.448 \times 10^{-2} \mu g/(mL \cdot 支)$$

$$u(V_P) = 3.064 \times 10^{-2} mL$$

氰化氢粒相部分的测量值：

$$y_P = C_P \times V_P = 41.650 \mu g/支$$

氰化氢粒相部分的合成标准不确定度：

$$u(y_P) = |V_P u(C_P) - C_P u(V_P)| = 3.699 \mu g/支$$

(三) 氰化氢气相部分与粒相部分不确定度分量合成

根据数学模型 $y_{HCN} = y_G + y_P$ 及通用公式：

$$u^2(y) = \sum_{i=1}^{N}\sum_{j=1}^{N}\frac{\partial f}{\partial x_i}\frac{\partial f}{\partial x_j}u(x_i, x_j) \qquad (4-33)$$

$$= \sum_{i=1}^{N}\left(\frac{\partial f}{\partial x_i}\right)^2 u^2(x_i) + 2\sum_{i=1}^{N-1}\sum_{j=i+1}^{N}\frac{\partial f}{\partial x_i}\frac{\partial f}{\partial x_j}u(x_i, x_j)$$

且相关系数 $r(x_i, x_j) = \dfrac{u(x_i, x_j)}{u(x_i)u(x_j)}$。

由于 $N = 2$,上式可转换成:

$$u^2(y_{HCN}) = \left(\frac{\partial y_{HCN}}{\partial y_G}\right)^2 u^2(y_G) + \left(\frac{\partial y_{HCN}}{\partial y_P}\right)^2 u^2(y_P) + 2\frac{\partial y_{HCN}}{\partial y_G}\frac{\partial y_{HCN}}{\partial y_P}$$
$$u(y_G)u(y_P)r(y_G, y_P) \qquad (4-34)$$

根据 $y_{HCN} = y_G + y_P$ 可得: $\dfrac{\partial y_{HCN}}{\partial y_G} = 1$, $\dfrac{\partial y_{HCN}}{\partial y_P} = 1$。则:

$$u(y_{HCN}) = \sqrt{u^2(y_G) + u^2(y_P) + 2u(y_G)u(y_P)r(y_G, y_P)} \qquad (4-35)$$

选用6个卷烟样品,分别进行10组(每组两个平行)测量,共获取6×(2×10)对气相与粒相对应测量值。6个卷烟样品气相和粒相间的相关系数如表4-4所示。

表4-4　　卷烟样品气相与粒相测量值间的相关系数

序号	卷烟1#	卷烟2#	卷烟3#	卷烟4#	卷烟5#	卷烟6#
$r(y_G, y_P)$	-0.4314	0.0212	-0.3731	0.2306	0.4027	0.6871

当 $n = 20$,即自由度 $df = 18$,如取显著性水平 $\alpha = 0.05$,则相关系数的临界值 $|r_{临界}| = 0.444$。

从表4-4可知:除"卷烟6#"气相和粒相具有一定的相关性外,其余5个卷烟样品的气相与粒相均没有相关性。故认为应视 $r(y_G, y_P) = 0$。

即氰化氢的合成标准不确定度可通过式(4-36)计算:

$$u(y_{HCN}) = \sqrt{u^2(y_G) + u^2(y_P)} \qquad (4-36)$$

【例4-33】

根据氰化氢气相和粒相各不确定分量合成,可得:

氰化氢的测量结果:

$$y_{HCN} = y_G + y_P = 92.447 \mu g/ 支$$

氰化氢的合成标准不确定度:

$$u(y_{HCN}) = \sqrt{u^2(y_G) + u^2(y_P)} = 5.076 \mu g/\text{支}$$

八、报告

测量不确定度报告一般有两种出示方式。

（1）测量结果 y，合成标准不确定度 u。

（2）测量结果 y，扩展不确定度 U，包含因子 k。

另：不确定度出示至多 2 位有效数字，且最后 1 位只进不退。

【例 4-34】

根据氰化氢气相部分与粒相部分不确定度分量合成可获取该卷烟样品的测量不确定度报告。

报告（1）

氰化氢的测量结果	氰化氢的合成标准不确定度
92μg/支	6μg/支

或报告（2）

氰化氢的测量结果	氰化氢的扩展不确定度	包含因子
92μg/支	11μg/支	2

九、其他

（一）评定过程中的几点说明

（1）本部分的【例子】均采用 3R4F 卷烟作为样品来采集数据，并予以测量不确定度评定。

（2）本部分出示的氰化氢浓度（气相、粒相）均通过 $C = \dfrac{1.038}{n} \times C'$ 换算（见四、数学模型）。系列工作溶液浓度亦然。

（3）除氰化氢气相和粒相部分量化主流烟气产生引入的不确定因素形成的变异的浓度（气相、粒相）均值以 10 组测量总平均值（$\overline{C}_G$、$\overline{C}_P$）出示，获取相对不确定度外，其余的浓度（气相、粒相）均值均以 10 组数据的第 1 组（第 1 列）出示（两个平行测量平均值）。这是为了与标准匹配。

（二）测量数据有效性验证

本部分的【例子】均采用 3R4F 卷烟作为样品来采集数据。为确认测量仪器的精密度和准确度是否达到要求，从而确保测量结果有效，9 家实验室，采用 3R4F 卷烟进行共同实验，共同实验的重复测量数是 2×10=20。

对共同实验结果进行了统计。

显著性水平取 $\alpha=0.01$。

(1) 将气相和粒相分开统计 对各实验室的 2×10=20 组测量均值进行格拉布斯异常值检验。统计显示有一家实验室（Lab8）在粒相测量上出现一个离群值，则将该粒相离群值和对应的气相值同时剔除。

(2) 将气相和粒相合并统计 对各实验室的 10 组数据（剔除离群值后的实验室是 9 组数据）再进行格拉布斯异常值检验。统计显示没有离群值。

(3) 采用曼德尔 h 检验各实验室测量均值 统计显示没有离群值。

(4) 采用曼德尔 k 检验各实验室测量精度 统计显示有一家实验室（Lab9）测量精度离群。剔除该实验室数据。

(5) 重复性限 r 和再现性限 R 用 8 家实验室数据（其中一家实验室 9 组数据）计算 r 和 R。结果是

$$r=8.13\mu g/\text{支}，R=20.37\mu g/\text{支}$$

另：8 家实验室测量均值最大值是 105.29μg/支，最小值是 86.07μg/支。

判断

Lab1 的测量均值是 91.57μg/支，10 组测量平均值的极差是 6.49μg/支。

Lab1 的测量平均值-105.29μg/支<R

Lab1 的测量平均值-86.07μg/支<R

Lab1 的 10 组测量平均值的极差<r

即 Lab1 的测量仪器对氰化氢的测量，其精密度和准确度均有效，确认本部分测量不确定度评定中出示的测量数据准确有效。

(三) 成梯度评价测量不确定度

测量不确定度评定是对某一样品测量结果的精密度做一个可信程度的评定，即不同样品（水平）测量不确定度评定的结果是不一样的。根据以往的数据选取 6 个卷烟样品，各卷烟样品的氰化氢测量结果呈一定的梯度，然后按上述的评定方法进行评定。

根据氰化氢气相部分和粒相部分不确定度分量评定方法，可得表 4-5。

表 4-5　　　　6 个卷烟样品浓度相对不确定度分量评定结果

序号	浓度	$u_{1rel}(C)$	$u_{2rel}(C)$	$u_{3rel}(C)$	$u_{4rel}(C)$	$u_{5rel}(C)$	$u_{6rel}(C)$
卷烟 1#	气相	3.904	5.284	0.077	0.512	2.046	0.529
	粒相	7.034	5.077	0.061	0.512	2.081	0.307

续表

序号	浓度	$u_{1rel}(C)$	$u_{2rel}(C)$	$u_{3rel}(C)$	$u_{4rel}(C)$	$u_{5rel}(C)$	$u_{6rel}(C)$
卷烟2#	气相	6.328	5.451	0.077	0.512	2.271	1.543
	粒相	5.544	6.137	0.061	0.512	2.348	0.996
卷烟3#	气相	5.256	2.876	0.077	0.512	2.166	0.242
	粒相	5.044	2.233	0.061	0.512	2.188	0.160
卷烟4#	气相	5.518	2.416	0.077	0.512	2.151	0.634
	粒相	8.180	1.671	0.061	0.512	2.159	0.192
卷烟5#	气相	6.451	1.822	0.077	0.512	2.051	0.203
	粒相	9.166	7.621	0.061	0.512	2.076	0.464
卷烟6#	气相	6.004	3.459	0.077	0.512	2.035	0.263
	粒相	7.956	3.215	0.061	0.512	2.032	0.527

注：表4-5中各值×10^{-2}。

根据氰化氢气相和粒相各不确定度分量合成的评定方法，可得表4-6。

表4-6　气相和粒相的浓度C、体积V、测量值y_{HCN}、$u(C)$、$u(V)$、$u(y_{HCN})$

序号	浓度	C/[μg/(mL·支)]	$u(C)$/[μg/(mL·支)]	V/mL	$u(V)$/mL	y_{HCN}/(μg/支)	$u(y_{HCN})$/(μg/支)
卷烟1#	气相	1.016	0.072	50	3.875×10^{-2}	50.797	3.476
	粒相	0.833	0.074	50	3.064×10^{-2}	41.650	3.699
卷烟2#	气相	0.328	0.029	50	3.875×10^{-2}	16.413	1.433
	粒相	0.186	0.016	50	3.064×10^{-2}	9.277	0.799
卷烟3#	气相	0.566	0.036	50	3.875×10^{-2}	28.286	1.787
	粒相	0.510	0.030	50	3.064×10^{-2}	25.496	1.504
卷烟4#	气相	0.606	0.039	50	3.875×10^{-2}	30.297	1.930
	粒相	0.584	0.050	50	3.064×10^{-2}	29.194	2.505
卷烟5#	气相	0.982	0.069	50	3.875×10^{-2}	49.110	3.415
	粒相	0.854	0.103	50	3.064×10^{-2}	42.688	5.148
卷烟6#	气相	1.364	0.099	50	3.875×10^{-2}	68.184	4.887
	粒相	1.316	0.116	50	3.064×10^{-2}	65.783	5.781

根据氰化氢气相部分与粒相部分不确定度分量合成的评定方法，可得表4-7。

表 4-7　　　　　测量值 y_{HCN} 和合成标准不确定度 u（y_{HCN}）　　　　　单位：μg/支

序号	卷烟1#	卷烟2#	卷烟3#	卷烟4#	卷烟5#	卷烟6#
y_{HCN}	92.447	25.690	53.781	59.490	91.798	133.967
$u(y_{HCN})$	5.076	1.640	2.336	3.162	6.178	7.570

以测量值 y_{HCN} 为横坐标，合成标准不确定度 u（y_{HCN}）为纵坐标，用最小二乘法对表 4-7 中 6 个对应点进行线性拟合（图 4-19）。

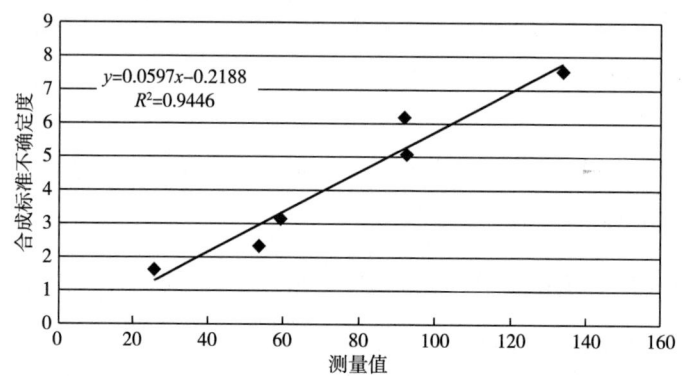

图 4-19　氰化氢合成标准不确定度

图 4-19 得线性拟合方程 $\hat{u}(y_{HCN}) = 0.0597 \times \hat{y}_{HCN} - 0.2188$。尽管图 4-19 各对应坐标点的分布有一定的离散性，但根据决定系数 $R^2 = 0.9446$，即相关系数 $r = 0.9719$，无法拒绝该线性方程获取的 $\hat{u}(y_{HCN})$ 是一个有效估计值。

根据 $\hat{u}(y_{HCN}) = 0.0597 \times \hat{y}_{HCN} - 0.2188$ 可获取各测量值 y_{HCN} 对应的合成标准不确定度估计值 $\hat{u}(y_{HCN})$（表 4-8）。

表 4-8　　　　　　　　　y_{HCN} 对应的 $\hat{u}$（y_{HCN}）　　　　　　　　单位：μg/支

y_{HCN}	30.0	40.0	50.0	60.0	70.0	80.0	90.0	100.0	110.0	120.0	130.0
$\hat{u}(y_{HCN})$	1.6	2.2	2.8	3.4	4.0	4.6	5.2	5.8	6.4	7.0	7.6

第五章
质量控制与改进

第一节 控制图的基本概念

为达到质量要求所采取的作业技术和活动称为质量控制。这就是说，质量控制是为了通过监视质量形成过程，消除质量环上所有阶段引起不合格或不满意效果的因素，以达到质量要求，获取经济效益，而采用的技术措施和管理措施方面的活动。

质量控制的目的在于确保产品或服务质量能满足要求（包括明示的、习惯上隐含的或必须履行的规定）。对于检测机构来说，质量控制的目的就是用现代科学管理技术和数理统计技术的方法来控制检测结果的质量，将测试的误差控制在允许的范围内，保证检测结果有一定的精密度和准确度，使检测数据在给定的置信水平内，表征检验数据的可信程度；质量控制的意义是让实验室有把握达到所要求的数据质量，并且使实验室之间的测量结果具有可比性。

质量控制又被称为过程质量控制或统计质量控制，它包括实验室内质量控制和实验室间质量控制两部分内容。实验室内质量控制包括实验室内部人员依据检测标准，进行空白实验、校准曲线的核查、仪器设备的标定、平行样分析、加标准物质或对实验室控制样品分析并绘制控制图等方法，它是实验室分析人员对测试过程进行自我控制的过程。实验室间质量控制包括分发标准样对各实验室的分析结果进行评价、对分析方法进行协作实验验证、加密码样进行考察等，它是发展和消除实验室间存在的系统误差的重要措施，它一般由通晓分析方法和质量控制程序的机构专业人员来承担。

中国合格评定国家认可委员会对实验室的检测数据质量有明确要求，其中 CNAS-CL01-A002"检测和校准实验室能力认可准则在化学检测领域的应用说明" 7.1.1.3 中规定："适用时，实验室应使用控制图监控实验室能力。质量控制图和警戒限应基于统计原理。实验室也应观察和分析控制图显示的异常趋势，必要时采取处理措施"。

一、控制图的定义

控制图又称为管制图。第一张控制图诞生于 1924 年 5 月 16 日，由美国贝尔电话实验所的休哈特（W. A. Shewhart）博士在首先提出控制图使用后，控制图就一直成为科学管理中一个不可或缺的重要工具。它是一种有控制界限的图，用来区分引起变化的原因是偶然的还是系统的，可以提供系统变化原因存在的资讯，从而判断生产过程是否处于受控状态。控制图按其用途可分为两类，一类是供分析用的控制图，用来控制生产过程中有关质量特性值的变化情况，看工序是否处于稳定受控状；另一类的控制图，主要用于发现生产过程是否出现了异常情况，以防产生不合格品。

控制图是贯彻预防原则的统计过程控制和统计过程诊断的重要工具，可以直接控制与诊断过程，是质量管理工具的核心。借助控制图可判断分析过程是否处于统计控制状态，进一步判断分析过程的稳定性和样品检测结果的有效性。烟草主要化学成分分析过程具有分析环节多、影响质量因素多的特点，需要分析人员严格按照相关标准方法进行实验分析，但是也不能完全避免异常因素的产生。因此，为了及时发现分析过程中是否出现异常因素，消除质量隐患，减少质量事故，使用控制图评价与分析有关基本参数的稳定性是非常必要的。

二、控制图的作用

在检测过程中，数据质量由于受随机因素和系统因素的影响而产生变差，前者由大量微小的偶然因素叠加而成；后者则是由可辨识的、作用明显的原因所引起，经采取适当措施可以发现和排除。当一检测过程仅受随机因素的影响，从而数据质量特征的平均值和变差都基本保持稳定时，称之为处于控制状态。此时，数据质量特征是服从确定概率分布的随机变量，它的分布（或其中的未知参数）可依据较长时期在稳定状态下取得的数据用统计方法进行估计。分布确定以后，数据质量特征的数学模型随之确定。为检验其后的检测过程是否也处于控制状态，就需要考察上述质量特征是否符合这种数学模型。为此，每隔一定时间，在检测过程中抽取一个大小固定的数据样本，计算其质量特征，若其数值符合这种数学模型，就认为检测过程正常，否则，就认为检测中出现某种系统性变化，或者说过程失去控制。这时，就需要考虑采取包括终止检验、排查在内的各种措施，以期查明原因并将其排除，以恢复正常检测,不使失控状态延续发展下去。

三、控制图的原理

控制图是对过程质量特性值进行测定、记录、评估,从而监察过程是否处于稳态的一种用统计方法设计的图。控制图有中心线(CL)、上控制限(UCL)、下控制限(LCL),并有按时间顺序样本统计量数值的描点序列。UCL、CL 与 LCL 统称为控制线,若控制图中的描点落在 UCL 与 LCL 之外,则表明过程异常。

控制图主要研究的是产品质量的变异性。产品质量的统计观点是:产品的质量具有变异性,且该变异具有统计规律性。产品质量的变异是有规律性的,但它不是通常的确定性现象的确定性规律,而是随机现象的统计规律。

确定性现象就是在一定条件下,事件必然发生或不可能发生的现象。随机现象就是在一定条件下,事件可能发生也可能不发生的现象。对于随机现象,通常采用分布来描述:变异的幅度有多大,出现这么大幅度变异的可能性(概率)有多大,这就是统计规律。

产品质量的变异性可用正态分布来描述,一般数据越多,分组越密,则直方图也越趋近一条光滑曲线,如图 5-1 所示。

正态分布的特点:中间高、二头低、左右对称并延伸到无穷。

正态分布的两个参数:平均值 μ 与标准差 σ。若平均值增大,则正态曲线右移;若标准差越大,则质量特性值越分散。如图 5-2 和图 5-3 所示。

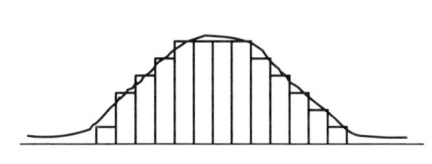
图 5-1　直方图趋近光滑曲线

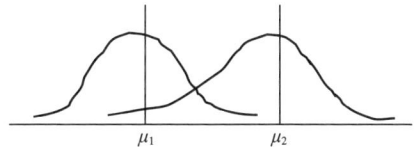
图 5-2　正态曲线随平均值变化（$\mu_1 < \mu_2$）

正态分布有一个事实（图 5-4）：不论平均值与标准差取值如何,质量特性值落在 [$\mu-3\sigma$, $\mu+3\sigma$] 范围内的概率为 99.73%。质量特性值落在 [$\mu-3\sigma$, $\mu+3\sigma$] 范围外的概率是:0.27%,而落在大于 $\mu+3\sigma$ 一侧或小于 $\mu-3\sigma$ 一侧的概率是:0.135%。

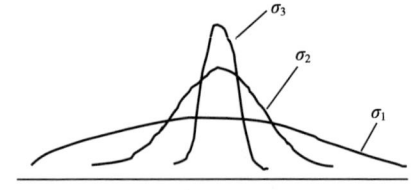
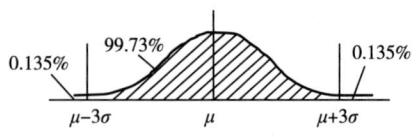

图 5-3 正态曲线随标准差变化（$\sigma_3<\sigma_2<\sigma_1$）　　　图 5-4 正态分布曲线下的面积

控制图的形成：把图 5-4 按顺时针方向转 90°，得到一张控制图（图 5-5 (1)），由于图中数值上小下大，不符合常规，再将图上下翻转 180°，这就得到一张控制图（图 5-5 (2)），这是一张单值（X）控制图。图中的上控制限 UCL=$\mu+3\sigma$；中心线 CL=μ；下控制限 LCL=$\mu-3\sigma$。

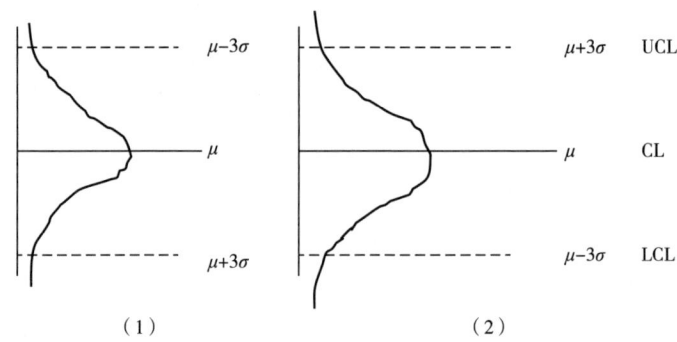

图 5-5 控制图的演变

四、控制图的理解

控制图的实质是区分偶然波动与异常波动。从对数据质量的影响来理解：数据质量波动可分为偶然波动和异常波动。偶然波动是检测过程固有的，始终存在，对数据质量的影响微小，且难以消除；异常波动是非过程固有的，有时存在，有时不存在，对质量影响大，但可以消除。偶然波动对数据质量影响小，故可把它看作背景噪声而听之任之。异常波动则不然，它对数据质量影响大，故在检测过程中异常波动是关注的对象。

偶然波动和异常波动都是数据质量波动，如何发现异常波动呢？假定在检测过程中，异常波动已经消除，只剩下偶然波动，即最小的波动。根据这最小的波动，应用统计学原理设计出控制图相应的控制界限，当异常波动发生时，数据点就会落在控制界限之外。控制图的控制界限就是区分偶然波动和异常波动的科学界限。

控制图的预防原理可以由以下两点看出：

（1）应用控制图对检测过程不断监控，当异常因素刚一露出苗头，甚至在未形成不合格数据之前就能被及时发现，在这种趋势下形成不合格数据之前就采取措施加以消除，起到预防的作用。

（2）实际上，多的情况是控制图显示异常，表明异常因素已经发生，这时一定要贯彻"查出异因，采取措施，保证消除，不再出现，纳入标准。"否则，控制图就形同虚设，不如不搞。每贯彻一次（即经过一次这样的循环）就消除一个异常因素，使它不再出现，从而起到预防的作用。

对于过程而言，控制图起着报警铃的作用，控制图点子出界就好比报警铃响，告诉控制图使用者是应该进行查找原因、采取措施、防止再犯的时刻了。一般来说，控制图只起报警铃的作用，而不能知道这种报警究竟是由什么异常因素造成的。

五、控制图的制作

（一）开始建立控制图之前的预备工作

1. 质量特性的选择

在选择控制方案所需的质量特性时，通常应将影响检验结果的特性作为首选对象。凡有助于及时提供过程信息，以使过程得到纠正，有利于提高数据可靠性的检验环节，应首先采用统计控制方法。所选择的质量特性应对分析的质量具有决定性的影响，并能保证过程的稳定性。

2. 过程的分析

应详细分析检验过程以确定下列各点：

（1）引起过程异常的原因的种类与位置。

（2）设定规范的影响。

（3）检验的方法与位置。

（4）所有可能影响检验过程的其他有关因素。

还应做出分析以确定检验过程的稳定性、检验设备的准确度以及数据不合格的类型与其原因之间的相关性模式。必要时，对检验的状况和检验结果提出要求，以便做出安排，调整检验设备，并设计检验过程的统计控制方案。这将有助于确认建立控制的最佳位置，迅速查明检验过程中的任何不正常因素，以便迅速采取纠正措施。

3. 合理子组的选择

控制图的基础是休哈特关于将观测值划分为"合理子组"的中心思想，即将所考察的观测值划分为一些子组，使得组内变差可认为仅由偶然原因造成，而组间的任何差异可以是由控制图所欲检测的可查明原因造成。

合理子组的划分有赖于对标准/方法的掌握、对检验过程的熟悉程度和获取数据的条件。可根据时间来确定子组，这样可能更容易追踪与纠正产生问题的具体原因。给按收集观测值的顺序所给出的检验和试验记录，提供了根据时间划分子组的基础。

此外，在尽可能的范围内，应保持子组大小 n 不变，以避免烦琐的计算和解释。当然，应该注意，常规控制图原理对于 n 变化的情形也同样适用。

4. 子组频数与子组大小

关于子组频数或子组大小，无法制订通用的规则。子组频数可能决定于取样和分析样本的费用，而子组大小则可能取决于一些实际的考虑。例如，低频率长间隔抽取的大子组，可以更准确地反映小偏移；高频率短间隔抽取的小子组，则能更迅速地反映出大偏移。通常，子组大小取为 4 或 5，而抽样频数，一般在初期时高，一旦达到统计控制状态后就低。通常认为，对于初步估计而言，抽取大小为 4 或 5 的 20~25 个子组就足够了。

5. 预备数据的收集

在确定了要控制的质量特性以及子组的子组抽样频数和子组大小以后，就必须收集和分析一些原始的检验数据和测量结果，以便能够提供初始的控制图数值，这是为确定绘于控制图上的中心线与控制线所需要的。预备数据可以连续地进行分析，逐个子组地进行收集，直到获得 20~25 个子组为止。注意，在收集原始数据的过程中，过程不得间歇地受到外来因素的不当影响，如样品前处理方式、检验仪器的配置等方面的变化。换言之，在收集原始数据时，过程应该呈现出一种稳定状态。

(二) 建立控制图

实验室控制样品是用于监测连续流动分析仪检测过程的稳定性，是用于评估烟草及烟草制品常规化学成分检测过程是否处于统计学的受控状态。实验室控制样品的使用依检测样品的种类不同而不同，其基本目的是采用控制图评估参数的一致性。

【例 5-1】烤烟实验室控制样品总糖含量（%）的检测数据是：17.5,

18.0、17.4、17.3、17.9、17.2。其平均值 $X=17.5$，标准偏差 $S=0.3$，上控制限的值为 $X+3S=18.4$，下控制限的值为 $X-3S=16.6$。建立的控制图，如图 5-6 所示。

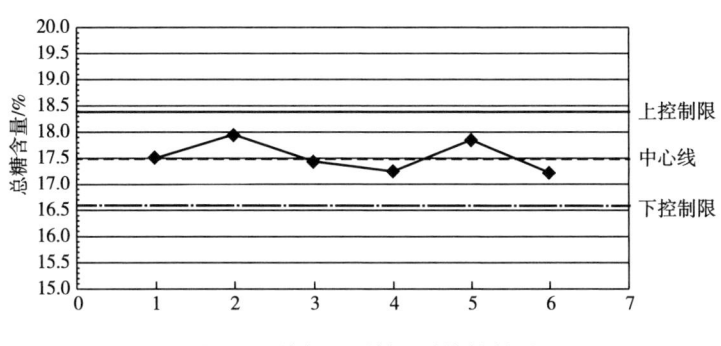

图 5-6　烤烟监测样品总糖控制图

六、控制图使用准则

稳态是检验过程追求的目标。那么如何用控制图判断过程是否处于稳态？为此，需要制订判断稳态的准则。

判稳准则：在点子随机排列的情况下，符合下列各点之一就认为过程处于稳态：

（1）连续 25 个点子都在控制界限内。

（2）连续 35 个点子至多 1 个点子落在控制界限外。

（3）连续 100 个点子至多 2 个点子落在控制界限外。

在介绍控制图的预防原理时，已经知道样本点出界就判断异常，这是判断异常的最基本的一条准则。为了增加控制图使用者的信心，即使对于在控制界限内的样本点也要观察其排列是否随机。图 5-7 的上控制限（UCL）、下控制限（LCL）分别位于中心线（CL）的上下 3σ 处。为了应用下述的模式检验，将控制图等分为 6 个区，每个区宽 1σ，分别以 A、B、C 表示，有八个模式检验用于判断常规控制图的点是否随机排列：

检验 1：一点落在 A 区外（点子越出控制界限）；

检验 2：连续 9 点落在中心线同一侧；

检验 3：连续 6 点递增或递减；

检验 4：连续 14 点中相邻点交替上下；

检验 5：连续 3 点中有 2 点落在中心线同一侧的 B 区之外；

检验6：连续5点中4点落在中心线同一侧的C区之外；

检验7：连续15点在中心线两侧C区之内；

检验8：连续8点在中心线两侧，但无一点在C区中。

上述检验中规定的任何情形的发生都表明已出现变差的可查明原因，必须加以诊断和纠正。

图5-7 控制图的分区

第二节 实验室控制样品的制作及使用

一、实验室控制样品的制作

烟草主要化学成分对卷烟感官质量和主流烟气指标有重要的影响，烟草主要化学成分波动，卷烟的感官质量和主流烟气指标也会发生变化。鉴于烟草主要化学成分的重要性，卷烟生产企业均将它们（一般为糖、氮、植物碱、氯、钾）列为常规检测项目，作为卷烟配方和卷烟产品质量监控的重要参考。烟草主要化学成分常用方法有经典的手工分析方法、连续流动分析方法和近红外分析方法三种。经典的手工分析方法和连续流动分析方法得到的数据为直接的一级数据，目前绝大部分卷烟生产企业一般采用连续流动分析方法，由于经典的手工分析方法比较烦琐耗时，目前已较少使用；近红外分析方法得到的数据是预测数据，为间接的二级数据，需要用一级数据建立模型及模型维护，其数据的准确性主要取决于一级数据的准确性。因此，连续流动分析测定结果的准确性具有重要的意义。

1. 实验室控制样品制作的目的

国外同类实验室对烟草主要化学成分检测数据的质量控制一般采用实验

室控制样品。实验室控制样品用于监测使用规定检验方法时检验过程的稳定性，特别是用于评估检验过程是否处于统计学受控状态，便于及时发现标准物质、实验环境、仪器设备或人员操作等方面存在的问题，保证实验室内部、实验室之间数据的可比性。实验室控制样品由若干个样品组成一个系列，分别代表可能检测到的样品类型，如烤烟、白肋烟、香料烟、再造烟叶。实验室控制样品的参考值由该实验室测定，采用不同的测定方法相互印证，同时委托其他实验室测定，确保参考值准确。实验室控制样品的使用有一套相应的规定，包括储藏条件、使用频次、误差要求、误差原因分析等。

2. 实验室控制样品的制作

实验室控制样品由若干个样品组成一个系列，分别代表可能检测到的样品类型，如烤烟、白肋烟、香料烟和再造烟叶，这几种类型的原料，其化学指标有较大的差异，因此需要分别制作。监测样品的制作过程如下：

（1）分别取已经确定的原料样品（如烤烟、白肋烟、香料烟、再造烟叶）5~10kg，在40℃以下温度烘干，或置于干燥环境下自然干燥，直至可用手指捻碎。

（2）将样品放入粉碎机研磨，过40目筛网。将研磨过筛的烟末分别混成一堆。

（3）准备一个干净的实验台（或在地板上铺干净的塑料布，长方形），将研磨过筛的烟末均匀地撒在整个平面，一次500g。重复操作，直至将所有烟末洒在平面上。

（4）将均匀撒在平面上的烟末归拢为一堆，重复上一步骤的操作20次，以确保样品具有良好的均匀度。

（5）将混合均匀的烟末装入旋塞瓶中，每瓶25g。将旋塞拧紧，蜡封。

（6）将分装好的样品进行同位素灭活处理。

在此条件下得到的同一批监测样品，可以认为是均匀有效的。

3. 实验室控制样品的定值

实验室控制样品是为了控制检验过程的目的而生产的，其定值的准确与否直接影响检测数据的质量，因此实验室控制样品的定值采用连续流动法标定，用经典手工法进行验证。

连续流动分析仪采用的方法是：YC/T 159—2002《烟草及烟草制品 水溶性糖的测定 连续流动法》、YC/T 160—2002《烟草及烟草制品 总植物碱的测定 连续流动法》或 YC/T 468—2013《烟草及烟草制品 总植物碱的测定 连续流动（硫氰酸钾）法》、YC/T 161—2002《烟草及烟草制品 总氮的测定 连续流动法》、YC/T 162—2011《烟草及烟草制品 氯的测定 连续流动法》和 YC/T 217—2007《烟草及烟草制品 钾的测定 连续流动法》。

经典手工方法是：YC/T 32—1996《烟草及烟草制品 水溶性糖的测定 芒森·沃克法》、YC/T 34—1996《烟草及烟草制品 总植物碱的测定 光度法》、YC/T 33—1996《烟草及烟草制品 总氮的测定 克达尔法》、YC/T 153—2001《烟草及烟草制品 氯含量的测定 电位滴定法》和 YC/T 217—2007《烟草及烟草制品 钾的测定 四苯硼钠重量法》。

【例 5-2】烤烟实验室控制样品测定结果如表 5-1 所示。

表 5-1　　　　　　烤烟实验室控制样品测定结果

方法	植物碱/%	总糖/%	还原糖/%	氯/%	钾/%	总氮/%
连续流动法	1.70	21.3	19.6	0.58	3.09	1.88
经典法	1.71	22.4	21.0	0.59	3.08	1.86
极差	0.01	1.1	1.4	0.01	0.01	0.02

用经典的手工方法对连续流动法的测定结果进行验证的结果表明：实验室控制样品的总植物碱、氯、钾和总氮四项指标的两种测试方法结果吻合；水溶性糖的两项指标存在一定的差异，这是由于方法原理以及所用试剂不同造成的，这种不同分别在 YC/T 159—2002 和 YC/T 32—1996 原理中也有说明，并不能采用一种方法的结果校准另一种；考虑到制作实验室控制样品的目的是为监控连续流动法检验过程，且 YC/T 159—2002 方法的分析步骤相对简单，所以实验室控制样品相关指标的定值采用连续流动法的测试数据。

二、实验室控制样品的使用

实验室控制样品不能用于校准，由实验室控制样品得到的值不能用于校正测试样品的检验结果。对于不同类型的烟叶或烟草制品，应选择不同类型的实验室控制样品，如：分析白肋烟叶或混合型卷烟时，应使用的实验室控制样品是白肋烟监控样品；分析烤烟烟叶或烤烟型卷烟时，应使用的实验室控制样品是烤烟；分析再造烟叶时，应使用的实验室控制样品是再造烟叶。

1. 实验室控制样品使用流程

对实验室控制样品结果是否正常的判断主要依靠我们绘制的控制图，在控制图建立后,实验室控制样品和待检样品须同时进行测试。测试结束后,首先对本次实验室控制样品测试结果的变化进行评估,如果异常,要查找原因,消除误差源,对实验室控制样品和待检样品重新进行测试;如果正常,说明本次使用连续流动分析仪的检验过程处于受控状态,测试结果有效。监测样品使用流程如图 5-8 所示。

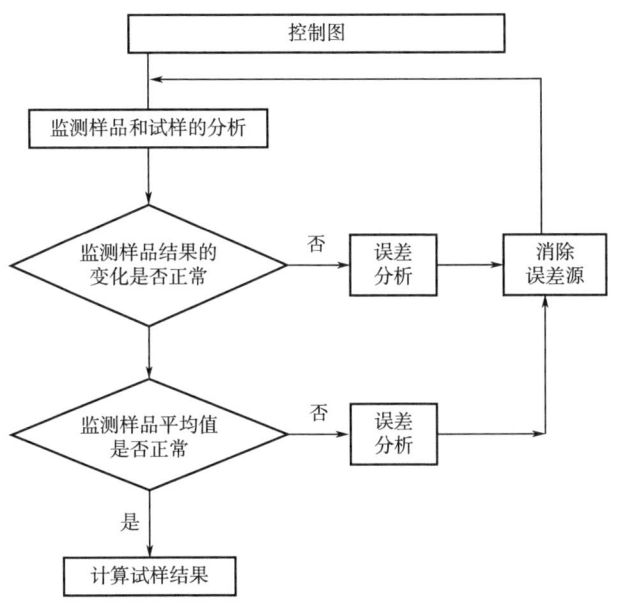

图 5-8　监测样品使用流程图

2. 实验室控制样品使用频次

实验室控制样品的分析频次不应固定,它取决于实际的需要。但下述考虑说明了分析频次选择的重要性。

在分析过程一致(稳定)的条件下,可以认为由分析样品得到的连续两次有效的测试结果之间的所有分析结果也是有效的。相反,也意味着在一个分析间隔期之内,如果开始时实验室控制样品的测试结果是有效的,而结束时测试结果是无效的,则这个间隔期之内的样品分析结果将被认为全部是无效的,除非有进一步的检查结果表明它们是有效的。因此就存在着不接受这些样品的分析结果而重新进行检验的风险。为了避免大量数据的损失,以一个不"太大"的间隔期对实验室控制样品进行检验非常重要,这也就成为测试样品数量与一致性确认(实验室控制样品检验)之间的最佳平衡点选择问题。

在使用连续流动分析仪对烟草及烟草制品进行测试时，由于待检样品会有若干个，所使用的标准溶液、反应所需试剂和分析模块的管路配置都是相同的。依据在分析过程一致（稳定）的条件下，可以认为由实验室控制样品得到的连续两次有效的测试结果之间的所有测试结果也是有效的。

关于实验室控制样品使用的具体频次，CNAS-CL01-A002"检测和校准实验室能力认可准则在化学检测领域的应用说明"7.7.1.2的"（2）实验室控制样品"中要求：实验室控制样品（LCS）可每制备批样品或每20个样品做一次。LCS应按通常遇到的基体和含量水平准备，其测定结果可建立质量控制图进行分析评价。当经过LCS测试实验证明检测水平处于稳定和可控制状态下，可适当减少LCS的测试频率。

建议连续流动分析仪的实验室控制样品使用频次为5%。如果相关指标的检测水平处于稳定和可控制状态下，可适当减少实验室控制样品的使用频次，但至少每一次测试均使用实验室控制样品，每个测试指标实验室控制样品至少使用两次，即在本次测试所测样品的开始之前（带过杯之后）和结束之后（结束杯之前）。

第三节 连续流动分析检测的过程控制

一、数据误差的判断和误差原因分析

1. 数据误差的判断

烟草及烟草制品化学常规成分分析过程产生的数据包括：水分、质量、仪器检测值和目标物含量。

按照YC/T 31—1996用烘箱法测定样品的水分。连续流动分析仪方法标准有YC/T 159—2002《烟草及烟草制品 水溶性糖的测定 连续流动法》、YC/T 160—2002《烟草及烟草制品 总植物碱的测定 连续流动法》或YC/T 468—2013《烟草及烟草制品 总植物碱的测定 连续流动（硫氰酸钾）法》、YC/T 161—2002《烟草及烟草制品 总氮的测定 连续流动法》、YC/T 162—2011《烟草及烟草制品 氯的测定 连续流动法》和YC/T 217—2007《烟草及烟草制品 钾的测定 连续流动法》。烟草及烟草制品化学常规成分的测试结果应满足上述方法标准中对相关测试结果精密度的要求。

2. 误差原因分析

引起检验数据质量异常有很多因素，通过对检验过程和影响因素的全面

系统的观察和分析，可以找出其因果关系。

对连续流动分析仪测试结果造成影响的主要因素有：

（1）人员操作是否正常，涉及持证上岗、严格执行标准等因素。

（2）标准溶液是否正常，涉及标准物质称量（天平计量、天平运行检查、称重记录）、溶液配制过程（标准品干燥条件、容量瓶以及移液管计量、工作标准溶液移取、工作标准溶液定容）、标准物质纯度、目标物含量计算、标准储备液保存、标准工作液保存、标准曲线（工作曲线的制作应不少于 4 个点，线性相关系数≥0.9900）等因素。

（3）样品状态是否正常，涉及样品均匀性、样品称量（天平校准、天平运行检查）等因素。

（4）样品水分是否正常，涉及样品称量（天平校准、天平运行检查、称重记录）、烘箱状态（烘箱校准、运行检查正常、烘干温度正确、烘干时间正确）、烘箱内样品摆放等因素。

（5）化学试剂是否正常，涉及产品质量、实验室用水、溶液配制（称取或移取、量具计量、溶液溶解、溶液定容）、溶液保存等因素。

（6）萃取过程是否正常，涉及萃取液移取（量具计量、移取体积）、萃取时间、振荡器转速、滤纸、弃液、滤液接收完全及摇匀等因素。

（7）连续流动分析仪状态是否正常，涉及整机计量、进样器（进样和清洗时间设置、取液、管路畅通）、蠕动泵（泵速平稳、电磁阀动作、泵管畅通、泵管弹性）、分析模块（管路配置，渗析器状态、管路连接、加热槽状态、管路内气泡状态）、检测器（滤光片计量、滤光片波长、光源稳定）、计算机（工作站正常、采点正确、杯序正确、漂移正确、基线平直、峰形、样品未超标）等因素。

（8）结果的计算与表述是否正常，涉及公式的使用、数值修约、精度等因素。

二、检测的过程控制

烟草及烟草制品常规化学成分检测受许多因素的影响，控制好每一个细节，累积起来才能控制好整个测试过程，保证检测数据质量。

1. 仪器设备的控制

（1）天平的控制。

①应定期进行计量检定，并配备校准砝码。②应经常性地检查和调整水

平放置。③应进行期间核查，具体如下。

用标准砝码进行检查，偏差在±0.5mg 以内，方可使用。

周期：每次开机前均需进行期间核查。

规则：期间核查符合要求，则可进行检验工作。否则应停止检验，查明原因。

使用后填写仪器使用记录。

（2）烘箱的控制。

①应定期进行计量检定，根据计量结果对烘箱进行校准。②应进行期间核查，期间核查的重点是核查恒温控温精度，具体方法如下。

设置恒温定点（恒温点一般设置为105℃），用分度值不大于0.1℃的标准温度计（经检定合格）放入箱底排气阀温度计穴内，插入内箱体不得小于80mm，达到恒温温度时，关闭一组加热开关，只留一组电热器工作。待温度稳定30min 后，读取加热器工作时的温度 T_1 和加热器停止工作时的温度 T_2，计算出恒温精确度 ΔT，$\Delta T = T_1 - T_2$，恒温控制精确度应满足期间核查的要求。

周期：至少半年进行一次期间核查。

规则：期间核查符合要求，可进行检验工作。否则，应停止使用，查明原因，重新核查。

使用后填写仪器使用记录。

（3）定量加液器的监测控制。

①应定期进行计量检定，根据计量结果对定量加液器进行校准。②应进行期间核查，具体方法如下。

用清洁剂清洗定量加液器，然后用水冲净，器壁上不应有挂水等沾污现象。洗净的量器和洁净的有盖称量瓶，应提前放入工作室，使其与室温［室温一般为（20±5）℃且室温变化不得大于1℃/h］尽可能接近。称取有盖称量瓶的质量（m_0），精确到1mg。分别将被检量器内一定体积（10.00，20.00，40.00，60.00，80.00mL）的纯水（新鲜煮沸冷至室温的蒸馏水或去离子水）注入称量瓶中，称得纯水质量值（mL），精确到1mg。用温度计量取被检量器内纯水的温度，查表5-2可得纯水的密度值。

表 5-2　　　　　　　　　　　纯水的密度值表

温度/℃	密度/（g/mL）	温度/℃	密度/（g/mL）
15	0.999098	21	0.997989
16	0.998941	22	0.997767
17	0.998772	23	0.997535
18	0.998593	24	0.997293
19	0.998402	25	0.997041
20	0.998201	26	0.996780

按式（5-1）计算纯水的实际体积：

$$V = \frac{m_1 - m_0}{\rho} \tag{5-1}$$

计算得到纯水的实际体积与定量加液器设定体积的差值不应大于±0.20mL。

周期：至少半年进行一次期间核查。

规则：期间核查符合要求，可进行检验工作。否则，应停止使用，查明原因，重新核查。

使用后填写仪器使用记录。

（4）连续流动分析仪的控制。

①应定期进行计量检定，根据计量结果对连续流动分析仪状态进行评判。②应定期对连续流动分析仪进行维护和保养。③应进行期间核查，具体如下。

管路气泡均匀，流路平稳；基线应平直，波动应小于±1%，峰形应为典型的刀刃峰；线性相关系数≥0.9900。

周期：每次开机均需期间核查。

规则：期间核查符合要求，可进行实验。否则，应停止检验，查明原因，重新核查。

使用后填写仪器使用记录。

2. 实验室用水的控制

水是实验室内一个常常被忽视但至关重要的试剂，实验室用水应符合国家标准的要求，才能够确保不会对检验数据质量造成影响。在连续流动分析中，试剂和标准溶液的制备、玻璃器皿的洗涤等环节均使用水，大多数指标的检测也均要求在最佳的酸碱环境下进行，因此，实验室用水的pH是否符合国家标准的要求,是需要确认的日常工作。通常在连续流动法检测标准中规定"水应为蒸馏水或同等纯度的水",因此实验室用水的 pH 至少应满足三级水的要求,即 pH 在 5.0~7.5,最好使用中性水。实验室用水 pH 检测方法是以 pH 计对实验室用水 pH 进行测定,具体方法参照 GB/T 6682—2008《分析实验室用水规格和试验方法》。实验室用水的 pH 应定期确认,并保存详细记录以便于溯源。

3. 标准物质的控制

关于标准物质的使用,应关注以下方面。

标准物质的验收:采购的标准物质应检查标签、证书或其他证明文件的信息,必要和可行时应通过适当的检测手段,以确保满足检测方法的要求。

设施和环境条件:

(1)在样品制备和分析的全过程中,实验室墙壁涂料、排烟罩及其他固定设施所用的材料不应通过产生空气携带微粒的途径对检测样品、标准物质和其他试剂造成污染。

(2)实验室应制订程序,规定标准溶液其他内部标准物质的制备、标定、验证、有效期限、注意事项或危害、制备人、标识等要求,并保存详细记录。使用时,标准溶液的配制应有逐级稀释记录。标准溶液的标定应按照检测方法的要求或参照 GB/T 601—2016《化学试剂标准 滴定溶液的制备》的要求。

(3)标准物质在制备、储存和使用过程中,应特别关注特定要求,包括其毒性、对热、空气和光的稳定性、与其他化学试剂的反应、储存环境等。

实验室应按检测方法的要求建立校准曲线。最低浓度的标样应在接近检测方法报告限的水平,并应建立和执行线性校准曲线相关系数的准则。对非线性校准函数,需要更多的校准标样。如适用,应使用插入技术(bracketing technique)。通常情况下,实验室至少使用 5 个标样(除空白外)建立线性校准曲线。应定期使用中间点的校准标样检查标准曲线,建立定期检查结果可否接受的判定标准,且该判定标准应与测量不确定度相当。此类检查的频率取决于设备或方法的稳定性。通常情况下,约 5%的检查频率即可,除非检测方法有其他要求,或设备极为稳定时可降低检查的频率。

需要时,标准物质在使用期间应按计划进行期间核查,核查可根据检测工作的实际,从标准物质的性状是否有异常变化、储存环境是否符合要求等方面着手。如果在期间核查中发现标准物质已经发生分解产生异构体、浓度降低等特性变化，应立即停止使用，并追溯对之前检测结果的影响。

4. 样品的控制

关于样品的控制，应关注以下方面。

（1）根据检验工作的具体情况，做好样品标识工作，以保证样品编号的唯一性，保证识别样品在检验过程中所在检测室的状态，做到必要时的可追溯性。

（2）样品在制备、检测、储存时，应避免受到非检验性损坏，并防止丢失。

（3）检测人员在样品检验后，应在标识上注明检毕。

（4）样品应分类存放，标识清楚。

5. 实验室控制样品的使用

应使用实验室控制样品监控整个分析测试过程是否处于统计学受控状态。

6. 人员的控制

检验人员应持证上岗，按规范要求操作。

检验人员在检测工作结束后，应填写检测原始记录。

三、提高分析结果准确度的方法

要提高分析结果的准确度，必须消除系统误差和减小随机误差。

1. 消除系统误差

根据系统误差产生的原因，可以采取一些措施对测定数据进行校正，使系统误差尽量消除。消除系统误差常用的方法有对照试验、空白试验、仪器校准等。

（1）对照试验　标准对照：将被测试样和已知含量的标准试样在相同条件下进行测定，根据标准样的测定结果进行对照，即可判断是否存在系统误差。标准方法对照：标准方法一般指标准方法或公认的经典方法，对同一试样分别用待检验方法和标准方法进行测定，根据结果即可判断是否存在系统误差。内检外检对照：对于同一试样用同样分析方法由不同的分析人员进行测定，相互对照结果，称为"内检"；有时将同一试样在其他实验室进行分析，相互对照结果，称为"外检"，它们也能判断是否存在系统误差。

（2）空白试验　空白试验主要是检查试剂、蒸馏水是否有杂质，所用器皿是否被污染等引起的误差。空白试验是不加被测组分，在与测定完全相同条件下做的平行试验，所得结果为空白值。最后将被测试样的分析结果减去空白值，就得到比较准确的结果。

试剂空白一般每制备批样品或每20个样品做一次，样品的检测结果应消除空白造成的影响。高于接受限的试剂空白表明与空白同时分析的这批样品可能受到污染，检测结果不能被接受。当经过实验证明试剂空白处于稳定水平时，可适当减少空白试验的频次。当检测方法对空白有具体规定时，应满足方法要求。

(3) 仪器校准　实验前将仪器进行校准，如对砝码、滴定管、容量瓶等校准，测定结果用校正值校正。

(4) 插入实验室控制样品　实验室控制样品（LCS）可每制备批样品或每20个样品做一次。LCS应按通常遇到的基体和含量水平准备，其测定结果可建立质量控制图进行分析评价。当经过LCS测试实验证明检测水平处于稳定和可控制状态下，可适当减少LCS的测试频率。

(5) 超出工作标准溶液浓度范围样品　①如果样品待测液浓度低于最低浓度的工作标准溶液时，应配制更低浓度的工作标准溶液，重新测试样品的待测液。②如果样品的待测液浓度高于最高浓度的工作标准溶液时，应选择以下方法重新测试：a.配制更高浓度的工作标准溶液，重新测试样品的待测液；b.减少样品称样质量，重新测试样品；c.应对样品进行适当稀释，稀释液应与洗针液相同。

(6) 样品称样质量、萃取液体积、萃取瓶规格等应与标准中的规定一致或等比例，以保证萃取效果。

2. 减小随机误差

随机误差（偶然误差）是由一些随机因素引起的误差。从随机误差的规律可以看出，测定次数越多，分析结果的算术平均值越接近真实值。这是由于随机误差在平均值中抵消。虽然增加测定次数，可以减小随机误差，但次数太多费事费时，而且效果并不太显著。因此一般分析中，通常要求测定2~5次。

第四节　能力验证结果分析

一、能力验证的性质和目的

能力验证是利用实验室间比对，按照预先制订的准则评价参加者的能力。

它是确保实验室维持较高的校准和检测水平而对其能力进行考核、监督和确认的一种验证活动。常见能力验证的类型有定性比对、分割样品检测比对、实验室间量值比对、实验室间检测比对、已知值比对、部分过程比对。

参加能力验证计划,可以为实验室提供评价其出具数据可靠性和有效性的客观证据;可以为实验室的工作质量或水平是否满意以及是否需要对潜在的问题进行调查给出预警;实验室可以通过利用能力验证这种外部质量保证(EQA)工具,识别与同行机构之间的差异,补充其内部质量控制技术,为自身的持续改进和质量管理提供信息。

CNAS-CL01:2018《检测和校准实验室能力认可准则》中"7.7 确保结果的有效性"要求"7.7.2 可行和适当时,实验室应通过与其他实验室的结果比对监控能力水平。监控应予以策划和审查,包括但不限于以下一种或两种措施:a. 参加能力验证;注:GB/T 27043—2012 包含能力验证和能力验证提供者的详细信息。满足 GB/T 27043—2012 要求的能力验证提供者被认为是有能力的。b. 参加除能力验证之外的实验室间比对。"

CNAS-CL01-A002:2020《检测和校准实验室能力认可准则在化学检测领域的应用说明》中"7.7 确保结果的有效性"要求"7.7.1 实验室对检测结果进行监控时是否综合考虑检测对象、项目/参数、样品基体及检测方法等等的覆盖性以确保并证明检测过程受控以及检测结果的有效性。"

那么什么情况下要做能力验证?CNAS-RL02:2018《能力验证规则》对能力验证的要求:4.2.3 只要存在可获得的能力验证,合格评定机构初次申请认可的每个子领域应至少参加过 1 次能力验证且获得满意结果(申请认可之日前 3 年内参加的能力验证有效)。子领域的划分和频次的要求应满足 CNAS 公布的能力验证领域和频次表。4.2.4 只要存在可获得的能力验证,获准认可合格评定机构应满足 CNAS 能力验证领域和频次要求且获得满意结果。对 CNAS 能力验证领域和频次表中未列入的领域(子领域),只要存在可获得的能力验证,获准认可合格评定机构在每个认可周期内应至少参加 1 次。从准则上看,不管是获得认可的实验室还是初次申请认可的实验室,能力验证是要主动去参加的。

由上面的介绍可以知道,烟草行业使用连续流动法开展检测的实验室,包括已认可或将要申请认可的实验室,应参加相关的能力验证活动。目前烟草行业通过 CNAS 能力验证提供者评审的实验室只有国家烟草质量监督检验中心，相关参数涉及使用连续流动法的烟草常规化学指标，该实验室具备 CNAS 能力验证提供者资质后每年均组织"烟草检测——烟草及烟草制品常规化学成分的测定"能力验证。

二、能力验证计划结果报告的结构

以国家烟草质量监督检验中心近年发布的"烟草检测——烟草及烟草制品常规化学成分的测定能力验证计划结果报告"为例，其能力验证结果报告是由以下构成：封面、组织实施机构的相关信息、目录、正文（图5-9）。

目 录

一 前言	3
二 计划的特点	3
1. 目的和意义	3
2. 参加实验室的范围和数量	3
3. 测试项目和要求	4
4. 样品描述	4
5. 保密	5
6. 日程安排	5
三 统计分析的设计及结果评价原则	5
四 统计处理结果及结果评价	7
1. 统计量汇总	7
2. 统计结果说明	9
五 技术分析和建议	10
六 附录	12
附录A 实验室的检验结果和统计处理	12
附录B 样品制备和均匀性、稳定性检验报告	18
附录C 作业指导书	22
附录D 参考文献	22

图 5-9 能力验证结果报告目录

组织实施机构的相关信息包括：组织实施机构名称、联系地址、联系电话、计划负责人、技术专家（姓名、联系信息）、统计专家（姓名、联系信息）、结果报告的批准人、结果报告的审核人、结果报告的编制人等。

正文包括：前言、计划的特点、统计分析的设计及结果评价原则、统计处理结果及结果评价、技术分析和建议、附录。正文的详细结构如图5-9所示。

三、能力验证计划结果报告的理解

1. 前言

前言通常对该能力验证计划组织和实施机构、结果报告的发布机构、能力验证计划运作的依据、能力验证结果的相关要求和政策进行相关表述，该部分内容是对能力验证计划进行简要的说明。

2. 计划的特点

该部分内容是对能力验证活动的概述，包括：①能力验证计划的目的、意义；②参加实验室的范围、数量（参加实验室数量、上报的检验结果实验室数量）、未上报结果实验室数量及原因；③测试项目和要求，包括测试指标、检测方法、实验材料、参加单位的范围、实验数据反馈的相关要求、实验要求、注意事项、计划负责人及联系方式等，如测试项目的具体要求较多时可编制"作业指导书"；④样品描述：能力验证所用的材料（测试的样品的材质和数量）、样品制备的流程、样品的编号、样品的稳定性检验结果（是否符合分发能力验证样品要求、对本次能力验证计划有无影响）、均匀性检验结果（是否满足本次能力验证计划的要求）。其中具体的样品的均匀性检验、稳定性检验相关数据和结论应形成"样品制备和均匀性、稳定性检验报告"并作为结果报告的附录；⑤保密（每个参加实验室赋予一个唯一的数字代码）；⑥日程安排（本次能力验证计划的时间节点及相应的工作内容）。

参加者可从该部分内容多角度地了解该能力验证计划的特点，例如，参加者知悉是否符合本实验室参加该能力验证计划的目的和意义；本实验室在所有参加实验室中的归类；本实验室是否全部或部分参加该能力验证计划所有测试指标，采用的测试方法是否符合该能力验证计划的要求；本实验室所用的测试样品是否与样品描述的一致，是否对本实验室结果评定产生影响；应按照唯一的数字代码查找本实验室的结果及评价。

对于某些实验室而言，可尝试通过能力验证来评价实验室使用某种新的或者非常规方法进行检测/测量的工作质量。在某些情况下，能力验证计划会给出所有实验室所用方法的汇总和比较。对于实验室新的或是不经常开展的测量活动，这类数据可能极具价值，它可以帮助实验室今后选择适宜的方法或者指出在采纳新方法前需要进行的附加研究。

3. 统计分析的设计及结果评价原则

该部分对能力验证结果的统计处理和能力评价的原则、依据、数据处理的过程、本次能力验证计划涉及的统计量有哪些、各统计量的计算及其意义等进行相关的表述。

参加者可从该部分内容了解能力验证计划结果报告中各统计量的意义，便于参加者能更好地理解结果报告中相关的表述。

4. 统计处理结果及结果评价

该部分对统计量总体情况、统计结果等进行相关的表述或说明。

统计量总体情况中对进行数据处理工作采用的统计技术理由进行表述，实例如图5-10所示，以表明采用的统计技术合理性；应列出能力验证样品各指标统计量汇总情况，使参加者能了解本次的能力验证样品各指标统计量总体情况；对本次能力验证样品各指标指定值的标准不确定度计算的依据、方法、结果进行相关表述，并对指定值的不确定度对本次能力验证结果评价的影响情况进行说明，使参加者能了解指定值的不确定度是否对本实验室的结果评价带来影响。

统计量汇总

报名参加本次能力验证的实验室共61家，因此，本次统计处理共有61份检验结果。从反馈的61份检测结果分布可以看出，能力验证样品各指标检测结果均属于单峰分布且对称性较好（频率分布见图5-10），适宜采用稳健统计技术进行数据处理工作。

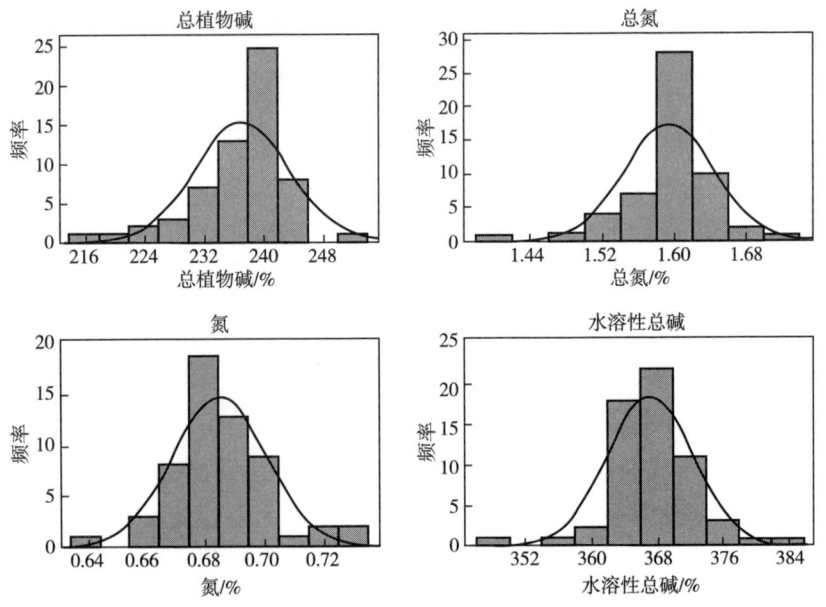

图5-10　能力验证样品各指标检测结果频率分布图

统计结果列出结果评价汇总表；对各指标满意结果、问题结果、不满意结果实验室的数量及其占比进行描述，其中问题结果、不满意结果实验室应以代码的形式列出，以便于参加的实验室查找；所有参加实验室的检测结果和能力评价结果形成"实验室的检验结果和统计处理"报告并作为结果报告的附录。参加者可从该部分内容知悉本实验室的评价结果；在所有参加实验室中测试水平如何（满意/有问题/不满意表5-3）；本实验室是否需要整改以及整改的指标等相关信息。

表5-3　能力验证样品各指标满意、有问题和不满意结果实验室汇总表实例

项目	样品数/个	满意度	Z比分数	编号	数目/个	百分比/%
钾	53	满意	$\lvert Z \rvert \leq 2$	略	51	96.23
		有问题	$2 < \lvert Z \rvert < 3$	无	0	0.00
		不满意	$\lvert Z \rvert \geq 3$	14、42	2	3.77

5. 技术分析和建议

该部分是计划负责人对本次能力验证过程中存在的问题以及应采取改进措施的建议进行相关表述。由于该部分的内容通常是本领域资深专家给出的建议，因此，对所有参加的实验室均有指导意义，应重点关注，参加者应有则改之，无则加勉，以持续提高本实验室的检测水平。

6. 附录

该部分是对结果报告中必须表述的内容，由于篇幅过长，正文中只表述总体情况，为了便于参加实验室查阅本实验室的具体情况，应在附录中详细表述。例如"实验室的检验结果和统计处理"报告（实验室各指标检验结果及统计处理一览表、能力验证样品各指标的Z比分图）、"样品制备和均匀性、稳定性检验报告"、作业指导书、参考文献等。

参加者可从该部分内容详细了解本实验室的具体情况；本实验室参与统计的数据是否有误；本实验室各指标测试数据离中位值有多大的差距等具体信息。

四、结束语

通过参加能力验证可以帮助实验室识别可能存在的问题。在能力验证中，如果实验室的结果与指定值或其他能力评价准则之间存在明显的差异，则实验室应该调查潜在的误差或不满意结果的来源，识别存在的问题并启动纠正

与预防措施。这些问题可能与诸如不适当的检测或测量程序、人员培训以及监督有效性、仪器校准等因素有关。如果没有参加能力验证，实验室就可能发现不了这些误差来源，无法采取相应的纠正措施。相应的，实验室就可能持续向客户等利益相关方提供可疑或错误的结果。最后，这些错误可能会对实验室声誉造成损失。因此，实验室把参加能力验证作为一种风险管理和质量改进的工具，是至关重要的。

附录

附录一 烟草及烟草制品 试样的制备和水分的测定 烘箱法

一、样品制备的方法

样品由不同的方式来制备,主要取决于其材料的性质以及分析检测的预期目标。一般而言,用连续流动分析仪检测烟草及烟草制品中的化学成分,一般依据烟草行业标准 YC/T 31—1996《烟草及烟草制品 试样的制备和水分测定 烘箱法》,具体来说包括以下步骤(附图1-1)。

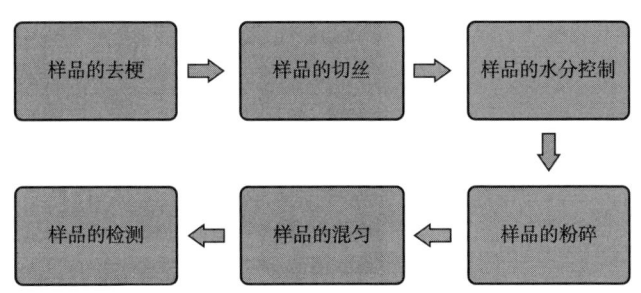

附图 1-1 样品的制样过程

(一)样品的去梗

这是针对烟叶样品而言的。烟叶中心有一个较粗的梗,又称主脉。从主脉向外扩展伸长的较小的梗是支脉,从结构上支撑烟叶。烟叶的去梗就是去除烟叶的主脉,叶尖部只含有直径小的主脉,可以不去梗。实验室采用的是人工去梗或者小型去梗机去梗,沿主脉两侧从叶柄部撕开即可。

(二)样品的切丝

样品的切丝是将去梗后的叶片用切丝机切成一定宽度的丝状,以便于样品的进一步粉碎。目前市售的烟叶切丝机有很多种,主要包括旋转式切丝机、滚刀式切丝机和上下式切丝机等,烟草化学检测样品制备对切丝机没有特殊的要求,唯一需要注意的是在切丝过程中,特别是样品量较大的情况下,需要确保切丝机的温度不能过高。

(三) 样品的水分控制

为了提高烟草样品制备的可操作性和便利性，需要对样品特别是鲜烟叶和初烤烟样品水分进行适当的控制，有利于样品的粉碎和混匀。一般而言，样品的水分控制采用两种方法：①自然晾干，即将样品暴露于空气中自然晾干一段时间，避免阳光直射，以手摸能捻碎为宜。该方法对于周围环境有一定的要求，要求空气水分含量较低，能达到晾干的目的，同时确保环境温度不高于40℃，适合于样品量较大的鲜烟叶和初烤烟；②烘箱法，将样品放置于烘箱中，设置一定温度进行烘干，以手摸能捻碎为宜，烘箱温度不高于40℃。该方法更适用于样品量较小的烟丝、烟梗、再造烟叶等。

(四) 样品的粉碎

YC/T 31—1996 标准中规定将烘好的样品进行研磨，持续研磨时间不应超过2min（研磨时间过长会造成温度升高，有可能引起植物碱的损失），然后过40目筛。这种方法是手工方法，适合样品量较小的制备，工作效率不高。随着时代的进步和科技的发展，目前样品的粉碎都是采用电动粉碎机进行操作。因粉碎机是高速运转，很容易造成样品的温度急速升高，所以在样品粉碎过程中需要特别注意控制粉碎机的温度，同时考虑到样品的粉碎效果，一般采用点进式粉碎：即采用开-关-开-关……的模式进行，每隔一定时间关闭粉碎机，使温度能恒定在一定范围，粉碎不同样品时，粉碎结束后，应打开粉碎机，充分清扫，既可以达到不同样品的有效隔离，又能及时地降低粉碎机的温度；粉碎机出料口自带筛网，可根据样品要求自由更换目数，显著提高了粉碎效率。

(五) 样品的混匀

连续流动法检测样品化学成分对于样品的需要量比较低，具体如下表所示，而为了保证样品的代表性，取样时一般取样量都比较大，这就要求样品制备时要充分混匀。YC/T 31—1996 标准中规定将过筛后的样品装入洁净干燥的广口瓶中密封，通过摇动混匀，这适用于样品量较少的情况。在样品量较大时，目前都采用混匀机（仪）进行混匀。目前市售的混匀机类型主要包括：滚筒式混匀、恒温混匀、螺带混匀、锥形混匀等，混匀机的优点在于避免人工混匀，转速、时间可灵活调节，提高工作效率。

部分指标所需最小样品量

检测指标	最小样品量/g	备注
水分	2.00	
总植物碱		
水溶性糖	0.25	标准方法中前处理一样，
氯		可合并处理
钾		
总氮	0.10	

注：表中列出部分指标最小样品量，在化学检测中都需要平行样。

二、常压烘箱干燥法测定水分

（一）测试次数

每个试样平行测定两次。

（二）测定方法

将编写有号码的洁净称量皿打开盖子，一同放入烘箱中，在（100±1）℃下烘干2h，加盖取出称量皿，放入硅胶干燥器中冷却至室温（约30min），立即称重 m_0，精确至0.001g。向称量皿中加入2~3g试料，称重 m_1，精确至0.001g。将称量皿打开盖子，一同放入烘箱中，每275cm^2放置一个称量皿，且只使用烘箱中央的一层隔板，在（100±1）℃下烘干2h。加盖取出称量皿，放入硅胶干燥器中冷却至室温（约30min），称重 m_2，精确至0.001g。

（三）结果的计算与表述

试样的水分质量百分含量，按下式进行计算：

$$W = \frac{m_1 - m_2}{m_1 - m_0} \times 100$$

式中　W——试样的水分含量,%；

m_0——称量皿质量，g；

m_1——烘干前称量皿与试料的总质量，g；

m_2——烘干后称量皿与试料的总质量，g。

以两次平行测定的平均值作为测定结果，精确至0.01%；水分测定值的有效期为15天。

（四）精密度

两次平行测定结果绝对值之总差不应大于0.10%。

附录二 烟草及烟草制品 总植物碱的测定 连续流动法

一、氰化钾法

（一）方法原理

用水萃取烟草样品，萃取液中的总植物碱（以烟碱计）与对氨基苯磺酸和氯化氰反应，氯化氰由氰化钾和氯胺 T 反应产生。反应产物用比色计在 460nm 下测定。

研究表明，用水和 5%醋酸溶液萃取可得到相同的结果。若总植物碱和水溶性糖同时分析，建议采用 5%醋酸溶液作为萃取剂。

（二）试剂

使用分析纯级试剂，水应为蒸馏水或同等纯度的水。

1. Brij 35 溶液（聚乙氧基月桂醚）

将 250g Brij 35 加入到 1L 水中，加热搅拌直至溶解。

2. 缓冲溶液 A

称取 2.35g 氯化钠（NaCl），7.6g 硼酸钠（$Na_2B_4O_3 \cdot 10H_2O$），用水溶解，然后转入 1L 容量瓶中，加入 1mL Brij 35，用蒸馏水稀释至 1L。使用前用定性滤纸过滤。

3. 缓冲溶液 B

称取 26g 磷酸氢二钠（Na_2HPO_4），10.4g 柠檬酸 [COH（COOH）（$CH_2COOH)_2 \cdot H_2O$]，7g 对氨基苯磺酸（$NH_2C_6H_4SO_3H$），用水溶解，然后转入 1L 容量瓶中，加入 1mL Brij 35，用蒸馏水稀释至 1L。使用前用定性滤纸过滤。

4. 氯胺 T 溶液（N-氯-4-甲基苯硫酰胺钠盐）[$CH_3C_6H_4SO_2N$（Na）Cl $\cdot 3H_2O$]

称取 8.65g 氯胺 T，溶于水中，然后转入 500mL 的容量瓶中，用水定容至刻度。使用前用定性滤纸过滤。

5. 氰化物解毒液 A

称取 1g 柠檬酸 [COH（COOH）（$CH_2COOH)_2 \cdot H_2O$]，10g 硫酸亚铁（$FeSO_4 \cdot 7H_2O$），用水溶解，稀释至 1L。

6. 氰化物解毒液 B

称取 10g 碳酸钠（Na_2CO_3），用水溶解，稀释至 1L。

7. 氰化钾溶液

氰化钾剧毒，操作应小心。

在通风橱中，称取 2g 氰化钾于 1L 烧杯中，加 500mL 水，搅拌至溶解，储于棕色瓶中。

8. 标准溶液

（1）按 YC/T 34—1996 测定烟碱或烟碱盐的纯度。

（2）储备液　称取适量烟碱或烟碱盐于 250mL 容量瓶中，精确至 0.0001g，用水溶解，定容至刻度。此溶液烟碱含量应在 1.6mg/mL 左右。贮存于冰箱中。此溶液应每月制备一次；因纯烟碱属于剧毒品，实验室在购买、保管、使用等方面存在极大的风险，也可购买烟碱水溶液直接用于工作标准液的配制。

（3）工作标准液　由储备液用水制备至少 5 种浓度的工作标准液，计算工作标准液的浓度时应考虑烟碱或烟碱盐的纯度，其浓度范围应覆盖预计检测到的样品含量。工作标准液应贮存于冰箱中。每两周配制一次。

（三）仪器设备

（1）连续流动分析仪，由下述各部分组成：

取样器、比例泵、渗析器、加热槽、螺旋管、比色计（配 460nm 滤光片）、记录仪或其他合适的数据处理装置。

（2）天平，感量 0.0001g。

（3）振荡器。

（四）分析步骤

（1）抽样　按 GB/T 5606.1—2004 或 YC 0005—1992 抽取样品。

（2）按 YC/T 31—1996 制备试样，测定水分含量。

（3）称取 0.25g 试料于 50mL 磨口三角瓶中，精确至 0.0001g，加入 25mL 水或者 5%的醋酸溶液，盖上塞子，在振荡器上振荡萃取 30min。

（4）用定性滤纸过滤，弃去前几毫升滤液，收集后续滤液作分析之用。

（5）上机运行工作标准液和样品液。如样品液浓度超出工作标准液的浓度范围，则应稀释。

（五）结果的计算与表述

1. 总植物碱的计算

以干基计的总植物碱的含量，由下式得出：

$$总植物碱 = \frac{C \times V}{m \times (1-W) \times 1000} \times 100$$

式中　总植物碱——总植物碱的含量，%；

C——样品液总植物碱的仪器观测值，mg/mL；

V——萃取液的体积，mL；

m——试料的质量，g；

W——试样的水分含量，%。

2. 结果的表述

以两次平行测定结果的平均值作为测定结果，结果精确至 0.01%。

3. 精密度

两次平行测定结果绝对值之差不应大于 0.05%。

（六）总植物碱的连续流动氰化钾法分析流程图（附图 2-1）

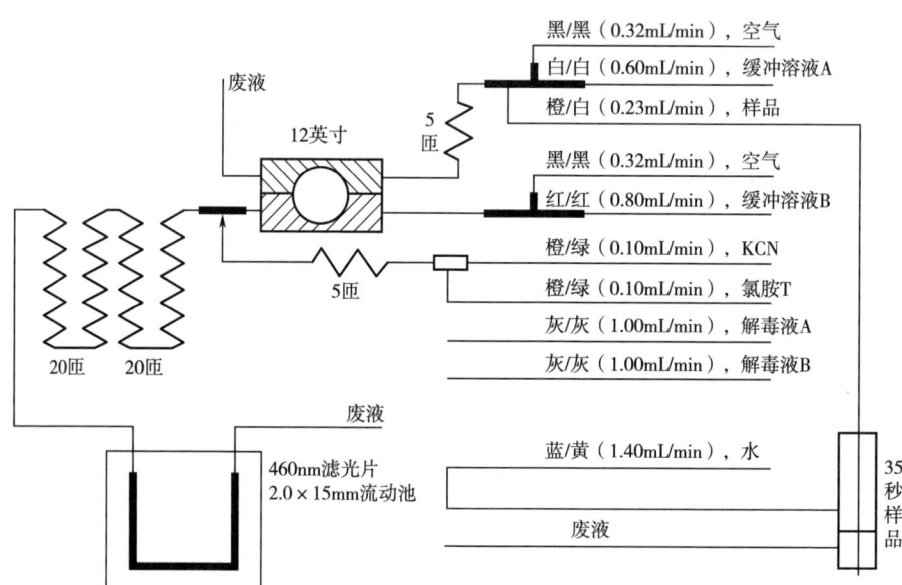

附图 2-1　总植物碱的连续流动氰化钾法分析流程图

二、硫氰酸钾/二氯异氰尿酸钠法

(一) 方法原理

用水萃取烟草样品，萃取液中的总植物碱（以烟碱计）与对氨基苯磺酸和氯化氰反应，氯化氰由硫氰酸钾和二氯异氰尿酸钠反应产生。反应产物用比色计在460nm下测定。

用5%乙酸溶液作为萃取液亦可得到相同的结果。

(二) 试剂与材料

除非另有说明，在分析中仅使用分析纯及以上的试剂，以及符合GB/T 6682—2008规定的一级水。

1. 标准物质

烟碱或二水二酒石酸烟碱 [$C_{10}H_{14}N_2(C_4H_6O_6)_2 \cdot 2H_2O$]，按YC/T 247—2008检查烟碱或二水二酒石酸烟碱的纯度。

2. 聚乙氧基月桂醚溶液（Brij 35溶液）

将250g聚乙氧基月桂醚 [$(C_2H_4O)_nC_{12}H_{26}O$] 加入到1000mL水中，加热搅拌直至溶解。

3. 5%乙酸溶液

量取50mL冰乙酸，用水稀释至1000mL，用于样品萃取或工作标准溶液的配制，有效期为1周。

4. 系统冲洗液

量取1mL Brij 35溶液添加到约800mL 5%乙酸溶液或水中并混合，然后用5%乙酸溶液或水稀释至1000mL。该溶液用于连续流动分析仪管路冲洗，有效期为1周。

5. 硫氰酸钾溶液

称取2.88g硫氰酸钾（KSCN）至烧杯中，用水溶解，然后转入250mL容量瓶中，用水定容至刻度。

6. 二氯异氰尿酸钠溶液

称取2.20g二氯异氰尿酸钠（$C_3Cl_2N_3NaO_3$）至烧杯中，用水溶解，然后转入250mL容量瓶中，用水定容至刻度。该溶液应现配现用。

7. 缓冲溶液A

分别称取71.6g磷酸氢二钠（$Na_2HPO_4 \cdot 12H_2O$）、11.76g柠檬酸钠（$C_6H_5Na_3O_7 \cdot 2H_2O$）至烧杯中，用水溶解，然后转入1000mL容量瓶中，用

水定容至刻度，加入 1mL Brij 35 溶液，混匀。

8. 缓冲溶液 B

分别称取 71.6g 磷酸氢二钠（$Na_2HPO_4 \cdot 12H_2O$）、6.2g 磷酸二氢钠（$NaH_2PO_4 \cdot 2H_2O$）、11.76g 柠檬酸钠（$C_6H_5Na_3O_7 \cdot 2H_2O$）、7.0g 对氨基苯磺酸（$NH_2C_6H_4SO_3H$）至烧杯中，用水溶解，然后转入 1000mL 容量瓶中，用水定容至刻度，加入 1mLBrij 35 溶液，混匀。

9. 解毒溶液 A

分别称取 1g 柠檬酸（$C_6H_8O_7 \cdot H_2O$）、10g 硫酸亚铁（$FeSO_4 \cdot 7H_2O$）至烧杯中，用水溶解，然后转入 1000mL 容量瓶中，用水定容至刻度。

10. 解毒溶液 B

称取 10g 碳酸钠（Na_2CO_3）至烧杯中，用水溶解，然后转入 1000mL 容量瓶中，用水定容至刻度。

11. 标准储备液

称取适量标准物质于 250mL 容量瓶中，精确至 0.0001g，用水溶解，定容至刻度。此溶液烟碱含量应在 2.5mg/mL 左右。标准储备液应贮存于 0~4℃ 冰箱中，使用前溶液温度应恢复至室温。标准储备液有效期为 1 个月。

12. 系列工作标准溶液

由标准储备液用萃取溶液（水或 5% 乙酸溶液）制备至少 5 个标准工作液，其浓度范围应覆盖预计检测到的样品含量。该标准工作溶液在 0~4℃ 冰箱中保存，使用前应恢复至室温。工作标准溶液有效期为 2 周。

(三) 仪器

(1) 具塞三角瓶，50mL。

(2) 定量加液器或移液管。

(3) 快速定性滤纸。

(4) 分析天平，感量 0.0001g。

(5) 振荡器。

(6) 连续流动分析仪：

取样器、比例泵、渗析器、加热槽、螺旋管、比色计（配 460nm 滤光片）、记录仪或其他合适的数据处理装置。

(四) 分析步骤

1. 试样制备

按 YC/T 31—1996 制备试样,并测定其水分含量。

2. 样品处理

称取 0.25g 试样置于 50mL 具塞三角瓶中,精确至 0.0001g,加入 25mL 萃取溶液(水或5%乙酸溶液),盖上塞子,在振荡器上振荡(转速约 150r/min)萃取 30min。用快速定性滤纸过滤萃取液,弃去前面 2~3mL 滤液,收集后续滤液作连续流动分析仪分析用。

3. 仪器分析

上机运行系列标准工作溶液和样品处理后续滤液,分析流程图如附图 2-2 和附图 2-3 所示。如样品浓度超出标准工作溶液浓度范围,则应稀释后再测定。洗针液应与萃取液一致。

(五) 结果的计算与表述

1. 总植物碱(以烟碱计)含量的计算

以干基计的总植物碱的含量,由下式计算:

$$总植物碱 = \frac{C \times V}{m \times (1 - W) \times 1000} \times 100$$

式中　总植物碱——总植物碱的含量,%;

　　　C——萃取液总植物碱的仪器观测值,mg/mL;

　　　V——萃取液的体积,mL;

　　　m——试样的质量,g;

　　　W——试样的水分百分含量,%。

2. 结果的表述

以两次平行测定结果的平均值作为测定结果,结果精确至 0.01%。

3. 精密度

两次平行测定结果绝对值之差不应大于 0.05%。

（六）总植物碱的连续流动硫氰酸钾法分析流程图

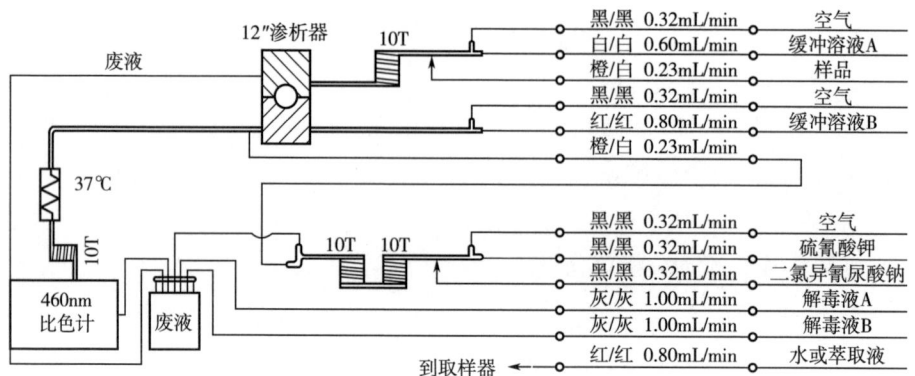

附图 2-2　总植物碱的连续流动硫氰酸钾法分析流程图（大流量）

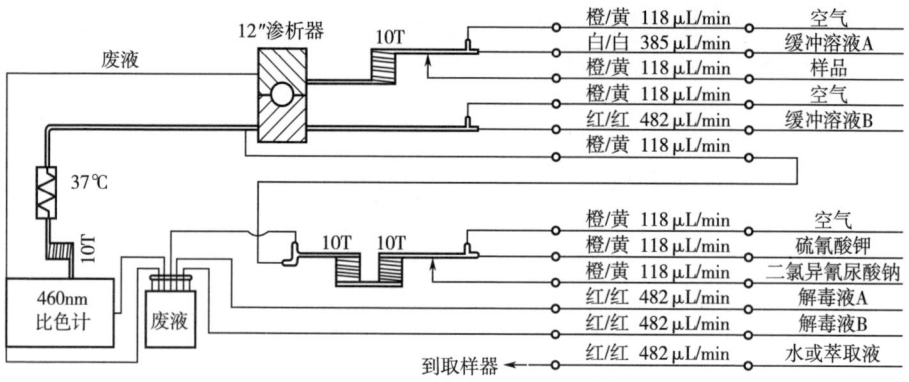

附图 2-3　总植物碱的连续流动硫氰酸钾法分析流程图（小流量）

附录三 烟草及烟草制品 水溶性糖的测定 连续流动法

一、原理

用5%乙酸水溶液萃取样品,萃取液中的糖与对羟基苯甲酸酰肼反应,在85℃的碱性介质中产生黄色的偶氮化合物,其最大吸收波长为410nm,用比色计测定。

二、试剂

除特别要求以外,均应使用分析纯级试剂。水应符合 GB/T 6682—2008 中一级水的规定。

1. 聚乙氧基月桂醚溶液(Brij 35 溶液)

聚乙氧月桂醚又称为 Brij 35,是表面活性剂,起润滑管路的作用,具体配制方法为:将250g Brij 35加入到1L水中,加热搅拌直至溶解。

2. 0.4mol/L 氢氧化钠溶液

将16g氢氧化钠加入到800mL水中,持续搅拌并放置冷却。溶解后加入0.5mL Brij 35溶液,用水稀释至1L。选择片状氢氧化钠效果更佳。

3. 0.008mol/L 氯化钙溶液

将1.75g氯化钙($CaCl_2 \cdot 6H_2O$)溶于水中,加入0.5mL Brij 35溶液,用水稀释至1L。若溶液中有沉淀,使用前先用快速定性滤纸过滤。

4. 萃取液(5%乙酸溶液)

取50mL冰乙酸,用水稀释至1L,用于样品萃取或工作标准溶液的配制。

5. 冲洗液(活化的5%乙酸溶液)

取1L 5%乙酸溶液,加入0.5mL Brij 35溶液,用于连续流动分析仪的管路冲洗。

6. 0.2mol/L 盐酸溶液

在通风橱中,将16.8mL发烟盐酸(质量分数为37%)缓慢加入到500mL水中,加入0.5mL Brij 35溶液,用水稀释至1L。

7. 0.5mol/L 盐酸溶液

在通风橱中,将42mL发烟盐酸(质量分数为37%)缓慢加入到500mL水中,用水稀释至1L。

8. 1.0mol/L 盐酸溶液

在通风橱中，将 84mL 发烟盐酸（质量分数为 37%）缓慢加入到 500mL 水中，加入 0.5mL 聚乙氧基月桂醚溶液，用水稀释至 1L。

9. 对羟基苯甲酸酰肼（$HOC_6H_4CONHNH_2$，PAHBAH）

质量分数应大于 97%。如果有杂质，将会在管路中形成沉淀，可用水重结晶进行纯化。如有下列情形则表明对羟基苯甲酸酰肼不纯：

（1）白色的对羟基苯甲酸酰肼结晶中有黑色颗粒。

（2）5% 对羟基苯甲酸酰肼溶液呈黄色。

（3）对羟基苯甲酸酰肼在 0.5mol/L 氢氧化钠溶液中溶解困难。

（4）溶液中有悬浮颗粒。

（5）基线呈波浪形。

如发现有不纯现象，则应立即更换试剂，不可再用。

5% 对羟基苯甲酸酰肼溶液的制备：

方法一：将 250mL 0.5mol/L 盐酸溶液加入到烧杯中，加入 25g 对羟基苯甲酸酰肼，使其溶解。加入 10.5g 柠檬酸 [$HOC(CH_2COOH)_2COOH \cdot H_2O$]，溶解后转移至 500mL 容量瓶中，用 0.5mol/L 的盐酸溶液稀释至刻度，置于 5℃ 贮存。

方法二：向烧杯中加入 250mL 0.5mol/L 盐酸溶液，加热至 45℃，持续搅拌下加入对羟基苯甲酸酰肼和柠檬酸，冷却后转入容量瓶，用 0.5mol/L 盐酸溶液稀释至刻度，置于 5℃ 贮存。用这种方法制备的对羟基苯甲酸酰肼溶液可避免在管路中形成沉淀。

10. D-葡萄糖（纯度≥99.5%）

标准储备液：称取干燥的 20.0g D-葡萄糖于烧杯中，精确至 0.0001g，用水溶解后转入 500mL 容量瓶中并定容至刻度。该标准储备液在 0~4℃ 冰箱中保存，有效期为 1 个月。葡萄糖的干燥方法：含有结晶水的葡萄糖应在 80℃ 条件下烘干 2h；不含结晶水的葡萄糖应在 100℃ 条件下烘干 2h。

系列标准工作溶液：由储备液用 5% 乙酸溶液制备至少 5 个标准工作液，其浓度范围应覆盖预计检测到的样品含量。该标准工作溶液在 0~4℃ 冰箱中贮存，有效期为 2 周。

三、仪器及材料

（1）连续流动分析仪，由下述各部分组成：

取样器、比例泵、渗析器、加热槽、螺旋管、比色计（配 410nm 滤光片）、数据处理装置、散热装置（散热片或等同效果的降温装置）。

（2）天平，感量 0.0001g。

（3）振荡器。

（4）定量加液器或移液管。

（5）50mL 具塞三角瓶。

（6）快速定性滤纸。

四、分析步骤

1. 试样制备

按 YC/T 31—1996 制备试样，并测定其水分含量。

2. 样品处理

称取 0.25g 试样于 50mL 具塞三角瓶，精确至 0.0001g，加入 25mL 5%乙酸溶液，盖上塞子，在振荡器上振荡（转速>150r/min）萃取 30min。用快速定性滤纸过滤萃取液，弃去前面 2~3mL 滤液，收集后续滤液作分析用。

3. 仪器分析

上机运行系列标准工作溶液和样品处理后续滤液，分析流程图如附图 3-1 和附图 3-2 所示。如样品浓度超出标准工作溶液浓度范围，则应稀释后再测定。

五、结果计算与表述

1. 水溶性糖的计算

水溶性糖含量由下式得出：

$$水溶性糖 = \frac{n \times C \times V}{m \times (1 - W) \times 1000} \times 100$$

式中 水溶性糖——以干基计的水溶性总（还原）糖含量（以葡萄糖计），%；

n——稀释倍数；

C——萃取液水溶性总（还原）糖的仪器观测值，mg/mL；

V——萃取液的体积，mL；

m——试样的质量，g；

W——试样水分含量，以质量分数计。

2. 结果的表述

以两次平行测定结果的平均值作为测定结果，若测得的水溶性糖含量大于或等于 10.0%，结果精确至 0.1%；若小于 10.0%，结果精确至 0.01%。

3. 精密度

两次平行测定结果绝对值之差不应大于0.50%。

六、水溶性糖的连续流动分析流程图

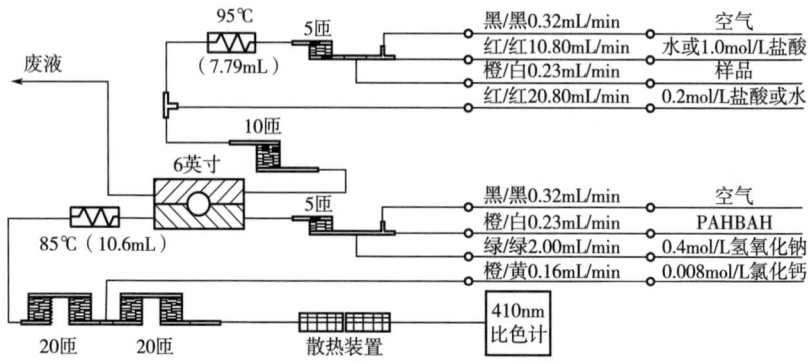

附图 3-1　水溶性糖的连续流动法分析流程图（大流量）

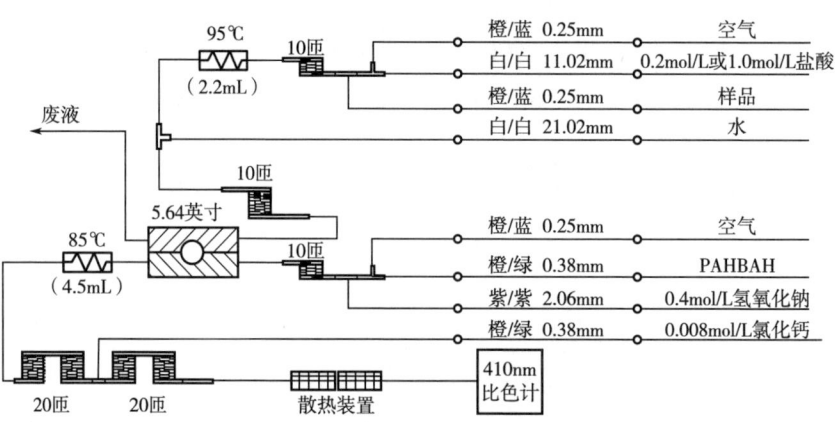

附图 3-2　水溶性糖的连续流动法分析流程图（小流量）

附录四 烟草及烟草制品 总氮的测定 连续流动法

一、原理

有机含氮物质在浓硫酸及催化剂的作用下，经过强热消化分解，其中的氮被转化为氨。在碱性条件下，氨被次氯酸钠氧化为氯化铵，进而与水杨酸钠反应产生靛蓝染料，在660nm下比色测定。

二、试剂

实验使用试剂均为分析纯级试剂，水为蒸馏水或同等纯度的水。

1. 聚乙氧月桂醚溶液

将250g Brij 35加入到1L水中，加热搅拌直至溶解。

2. 次氯酸钠溶液

移取6mL次氯酸钠（有效氯含量≥5%）于100mL的容量瓶中，用水稀释至刻度，加2滴Brij 35溶液，混匀。

次氯酸钠的有效氯含量应≥5%，否则会对检测方法的灵敏度和标准曲线的线性造成影响。由于次氯酸钠见光易分解，因此应在4~6℃的条件下避光贮存。

3. 氯化钠/硫酸溶液

称取10.0g氯化钠于烧杯中，用水溶解，加入7.5mL浓硫酸，转入1000mL的容量瓶中，用水定容至刻度，加入1mL Brij 35溶液，混匀。

4. 水杨酸钠/亚硝基铁氰化钠溶液

称取75.0g水杨酸钠，亚硝基铁氰化钠[$Na_2Fe(CN)_5NO \cdot 2H_2O$] 0.15g于烧杯中，用水溶解，转入500mL容量瓶中，用水定容至刻度，加入0.5mL Brij 35溶液，混匀。

5. 缓冲溶液

称取酒石酸钾钠（$NaKC_4H_4O_6 \cdot 4H_2O$）25.0g，磷酸氢二钠（$Na_2HPO_4 \cdot 12H_2O$）17.9g，氢氧化钠27.0g，用水溶解，转入500g容量瓶中，加入0.5mL Brij 35溶液，混匀。

6. 进样针清洗液

进样器清洗液用于清洗进样针，具体配制方法为：移取40mL浓硫酸

(H_2SO_4) 于含水 500mL 的烧杯中稀释,再将溶液移至 1000mL 容量瓶中,缓慢加水,定容至刻度。

7. 氧化汞

氧化汞颜色为红色,是消化样品时加速反应的催化剂。

8. 硫酸钾

硫酸钾的作用是提高消化液的沸点,并维持较稳定的硫酸浓度,为增温剂。

9. 标准溶液

(1) 储备液　称取干燥的硫酸铵 0.943g 于烧杯中,精确至 0.0001g,用水溶解,转入 100mL 容量瓶中,用水定容至刻度。此溶液氮含量为 2mg/mL。

(2) 工作标准液　根据预计检测到的样品的总氮含量,制备至少 5 种浓度的工作标准液。制备方法是:分别移取不同量的储备液,按照与样品消化同样的量加入氧化汞、硫酸钾、硫酸。

三、仪器及材料

(1) 连续流动分析仪,由下述各部分组成:

取样器、比例泵、渗析器、加热槽、螺旋管、比色计(配 660nm 滤光片)、数据处理装置。

(2) 天平,感量 0.0001g。

(3) 消化器及消化管。

(4) 定量加液器或移液管。

四、分析步骤

称取 0.1g 试料于消化管中,精确至 0.0001g,加入氧化汞 0.1g,硫酸钾 1.0g,浓硫酸 5.0mL。将消化管置于消化器上消化。消化器工作参数为:150℃1h,250℃2h,350℃2h。消化后稍冷,加入少量水,冷却至室温,用水定容至刻度,摇匀,此溶液为样品的消化液。上机运行工作标准溶液和样品的消化液。如样品的消化液浓度超出工作标准溶液的浓度范围,则应稀释后重新测定。

五、结果的计算

1. 总氮含量的计算

以干基计的总氮的含量,由下式得出:

$$总氮 = \frac{C \times V}{m \times (1 - W) \times 1000} \times 100$$

式中　总氮——以干基计的总氮含量,%;
　　　　C——样品液总氮的仪器观测值,mg/mL;
　　　　V——消化液的体积,mL;
　　　　m——试料的质量,g;
　　　　W——试样的水分含量,%。

2. 结果的表述

以两次测定的平均值作为测定结果。结果精确至 0.01%。

3. 精密度

两次平行测定结果绝对值之差不应大于 0.05%。

六、总氮的连续流动法分析流程图（附图 4-1）

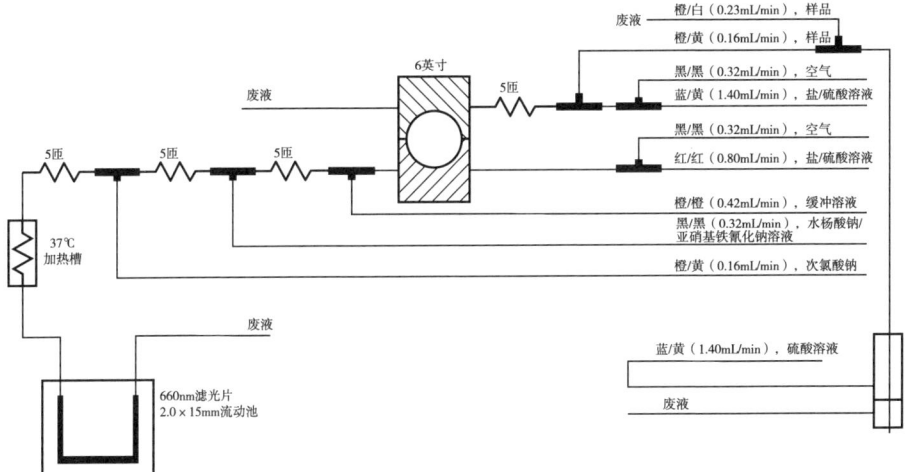

附图 4-1　总氮的连续流动法分析流程图

附录五 烟草及烟草制品 氯的测定 连续流动法

一、方法原理

用水萃取样品中的氯,氯与硫氰酸汞反应,释放出硫氰酸根,进而与三价铁反应形成络合物,反应产物在460nm下进行比色测定。反应方程式如下:

$$2Cl^- + Hg(SCN)_2 \rightleftharpoons HgCl_2 + 2SCN^-$$

$$nSCN^- + Fe^{3+} \rightleftharpoons Fe(SCN)_n^{3-n}$$

注:用5%乙酸水溶液作为萃取液亦可得到相同的结果。

二、试剂与材料

除特别要求以外,均应使用分析纯试剂,水应符合 GB/T 6682—2008 中一级水的规定。

(1) 硫氰酸汞,纯度>99.0%。

(2) 硝酸铁,九水合硝酸铁 $[Fe(NO_3)_3 \cdot 9H_2O]$,纯度>99.0%。

(3) 浓硝酸,浓度为 66%(质量分数)。

(4) 氯化钠标准物质 [GBW(E)060024c]。

(5) Brij 35 溶液(聚乙氧基月桂醚) 将 250g Brij 35 加入到 1L 水中,加热搅拌直至溶解。

(6) 硫氰酸汞溶液 称取 2.1g 硫氰酸汞于烧杯中,精确至 0.1g,加入甲醇溶解,转移至 500mL 容量瓶中,用甲醇定容至刻度。该溶液在常温下避光保存,有效期为 90d。

(7) 硝酸铁溶液 称取 101.0g 硝酸铁于烧杯中,精确至 0.1g,用量筒量取 200mL 水,加入到烧杯中溶解。后用量筒量取 15.8mL 浓硝酸,加入到溶液中,混合均匀,将混合溶液转移至 500mL 容量瓶中,用水定容至刻度。该溶液在常温下保存,有效期为 90d。

(8) 显色剂 用量筒分别量取硫氰酸汞溶液和硝酸铁溶液各 60mL 于同一 250mL 容量瓶中,用水定容至刻度,加入 0.5mL Brij 35 溶液。显色剂应在常温下避光保存,有效期为 2d。一般在实验当天进行配置。

(9) 硝酸溶液(0.22mol/L) 用量筒量取 16mL 浓硝酸,用水稀释后,转入 1000mL 容量瓶中,用水定容至刻度。

（10）氯标准溶液

①标准储备液（1000mg/L，以 Cl 计）：称取 1.648g 干燥后的氯化钠标准物质于烧杯中，精确至 0.1mg，用水溶解，转移至 1000mL 容量瓶中，用水定容至刻度。氯化钠标准物质要求干燥条件：

注：国家标准物质中心的氯标准溶液［1000mg/L，GBW（E）080268］亦可作为标准储备液。

②标准工作溶液：由标准储备液制备至少 5 种浓度的工作标准液，其浓度范围应覆盖预计检测到的样品含量。

三、仪器及材料

（1）连续流动分析仪，由下述各部分组成：

取样器、比例泵、渗析器、加热槽、螺旋管、比色计（配 460nm 滤光片）、数据处理装置。

（2）天平，感量 0.0001g。

（3）振荡器。

（4）定量加液器或移液管。

（5）50mL 具塞三角瓶。

（6）快速定性滤纸。

四、分析步骤

1. 试样制备

按 YC/T 31—1996 制备试样，并测定其水分含量。

2. 试样制备

称取 0.25g 试样于 50mL 具塞三角瓶中，精确至 0.1mg，加入 25mL 水，盖上塞子，在振荡器上振荡（转速>150r/min）萃取 30min。用快速定性滤纸过滤萃取液，弃去前 2~3mL 滤液，收集后续滤液作分析之用。

3. 仪器分析

上机运行标准工作溶液和滤液，如样品浓度超出工作标准溶液的浓度范围，则应稀释后再测定。

五、结果的计算与表述

1. 氯含量的计算

以干基计的氯的含量，由下式计算：

$$氯 = \frac{C \times V}{m \times (1-W) \times 1000} \times 100$$

式中　氯——氯的质量百分含量,%;

　　　C——萃取液氯的仪器观测值,g/mL;

　　　V——萃取液的体积,mL;

　　　m——试样的质量,g;

　　　W——试样水分的质量分数,%。

2. 结果的表述

以两次平行测定结果的平均值作为测定结果,结果精确至0.01%。

3. 精密度

两次平行测定结果绝对值之差不应大于0.05%。

六、氯的连续流动分析流程图（附图5-1）

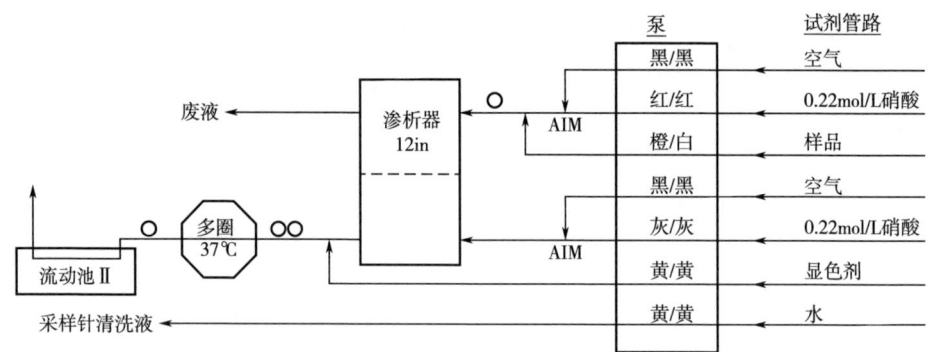

○=5圈螺旋管

○○=10圈螺旋管

AIM=空气模块

　　　　　比色参数　　采样参数　泵管流速

滤光片：460nm 分析速率：40次/h 黑/黑=0.32mL/min

流动池：10mm×1.5mm i. d.　　　　1∶1　　　　红/红=0.80 mL/min

橙/白=0.23mL/min

灰/灰=1.00mL/min

黄/黄=1.20mL/min

附图5-1　氯的连续流动分析流程图

附录六　烟草及烟草制品 钾的测定 连续流动法

一、原理

用水萃取烟草样品，萃取液燃烧时，钾的外围电子吸收能量，由基态跃迁至激发态。电子在激发态不稳定，又释放出能量，返回基态，其释放出的能量被光电系统检测。当钾的浓度在一定范围内时，其辐射强度同浓度成正比。

二、试剂与材料

水应为蒸馏水或同等纯度的水。

（1）氯化钾，基准物质。

（2）氯化钾标准溶液。

①储备溶液：称取 1.91g 氯化钾，需在 500℃ 条件下烘 4h。精确至 0.0001g，用水溶解于烧杯中，转入 1000mL 容量瓶中，用水定容至刻度。

②工作标准溶液：由储备溶液用水制备至少 5 个工作标准溶液，其浓度范围应覆盖检测到的样品含量。工作标准溶液应贮存于 0~4℃ 条件下，每两周配制一次。

三、仪器

常用实验仪器及下述各项。

（1）连续流动分析仪，由下述各部分组成：

取样器、比例泵、螺旋管、火焰光度计检测器、空气压缩机、液化气、记录仪或其他数据处理装置。

（2）分析天平，精确至 0.1mg。

（3）振荡器。

（4）磨口具塞三角瓶，50mL。

四、抽样

1. 烟叶

按 GB/T 19616—2004 抽取烟叶作为实验室样品。

2. 卷烟

按 GB/T 5606.1—2004 抽取卷烟作为实验室样品。

五、分析步骤

1. 试样的制备

按 YC/T 31—1996 制备试样。

2. 测定

（1）测定次数　每个试样应平行测定两次。

（2）水分的测定　按照 YC/T 31—1996 测定试样的水分含量。

（3）称样　称取 0.25g 试料于 50mL 具塞三角瓶中，精确至 0.0001g。

（4）钾的测定　将 25mL 水加入 50mL 具塞三角瓶中，加塞，在振荡器上振荡萃取 30min。用定性滤纸过滤，弃去前几毫升滤液，收集后续滤液作分析之用。

注：5%的醋酸溶液也可作为萃取溶液使用。

上机运行工作标准溶液和样品提取溶液。如样品提取溶液浓度超出工作标准溶液的浓度范围，则应稀释重新进样。

六、结果的计算与表述

1. 结果的计算

以干基计的钾的含量，由下式得出：

$$ 钾 = \frac{C \times V}{m \times (1-W) \times 1000} \times 100 $$

式中　钾——钾的质量百分含量，%；

　　　C——萃取液钾的仪器观测值，mg/mL；

　　　V——萃取液的体积，mL；

　　　m——试样的质量，g；

　　　W——试样水分的质量分数，%。

2. 结果的表述

结果以两次平行测定的平均值表示，精确至 0.01%。

3. 精密度

两次平行测定结果绝对值之差不应大于 0.05%。

七、钾的连续流动分析流程图（附图6-1）

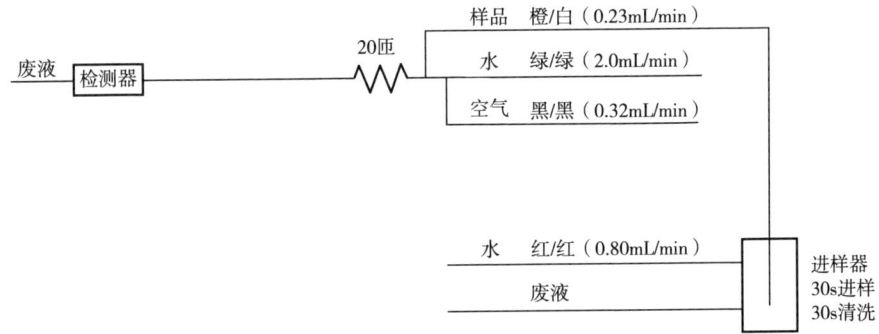

附图6-1　钾的连续流动分析流程图

附录七 烟草及烟草制品 淀粉的测定 连续流动法

一、原理

用80%乙醇-饱和氯化钠溶液超声30min，去除烟草样品中的干扰物质，弃去萃取溶液，再用40%高氯酸超声提取10min，淀粉在酸性条件下与碘发生显色反应，在570nm下比色测定。

二、仪器设备

主要有超声波发生器（700W）、G3烧结玻璃砂芯漏斗（附图7-1）、烧杯（100mL、400mL）、容量瓶（包括50mL、100mL和500mL几个规格）、电子天平（感量0.0001g）、连续流动分析仪（由下述各部分组成：取样器、比例泵、渗析器、螺旋管、比色计（配570nm滤光片）、定量加液器或移液管等）。

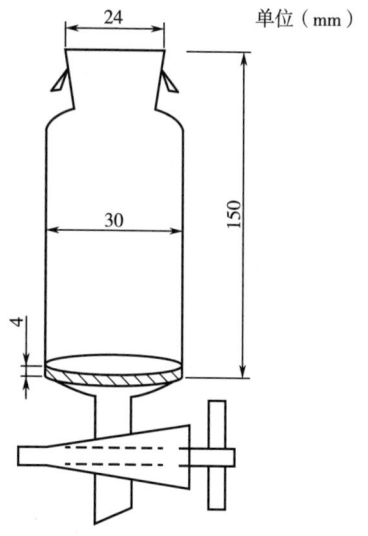

附图7-1 G3砂芯烧结玻璃漏斗

三、试剂

（1）直链淀粉、支链淀粉，标准品纯度99.8%。

（2）氯化钠。

（3）无水乙醇。

（4）氢氧化钠。

（5）高氯酸溶液。

（6）高氯酸溶液，质量分数40%。

移取300mL高氯酸溶液，溶解于224mL水中。

（7）高氯酸溶液，质量分数15%。

移取52mL高氯酸溶液，溶解于198mL水中。

（8）碘/碘化钾溶液 称取5.0g碘化钾和0.5g（精确至0.001g）碘于400mL烧杯中，用玻棒研磨粉碎混匀后加入少量水溶解，待完全溶解后，转入250mL棕色容量瓶中，用水定容至刻度。该溶液常温下避光保存，有效期为1个月。

（9）80％乙醇-饱和氯化钠溶液　称取 64g 氯化钠，溶于 200mL 水中，加入 800mL 无水乙醇，溶解，静置，待溶液澄清后过滤。

（10）淀粉标准溶液

①标准储备液：分别称取 0.15g 直链淀粉和 0.60g 支链淀粉于不同烧杯中，精确至 0.0001g。直链淀粉中加入 1.0g 氢氧化钠后用水煮沸溶解，支链淀粉用水煮沸溶解，冷却后分别转入 500mL 容量瓶中，用水定容至刻度。该溶液贮存于 0~4℃ 的条件下，有效期为 1 个月。

②混合标准储备液：分别移取直链淀粉储备液和支链淀粉储备液各 30mL 于 100mL 容量瓶中，用水定容至刻度，摇匀，得到混合标准储备液。

③系列标准工作液：分别移取不同体积的混合标准储备液于 50mL 容量瓶中，并分别加入 2.5mL 高氯酸萃取液，用水定容至刻度。制备至少 5 种浓度的标准工作液（其浓度范围应覆盖预计检测到的样品含量），该系列标准工作液应即配即用。

四、分析步骤

1. 试样制备

按 YC/T 31—1996 制备试样，并测定其水分含量。

2. 样品处理

准确称取 0.25g 试样于 50mL G3 烧结玻璃砂芯漏斗中，量取 25mL 80％乙醇-饱和氯化钠溶液加入漏斗中，将漏斗放入盛有适量水的 400mL 烧杯中，室温下超声（功率 350W）萃取 30min。取出漏斗，打开旋塞弃去萃取溶液，用 2mL 80％乙醇-饱和氯化钠溶液洗涤漏斗内样品残渣，再用双链球加压弃去洗涤液，关闭旋塞。将漏斗放回至 400mL 烧杯中，向漏斗内样品残渣中加入 15mL 40％高氯酸溶液，室温下超声（功率 350W）提取 10min，再加入 15mL 水于漏斗中，混合均匀后，打开旋塞，将淀粉提取液放入 50mL 三角瓶中。准确移取 5mL 提取液于 50mL 容量瓶中，用水定容至刻度，摇匀备用。

注：经过样品处理的 G3 烧结玻璃砂芯漏斗，用水清除漏斗中的烟末残渣，再加入 0.5mL 重铬酸钾洗液，浸泡过夜，然后放掉并回收重铬酸钾洗液，再用水冲洗干净，即可。

3. 仪器分析

上机运行系列标准工作溶液和样品溶液，分析流程图如附图 7-2 所示。如样品浓度超出工作标准溶液的浓度范围，则应稀释后再重新测定。

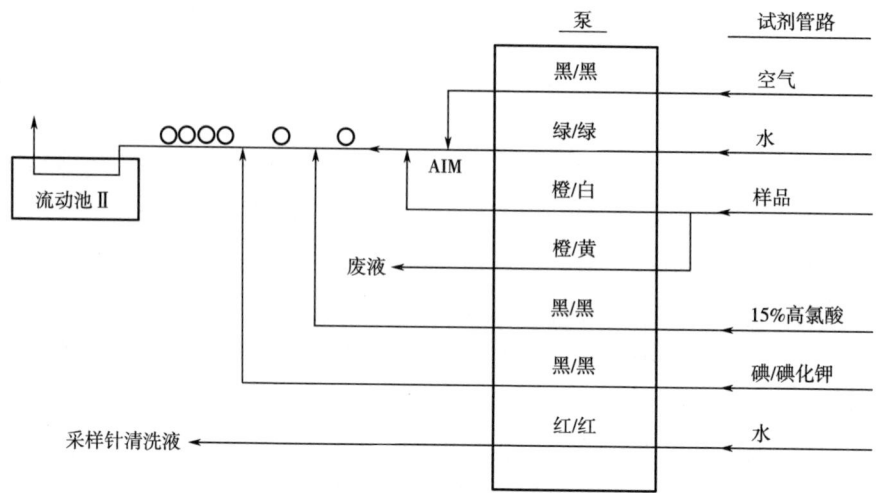

附图7-2　淀粉连续流动分析流程图

五、结果的计算与表述

1. 淀粉含量的计算

a 表示以干基试样计的淀粉含量，数值以%表示，由下式计算：

$$\alpha = \frac{C \times V \times 6}{m \times (1 - W) \times 1000} \times 100\%$$

式中　C——样品溶液中淀粉的仪器观测值，mg/mL；

　　　V——样品溶液的定容体积，mL；

　　　m——试样的质量，g；

　　　W——试样水分的质量分数,%。

2. 结果的表述

以两次平行测定结果的平均值作为测定结果，结果精确至 0.01%。两次平行测定结果的相对平均偏差不应大于 10%。

六、精密度和回收率

本方法的精密度和回收率如下表所示。

方法精密度（$n=5$）

项目	相对标准偏差（RSD）/%	
	日内	日间
烤烟	1.74	1.74
白肋烟	2.42	5.95
香料烟	2.52	3.02

不同含量样品加标回收率（$n=6$）

组分	回收率/%		
	低含量样品（白肋烟）	中含量样品（香料烟）	高含量样品（烤烟）
淀粉	97.8	98.2	98.4

附录八 卷烟烟气中氰化氢的检测方法 连续流动法

一、原理

采用氢氧化钠-乙醇/水溶液预处理过的滤片，结合标准滤片，捕集卷烟主流烟气中的氰化氢（HCN）。使用异烟酸-1,3-二甲基巴比妥酸显色体系在连续流动分析仪上检测氰化氢，其反应单元发生的显色反应为：在微酸条件下，主流烟气中的氰离子和氯胺T作用生成氯化氢，氯化氢与异烟酸反应，经水解生成戊烯二醛类化合物，再与1,3-二甲基巴比妥酸反应生成蓝色化合物，在600nm处进行光度检测。

二、试剂与仪器

水中氰成分分析标准物质［GBW（E）080115，国家标准物质资源共享平台，中国］，氯胺T（纯度≥99.99%，SIGMA公司，美国），邻苯二甲酸氢钾（纯度≥99.99%，ACROS公司，美国），异烟酸（纯度≥99.0%，ACROS公司，美国），1,3-二甲基巴比妥酸（纯度≥99.9%，ACROS公司，美国），Brij 35（质量浓度30%，Sigma-aldrich公司，美国），氢氧化钠（分析纯，北京化学试剂公司，中国），无水乙醇（分析纯，北京化工厂，中国），44mm滤片（Borgwaldt KC GmbH，德国），实验用烟为参比卷烟1R5F和3R4F（美国肯塔基大学，美国）。

AA3型连续流动分析仪（SEAL Analytical GmbH，德国），SM 450 20孔道直线式吸烟机（Cerulean公司，英国），润膜机（北京慧荣和科技有限公司，北京），TZ-2AG台式往复旋转振荡器（北京沃德创新医药科技中心，中国）。

三、方法

1. 卷烟样品的平衡

将样品参照GB/T 5606.1—2004，在平衡箱中保持温度（22±1）℃，相对湿度(60±2)%的条件下平衡48h。实验环境条件保持温度（22±2）℃，相对湿度（60±5)%。

2. 剑桥滤片法捕集氰化氢

剑桥滤片的预处理：移液枪取2.0mL 1.0mol/L氢氧化钠-乙醇/水溶液（乙醇：水=1∶1），均匀施加于44mm剑桥滤片（或以润膜机代替人工操作），置于恒温恒湿环境中［温度（22±1）℃，相对湿度（60±2)%］平衡1~3h。

烟气捕集：如附图 8-1（1）所示，两张剑桥滤片（1 张为氢氧化钠预处理，1 张为未处理）置于夹烟器中（预处理滤片置于夹烟器的前端，且糙面均朝向烟气端），调整吸烟机抽吸容量为（35.0±0.3）mL，按照 GB/T 19609—2004 标准进行吸烟。直线式吸烟机设置 4 支/轮，3 个样品平行。

样品萃取：捕集过烟气的剑桥滤片，置于 150mL 三角瓶（44mm 滤片）或 250mL 三角瓶（92mm 滤片），加 100mL（44mm 滤片）或 200mL（92mm 滤片）0.1mol/L 氢氧化钠溶液，振摇 30min（200r/min），经 0.45μm 滤膜过滤，连续流动分析仪测定。

3. 国内烟草行业推荐方法捕集氰化氢（YC 法）

参照 YC/T 253—2008 方法 ［附图 8-1（2）］。

4. 英美烟草方法捕集氰化氢（BAT 法）

参照英美烟草公司方法 ［附图 8-1（3）］。

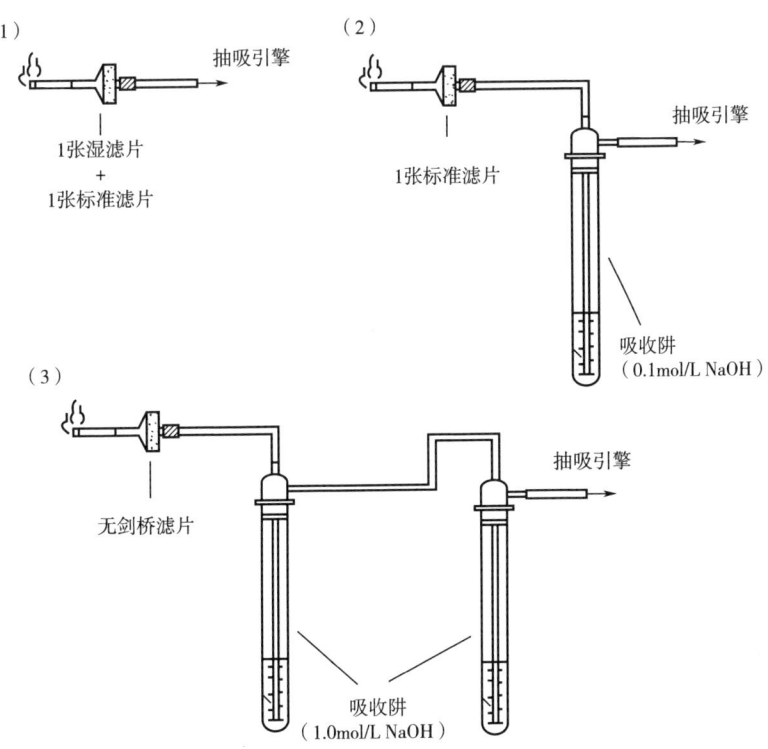

附图 8-1 主流烟气氰化氢不同捕集方式
（1）纯剑桥滤片法；（2）YC 法；（3）BAT 法

5. 连续流动仪测定

上述不同方法捕集的氰化氢样品均采用连续流动分析仪测定：在微酸性条件下，CN^- 与氯胺 T 作用生成氯化氰 $CNCl$，氯化氰与异烟酸反应，经水解生成戊烯二醛，再与 1,3-二甲基巴比妥酸反应生成蓝色化合物，在 600nm 处进行吸光度检测。

样品通过连续流动分析仪流程为：自动进样器→蠕动泵→氰化氢分析模块→检测器→数据处理系统。连续流动分析仪设定参数：600nm 滤光片，进样速率为 30 个/小时，样品进样/清洗时间比为 1∶1，样品出峰时间 15min。如附图 8-2、附图 8-3 所示。

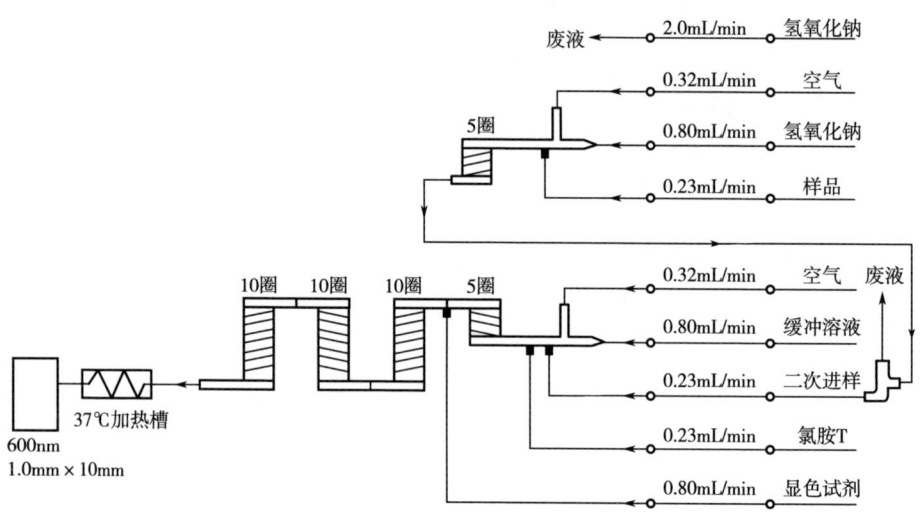

附图 8-2　氰化氢的连续流动法分析流程图

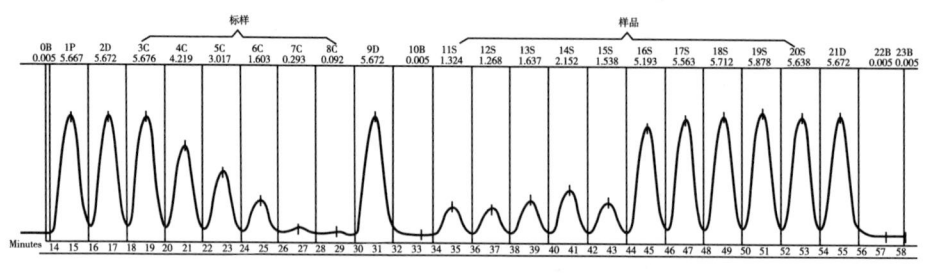

附图 8-3　氰化氢的样品测试典型图谱示意

6. 标准工作曲线

采用水中氰成分分析标准物质［GBW（E）080115］，用 0.1mol/L 的氢氧化钠溶液配制至少 7 个梯度的标准（0.100，0.300，1.600，3.000，4.200，5.700，6.800mg/L），标准溶液每周新鲜配制。

7. 空白实验

同批烟支样品不点燃，按上述条件进行抽吸、样品处理和分析，得到的结果为空白值，在测定结果中进行空白扣除。

8. 数据处理

采用外标法定量，卷烟主流烟气氰化氢含量由下式计算：

$$M = \frac{1.038 \times C \times V}{N}$$

式中　M——主流烟气中氰化氢含量，μg/支；

　　1.038——由氰离子换算成氰化氢的系数；

　　C——样品萃取液中氰离子的检测浓度，mg/L；

　　V——滤片萃取液的体积，mL；

　　N——抽吸烟支的数目，支。

以两次测定的算术平均值作为测定结果，精确至 0.01μg/支。两次测定结果的相对偏差不应大于 10.0%。

附录九 烟草连续流动分析检测相关参数一览表

一、夏皮罗-威尔克系数 a_K 值表

$K\backslash n$	2	3	4	5	6	7	8	9	10
1	0.7071	0.7071	0.6872	0.6646	0.6431	0.6233	0.6052	0.5888	0.5739
2			0.1677	0.2413	0.2806	0.3031	0.3164	0.3244	0.3291
3					0.0875	0.1401	0.1743	0.1976	0.2141
4							0.0561	0.0947	0.1224
5									0.0399

$K\backslash n$	11	12	13	14	15	16	17	18	19	20
1	0.5601	0.5475	0.5359	0.5251	0.5150	0.5056	0.4968	0.4886	0.4808	0.4734
2	0.3315	0.3325	0.3325	0.3318	0.3306	0.3290	0.3273	0.3253	0.3232	0.3211
3	0.2260	0.2347	0.2412	0.2460	0.2495	0.2521	0.2540	0.2553	0.2561	0.2565
4	0.1429	0.1586	0.1707	0.1802	0.1878	0.1939	0.1988	0.2027	0.2059	0.2085
5	0.0695	0.0922	0.1099	0.1240	0.1353	0.1447	0.1524	0.1587	0.1641	0.1666
6		0.0303	0.0539	0.0727	0.0880	0.1005	0.1109	0.1197	0.1271	0.1334
7				0.0240	0.0433	0.0593	0.0725	0.0837	0.0932	0.1013
8						0.0196	0.0359	0.0496	0.0612	0.0711
9								0.0163	0.0303	0.0422
10										0.0140

$K\backslash n$	21	22	23	24	25	26	27	28	29	30
1	0.4643	0.4590	0.4542	0.4493	0.4450	0.4407	0.4366	0.4328	0.4291	0.4254
2	0.3185	0.3156	0.3126	0.3098	0.3069	0.3043	0.3018	0.2992	0.2968	0.2944
3	0.2578	0.2571	0.2563	0.2554	0.2543	0.2533	0.2522	0.2510	0.2499	0.2487
4	0.2119	0.2131	0.2139	0.2145	0.2148	0.2151	0.2152	0.2151	0.2150	0.2148
5	0.1736	0.1764	0.1787	0.1807	0.1822	0.1836	0.1848	0.1857	0.1864	0.1870
6	0.1399	0.1443	0.1480	0.1512	0.1539	0.1563	0.1584	0.1601	0.1616	0.1630
7	0.1092	0.1150	0.1201	0.1245	0.1283	0.1316	0.1346	0.1372	0.1395	0.1415
8	0.0804	0.0878	0.0941	0.0997	0.1046	0.1089	0.1128	0.1162	0.1192	0.1219
9	0.0530	0.0618	0.0696	0.0764	0.0823	0.0876	0.0923	0.0965	0.1002	0.1036

续表

K\n	21	22	23	24	25	26	27	28	29	30
10	0.0263	0.0368	0.0459	0.0539	0.0610	0.0672	0.0728	0.0778	0.0822	0.0862
11		0.0122	0.0228	0.0321	0.0403	0.0476	0.0540	0.0598	0.0650	0.0697
12				0.0107	0.0200	0.0284	0.0358	0.0424	0.0483	0.0537
13						0.0094	0.0178	0.0253	0.0320	0.0381
14								0.0084	0.0159	0.0227
15										0.0076

K\n	31	32	33	34	35	36	37	38	39	40
1	0.4220	0.4188	0.4156	0.4127	0.4096	0.4068	0.4040	0.4015	0.3989	0.3964
2	0.2921	0.2898	0.2876	0.2854	0.2834	0.2813	0.2794	0.2774	0.2755	0.2737
3	0.2475	0.2463	0.2451	0.2439	0.2427	0.2415	0.2403	0.2391	0.2380	0.2368
4	0.2145	0.2141	0.2137	0.2132	0.2127	0.2121	0.2116	0.2110	0.2104	0.2098
5	0.1874	0.1878	0.1880	0.1882	0.1883	0.1883	0.1883	0.1881	0.1880	0.1878
6	0.1641	0.1651	0.1660	0.1667	0.1673	0.1678	0.1683	0.1686	0.1689	0.1691
7	0.1433	0.1449	0.1463	0.1475	0.187	0.1496	0.1505	0.1513	0.1520	0.1526
8	0.1243	0.1265	0.1284	0.1301	0.1317	0.1331	0.1344	0.1356	0.1366	0.1376
9	0.1066	0.1093	0.1118	0.1140	0.1160	0.1179	0.1196	0.1211	0.1225	0.1237
10	0.0899	0.0931	0.0961	0.0988	0.1013	0.1036	0.1056	0.1075	0.1092	0.1108
11	0.0739	0.0777	0.0812	0.0844	0.0873	0.0900	0.0924	0.0947	0.0967	0.0986
12	0.0585	0.0629	0.0669	0.0706	0.0739	0.0770	0.0798	0.0824	0.0848	0.0870
13	0.0435	0.0485	0.0530	0.0572	0.0610	0.0645	0.0677	0.0706	0.0733	0.0759
14	0.0289	0.0344	0.0395	0.0441	0.0484	0.0523	0.0559	0.0592	0.0622	0.0651
15	0.0144	0.0206	0.0262	0.0314	0.0361	0.0404	0.0444	0.0481	0.0515	0.0546
16		0.0068	0.0131	0.0187	0.0239	0.0287	0.0331	0.0372	0.0409	0.0444
17				0.0062	0.0119	0.0172	0.0220	0.0264	0.0305	0.0343
18						0.0057	0.0110	0.0158	0.0203	0.0244
19								0.0053	0.0101	0.0146
20										0.0049

K\n	41	42	43	44	45	46	47	48	49	50
1	0.3940	0.3917	0.3894	0.3872	0.3850	0.3830	0.3808	0.3789	0.3770	0.3751
2	0.2719	0.2701	0.2684	0.0667	0.2651	0.2635	0.2620	0.2604	0.2589	0.2574
3	0.2357	0.2345	0.2334	0.2323	0.2313	0.2302	0.2291	0.2281	0.2271	0.2260
4	0.2091	0.2085	0.2078	0.2072	0.2065	0.2058	0.2052	0.2045	0.2038	0.2032

续表

K\n	41	42	43	44	45	46	47	48	49	50
5	0.1876	0.1874	0.1871	0.1868	0.1865	0.1862	0.1859	0.1855	0.1851	0.1847
6	0.1693	0.1694	0.1695	0.1695	0.1695	0.1695	0.1695	0.1693	0.1692	0.1691
7	0.1531	0.1535	0.1539	0.1542	0.1545	0.1548	0.1550	0.1551	0.1553	0.1554
8	0.1384	0.1392	0.1398	0.1405	0.1410	0.1415	0.1420	0.1423	0.1427	0.1430
9	0.1249	0.1259	0.1269	0.1278	0.1286	0.1293	0.1300	0.1306	0.1312	0.1317
10	0.1123	0.1136	0.1149	0.1160	0.1170	0.1180	0.1189	0.1197	0.1205	0.1212
11	0.1004	0.1020	0.1035	0.1049	0.1062	0.1073	0.1085	0.1095	0.1105	0.1113
12	0.0891	0.0909	0.0927	0.0943	0.0959	0.0972	0.0986	0.0998	0.1010	0.0102
13	0.0782	0.0804	0.0824	0.0842	0.0860	0.0876	0.0892	0.0906	0.0919	0.0932
14	0.0677	0.0701	0.0724	0.0745	0.0765	0.0783	0.0801	0.0817	0.0832	0.0846
15	0.0575	0.0602	0.0628	0.0651	0.0673	0.0694	0.0713	0.0713	0.0731	0.0764
16	0.0476	0.0506	0.0534	0.0560	0.0584	0.0607	0.0628	0.0648	0.0667	0.0685
17	0.0379	0.0411	0.0442	0.0471	0.0497	0.0522	0.0546	0.0568	0.0588	0.0608
18	0.0283	0.0318	0.0352	0.0383	0.0412	0.0439	0.0465	0.0489	0.0511	0.0532
19	0.0188	0.0227	0.0263	0.0296	0.0328	0.0357	0.0385	0.0411	0.0436	0.0459
20	0.0094	0.0136	0.0175	0.0211	0.0245	0.0277	0.0307	0.0335	0.0361	0.0386
21		0.0045	0.0087	0.0126	0.0163	0.0197	0.0229	0.0259	0.0288	0.0314
22				0.0042	0.0081	0.0118	0.0153	0.0185	0.0215	0.0244
23						0.0039	0.0076	0.0111	0.0143	0.0174
24								0.0073	0.0071	0.0104
25										0.0035

二、夏皮罗-威尔克判定值 $W(n, P)$ 表

n	P 0.99	P 0.95	n	P 0.99	P 0.95	n	P 0.99	P 0.95	n	P 0.99	P 0.95
3	0.753	0.767	8	0.749	0.818	13	0.814	0.866	18	0.858	0.897
4	0.687	0.748	9	0.764	0.829	14	0.825	0.874	19	0.863	0.901
5	0.686	0.762	10	0.781	0.842	15	0.835	0.881	20	0.868	0.905
6	0.713	0.788	11	0.792	0.850	16	0.844	0.887	21	0.873	0.908
7	0.730	0.803	12	0.805	0.859	17	0.851	0.892	22	0.878	0.911

续表

n	P		n	P		n	P		n	P	
	0.99	0.95		0.99	0.95		0.99	0.95		0.99	0.95
23	0.881	0.914	30	0.900	0.927	37	0.914	0.936	44	0.924	0.944
24	0.884	0.916	31	0.902	0.929	38	0.916	0.938	45	0.926	0.945
25	0.888	0.918	32	0.904	0.930	39	0.917	0.939	46	0.927	0.0945
26	0.891	0.920	33	0.906	0.931	40	0.919	0.940	47	0.928	0.946
27	0.894	0.923	34	0.908	0.933	41	0.920	0.941	48	0.929	0.947
28	0.896	0.924	35	0.910	0.934	42	0.922	0.942	49	0.929	0.947
29	0.898	0.926	36	0.912	0.935	43	0.923	0.943	50	0.930	0.947

三、t 分布 α 分位数表

df	$t_{0.975}$	$t_{0.995}$	$t_{0.95}$	$t_{0.99}$
1	12.706	63.657	6.314	31.821
2	4.303	9.925	2.920	6.965
3	3.182	5.841	2.353	4.541
4	2.776	4.604	2.132	3.747
5	2.571	4.032	2.015	3.365
6	2.447	3.707	1.943	3.143
7	2.365	3.499	1.895	2.998
8	2.306	3.355	1.860	2.896
9	2.262	3.250	1.833	2.821
10	2.228	3.169	1.812	2.764
11	2.201	3.106	1.796	2.718
12	2.179	3.055	1.782	2.681
13	2.160	3.012	1.771	2.650
14	2.145	2.977	1.761	2.624
15	2.131	2.947	1.753	2.602
16	2.120	2.921	1.746	2.583
17	2.110	2.898	1.740	2.567
18	2.101	2.878	1.734	2.552
19	2.093	2.861	1.729	2.539

续表

df	$t_{0.975}$	$t_{0.995}$	$t_{0.95}$	$t_{0.99}$
20	2.086	2.845	1.725	2.528
21	2.080	2.831	1.721	2.518
22	2.074	2.819	1.717	2.508
23	2.069	2.807	1.714	2.500
24	2.064	2.797	1.711	2.492
25	2.060	2.787	1.708	2.485
26	2.056	2.779	1.706	2.479
27	2.052	2.771	1.703	2.473
28	2.048	2.763	1.701	2.467
29	2.045	2.756	1.699	2.462
30	2.042	2.750	1.697	2.457
40	2.021	2.704	1.684	2.423
60	2.000	2.660	1.671	2.390
120	1.980	2.617	1.658	2.358
∞	1.960	2.576	1.645	2.326

四、科克伦检验临界值表

m/n	显著性水平 $\alpha = 0.05$													
	1	2	3	4	5	6	7	8	9	10	16	36	144	∞
2	0.9985	0.9750	0.9302	0.9057	0.8772	0.8534	0.8332	0.8159	0.8010	0.7880	0.7341	0.6602	0.5813	0.5000
3	0.9669	0.8709	0.7977	0.7457	0.7071	0.6771	0.6530	0.6333	0.6167	0.6025	0.5466	0.4748	0.4031	0.3333
4	0.9065	0.7679	0.6841	0.6287	0.5895	0.5598	0.5365	0.5175	0.5017	0.4884	0.4366	0.3720	0.3093	0.2500
5	0.8412	0.6838	0.5981	0.5441	0.5065	0.4783	0.4564	0.4387	0.4241	0.4118	0.3645	0.3066	0.2513	0.2000
6	0.7808	0.6161	0.5321	0.4803	0.4447	0.4184	0.3980	0.3817	0.3682	0.3568	0.3135	0.2612	0.2119	0.1667
7	0.7271	0.5612	0.4800	0.4307	0.3974	0.3726	0.3535	0.3384	0.3259	0.3154	0.2756	0.2278	0.1833	0.1429
8	0.6798	0.5157	0.4377	0.3910	0.3595	0.3362	0.3185	0.3043	0.2926	0.2829	0.2462	0.2022	0.1616	0.1250
9	0.6385	0.4775	0.4027	0.3584	0.3286	0.3067	0.2901	0.2768	0.2659	0.2568	0.2226	0.1820	0.1446	0.1111
10	0.6020	0.4450	0.3733	0.3311	0.3029	0.2823	0.2666	0.2541	0.2439	0.2353	0.2032	0.1655	0.1308	0.1000
12	0.5410	0.3924	0.3264	0.2880	0.2624	0.2439	0.2299	0.2187	0.2098	0.2020	0.1737	0.1403	0.1100	0.0833
15	0.4709	0.3346	0.2758	0.2419	0.2195	0.2034	0.1911	0.1815	0.1736	0.1671	0.1429	0.1144	0.0889	0.0667

续表

显著性水平 $\alpha = 0.05$

m/n	1	2	3	4	5	6	7	8	9	10	16	36	144	∞
20	0.3874	0.2705	0.2205	0.1921	0.1735	0.1602	0.1501	0.1422	0.1357	0.1303	0.1108	0.0878	0.0675	0.0500
24	0.3434	0.2354	0.1907	0.1656	0.1493	0.1374	0.1286	0.1216	0.1160	0.1113	0.0942	0.0743	0.0567	0.0417
30	0.2929	0.1980	0.1593	0.1377	0.1237	0.1137	0.1061	0.1002	0.0958	0.0921	0.0771	0.0604	0.0457	0.0333
40	0.2370	0.1576	0.1259	0.1082	0.0968	0.0887	0.0827	0.0780	0.0745	0.0713	0.0595	0.0462	0.0347	0.0250
60	0.1737	0.1131	0.0895	0.0765	0.0682	0.0623	0.0583	0.0552	0.0520	0.0497	0.0411	0.0316	0.0234	0.0167
120	0.0998	0.0632	0.0495	0.0419	0.0371	0.0337	0.0312	0.0292	0.0279	0.0266	0.0218	0.0165	0.0120	0.0083
∞	0	0	0	0	0	0	0	0	0	0	0	0	0	0

显著性水平 $\alpha = 0.01$

m/n	1	2	3	4	5	6	7	8	9	10	16	36	144	∞
2	0.9999	0.9950	0.9794	0.9586	0.9373	0.9172	0.8996	0.8823	0.8674	0.8539	0.7949	0.7067	0.6062	0.5000
3	0.9933	0.9423	0.8831	0.8335	0.7933	0.7606	0.7335	0.7107	0.6912	0.6743	0.6059	0.5153	0.4230	0.3333
4	0.9676	0.8643	0.7814	0.7112	0.6761	0.6410	0.6129	0.5897	0.5702	0.5536	0.4884	0.4057	0.3251	0.2500
5	0.9279	0.7885	0.6957	0.6329	0.5875	0.5531	0.5259	0.5037	0.4854	0.4697	0.4094	0.3351	0.2644	0.2000
6	0.8828	0.7218	0.6258	0.5635	0.5195	0.4866	0.4608	0.4401	0.4229	0.4084	0.3529	0.2858	0.2229	0.1667
7	0.8376	0.6644	0.5685	0.5080	0.4659	0.4347	0.4105	0.3911	0.3751	0.3616	0.3105	0.2494	0.1929	0.1429
8	0.7945	0.6152	0.5209	0.4627	0.4226	0.3932	0.3704	0.3522	0.3373	0.3248	0.2779	0.2214	0.1700	0.1250
9	0.7544	0.5727	0.4810	0.4251	0.3870	0.3592	0.3378	0.3207	0.3067	0.2950	0.2514	0.1992	0.1521	0.1111
10	0.7175	0.5358	0.4469	0.3934	0.3572	0.3308	0.3106	0.2945	0.2813	0.2704	0.2297	0.1811	0.1376	0.1000
12	0.6528	0.4751	0.3919	0.3428	0.3099	0.2861	0.2680	0.2535	0.2419	0.2320	0.1961	0.1535	0.1157	0.0833
15	0.5747	0.4069	0.3317	0.2882	0.2593	0.2385	0.2228	0.2104	0.2002	0.1919	0.1612	0.1251	0.0934	0.0667
20	0.4799	0.3297	0.2654	0.2288	0.2048	0.1877	0.1748	0.1646	0.1567	0.1501	0.1248	0.0960	0.0709	0.0500
24	0.4247	0.2871	0.2295	0.1970	0.1759	0.1608	0.1495	0.1406	0.1338	0.1283	0.1060	0.0810	0.0595	0.0417
30	0.3632	0.2412	0.1913	0.1635	0.1454	0.1327	0.1232	0.1157	0.1100	0.1054	0.0867	0.0658	0.0480	0.0333
40	0.2940	0.1915	0.1508	0.1281	0.1135	0.1033	0.0957	0.0898	0.0853	0.0816	0.0668	0.0503	0.0363	0.0250
60	0.2151	0.1371	0.1069	0.0902	0.0796	0.0722	0.0668	0.0625	0.0594	0.0567	0.0461	0.0344	0.0245	0.0167
120	0.1225	0.0759	0.0585	0.0489	0.0429	0.0387	0.0357	0.0334	0.0316	0.0302	0.0242	0.0178	0.0125	0.0083
∞	0	0	0	0	0	0	0	0	0	0	0	0	0	0

五、F 检验临界值表

n_1：分子的自由度，n_2：分母的自由度

$n_1 \backslash n_2$	1	2	3	4	5	6	7	8	9	10	12	15	20	24	30	40	60	120	∞
1	161.45	199.50	215.71	224.58	230.16	233.99	236.76	238.88	240.54	241.88	243.91	245.95	248.01	249.05	250.10	251.14	252.20	253.25	254.31
2	18.51	19.00	19.16	19.25	19.30	19.33	19.35	19.37	19.38	19.40	19.41	19.43	19.45	19.45	19.46	19.47	19.48	19.49	19.50
3	10.13	9.55	9.28	9.12	9.01	8.94	8.89	8.85	8.81	8.79	8.74	8.70	8.66	8.64	8.62	8.59	8.57	8.55	8.53
4	7.71	6.94	6.59	6.39	6.26	6.16	6.09	6.04	6.00	5.96	5.91	5.86	5.80	5.77	5.75	5.72	5.69	4.66	5.63
5	6.61	5.79	5.41	5.19	5.05	4.95	4.88	4.82	4.77	4.74	4.68	4.62	4.56	4.53	4.50	4.46	4.43	4.40	4.37
6	5.99	5.14	4.76	4.53	4.39	4.28	4.21	4.15	4.10	4.06	4.00	3.94	3.87	3.84	3.81	3.77	3.74	3.70	3.67
7	5.59	4.74	4.35	4.12	3.97	3.87	3.79	3.73	3.68	3.64	3.57	3.51	3.44	3.41	3.38	3.34	3.30	3.27	3.23
8	5.32	4.46	4.07	3.84	3.69	3.58	3.50	3.44	3.39	3.35	3.28	3.22	3.15	3.12	3.08	3.04	3.01	2.97	2.93
9	5.12	4.26	3.86	3.63	3.48	3.37	3.29	3.23	3.18	3.14	3.07	3.01	2.94	2.90	2.86	2.83	2.79	2.75	2.71
10	4.96	4.10	3.71	3.48	3.33	3.22	3.14	3.07	3.02	2.98	2.91	2.85	2.77	2.74	2.70	2.66	2.62	2.58	2.54
11	4.84	3.98	3.59	3.36	3.20	3.09	3.01	2.95	2.90	2.85	2.79	2.72	2.65	2.61	2.57	2.53	2.49	2.45	2.40
12	4.75	3.89	3.49	3.26	3.11	3.00	2.91	2.85	2.80	2.75	2.69	2.62	2.54	2.51	2.47	2.43	2.38	2.34	2.30
13	4.67	3.81	3.41	3.18	3.03	2.92	2.83	2.77	2.71	2.67	2.60	2.53	2.46	2.42	2.38	2.34	2.30	2.25	2.21
14	4.60	3.74	3.34	3.11	2.96	2.85	2.76	2.70	2.65	2.60	2.53	2.46	2.39	2.35	2.31	2.27	2.22	2.18	2.13
15	4.54	3.68	3.29	3.06	2.90	2.79	2.71	2.64	2.59	2.54	2.48	2.40	2.33	2.29	2.25	2.20	2.16	2.11	2.07
16	4.49	3.63	3.24	3.01	2.85	2.74	2.66	2.59	2.54	2.49	2.42	2.35	2.28	2.24	2.19	2.15	2.11	2.06	2.01

F 分布的 0.95 分位数 $F_{0.95}(n_1, n_2)$

17	4.45	3.59	3.20	2.96	2.81	2.70	2.61	2.55	2.49	2.45	2.38	2.31	2.23	2.19	2.15	2.10	2.06	2.01	1.96
18	4.41	3.55	3.16	2.93	2.77	2.66	2.58	2.51	2.46	2.41	2.34	2.27	2.19	2.15	2.11	2.06	2.02	1.97	1.92
19	4.38	3.52	3.13	2.90	2.74	2.63	2.54	2.48	2.42	2.38	2.31	2.23	2.16	2.11	2.07	2.03	1.98	1.93	1.88
20	4.35	3.49	3.10	2.87	2.71	2.60	2.51	2.45	2.39	2.35	2.28	2.20	2.12	2.08	2.04	1.99	1.95	1.90	1.84
21	4.32	3.47	3.07	2.84	2.68	2.57	2.49	2.42	2.37	2.32	2.25	2.18	2.10	2.05	2.01	1.96	1.92	1.87	1.81
22	4.30	3.44	3.05	2.82	2.66	2.55	2.46	2.40	2.34	2.30	2.23	2.15	2.07	2.03	1.98	1.94	1.89	1.84	1.78
23	4.28	3.42	3.03	2.80	2.64	2.53	2.44	2.37	2.32	2.27	2.20	2.13	2.05	2.01	1.96	1.91	1.86	1.81	1.76
24	4.26	3.40	3.01	2.78	2.62	2.51	2.42	2.36	2.30	2.25	2.18	2.11	2.03	1.98	1.94	1.89	1.84	1.79	1.73
25	4.24	3.39	2.99	2.76	2.60	2.49	2.40	2.34	2.28	2.24	2.16	2.09	2.01	1.96	1.92	1.87	1.82	1.77	1.71
26	4.23	3.37	2.98	2.74	2.59	2.47	2.39	2.32	2.27	2.22	2.15	2.07	1.99	1.95	1.90	1.85	1.80	1.75	1.69
27	4.21	3.35	2.96	2.73	2.57	2.46	2.37	2.31	2.25	2.20	2.13	2.06	1.97	1.93	1.88	1.84	1.79	1.73	1.67
28	4.20	3.34	2.95	2.71	2.56	2.45	2.36	2.29	2.24	2.19	2.12	2.04	1.96	1.91	1.87	1.82	1.77	1.71	1.65
29	4.18	3.33	2.93	2.70	2.55	2.43	2.35	2.28	2.22	2.18	2.10	2.03	1.94	1.90	1.85	1.81	1.75	1.70	1.64
30	4.17	3.32	2.92	2.69	2.53	2.42	2.33	2.27	2.21	2.16	2.09	2.01	1.93	1.89	1.84	1.79	1.74	1.68	1.62
40	4.08	3.23	2.84	2.61	2.45	2.34	2.25	2.18	2.12	2.08	2.00	1.92	1.84	1.79	1.74	1.69	1.64	1.58	1.51
60	4.00	3.15	2.76	2.53	2.37	2.25	2.17	2.10	2.04	1.99	1.92	1.84	1.75	1.70	1.65	1.59	1.53	1.47	1.39
120	3.92	3.07	2.68	2.45	2.29	2.17	2.09	2.02	1.96	1.91	1.83	1.75	1.66	1.61	1.55	1.50	1.43	1.35	1.25
8	3.84	3.00	2.60	2.37	2.21	2.10	2.01	1.94	1.88	1.83	1.75	1.67	1.57	1.52	1.46	1.39	1.32	1.22	1.00

续表

F 分布的 0.99 分位数 $F_{0.99}(n_1, n_2)$

$n_1 \backslash n_2$	1	2	3	4	5	6	7	8	9	10	12	15	20	24	30	40	60	120	∞
1	4052.18	4999.50	5403.35	5624.58	5763.65	5858.99	5928.36	5981.07	6022.47	6055.85	6106.32	6157.28	6208.73	6234.63	6260.65	6286.78	6313.03	6339.39	6365.86
2	98.50	99.00	99.17	99.25	99.30	99.33	99.36	99.37	99.39	99.40	99.42	99.43	99.45	99.46	99.47	99.47	99.48	99.49	99.50
3	34.12	30.82	29.46	28.71	28.24	27.91	27.67	27.49	27.35	27.23	27.05	26.87	26.69	26.60	26.50	26.41	26.32	26.22	26.13
4	21.20	18.00	16.69	15.98	15.52	15.21	14.98	14.80	14.66	14.55	14.37	14.20	14.02	13.93	13.84	13.75	13.65	13.56	13.46
5	16.26	13.27	12.06	11.39	10.97	10.67	10.46	10.29	10.16	10.05	9.89	9.72	9.55	9.47	9.38	9.29	9.20	9.11	9.02
6	13.75	10.92	9.78	9.15	8.75	8.47	8.26	8.10	7.98	7.87	7.72	7.56	7.40	7.31	7.23	7.14	7.06	6.97	6.88
7	12.25	9.55	8.45	7.85	7.46	7.19	6.99	6.84	6.72	6.62	6.47	6.31	6.16	6.07	5.99	5.91	5.82	5.74	5.65
8	11.26	8.65	7.59	7.01	6.63	6.37	6.18	6.03	5.91	5.81	5.67	5.52	5.36	5.28	5.20	5.12	5.03	4.95	4.86
9	10.56	8.02	6.99	6.42	6.06	5.80	5.61	5.47	5.35	5.26	5.11	4.96	4.81	4.73	4.65	4.57	4.48	4.40	4.31
10	10.04	7.56	6.55	5.99	5.64	5.39	5.20	5.06	4.94	4.85	4.71	4.56	4.41	4.33	4.25	4.17	4.08	4.00	3.91
11	9.65	7.21	6.22	5.67	5.32	5.07	4.89	4.74	4.63	4.54	4.40	4.25	4.10	4.02	3.94	3.86	3.78	3.69	3.60
12	9.33	6.93	5.95	5.41	5.06	4.82	4.64	4.50	4.39	4.30	4.16	4.01	3.86	3.78	3.70	3.62	3.54	3.45	3.36
13	9.07	6.70	5.74	5.21	4.86	4.62	4.44	4.30	4.19	4.10	3.96	3.82	3.66	3.59	3.51	3.43	3.34	3.25	3.17
14	8.86	6.51	5.56	5.04	4.70	4.46	4.28	4.14	4.03	3.94	3.80	3.66	3.51	3.43	3.35	3.27	3.18	3.09	3.00
15	8.68	6.36	5.42	4.89	4.56	4.32	4.14	4.00	3.89	3.80	3.67	3.52	3.37	3.29	3.21	3.13	3.05	2.96	2.87
16	8.53	6.23	5.29	4.77	4.44	4.20	4.03	3.89	3.78	3.69	3.55	3.41	3.26	3.18	3.10	3.02	2.93	2.84	2.75
17	8.40	6.11	5.19	4.67	4.34	4.10	3.93	3.79	3.68	3.59	3.46	3.31	3.16	3.08	3.00	2.92	2.83	2.75	2.65
18	8.29	6.01	5.09	4.58	4.25	4.01	3.84	3.71	3.60	3.51	3.37	3.23	3.08	3.00	2.92	2.84	2.75	2.66	2.57

df																			
19	8.18	5.93	5.01	4.50	4.17	3.94	3.77	3.63	3.52	3.43	3.30	3.15	3.00	2.92	2.84	2.76	2.67	2.58	2.49
20	8.10	5.85	4.94	4.43	4.10	3.87	3.70	3.56	3.46	3.37	3.23	3.09	2.94	2.86	2.78	2.69	2.61	2.52	2.42
21	8.02	5.78	4.87	4.37	4.04	3.81	3.64	3.51	3.40	3.31	3.17	3.03	2.88	2.80	2.72	2.64	2.55	2.46	2.36
22	7.95	5.72	4.82	4.31	3.99	3.76	3.59	3.45	3.35	3.26	3.12	2.98	2.83	2.75	2.67	2.58	2.50	2.40	2.31
23	7.88	5.66	4.76	4.26	3.94	3.71	3.54	3.41	3.30	3.21	3.07	2.93	2.78	2.70	2.62	2.54	2.45	2.35	2.26
24	7.82	5.61	4.72	4.22	3.90	3.67	3.50	3.36	3.26	3.17	3.03	2.89	2.74	2.66	2.58	2.49	2.40	2.31	2.21
25	7.77	5.57	4.68	4.18	3.85	3.63	3.46	3.32	3.22	3.13	2.99	2.85	2.70	2.62	2.54	2.45	2.36	2.27	2.17
26	7.72	5.53	4.64	4.14	3.82	3.59	3.42	3.29	3.18	3.09	2.96	2.82	2.66	2.58	2.50	2.42	2.33	2.23	2.13
27	7.68	5.49	4.60	4.11	3.78	3.56	3.39	3.26	3.15	3.06	2.93	2.78	2.63	2.55	2.47	2.38	2.29	2.20	2.10
28	7.64	5.45	4.57	4.07	3.75	3.53	3.36	3.23	3.12	3.03	2.90	2.75	2.60	2.52	2.44	2.35	2.26	2.17	2.06
29	7.60	5.42	4.54	4.04	3.73	3.50	3.33	3.20	3.09	3.00	2.87	2.73	2.57	2.49	2.41	2.33	2.23	2.14	2.03
30	7.56	5.39	4.51	4.02	3.70	3.47	3.30	3.17	3.07	2.98	2.84	2.70	2.55	2.47	2.39	2.30	2.21	2.11	2.01
40	7.31	5.18	4.31	3.83	3.51	3.29	3.12	2.99	2.89	2.80	2.66	2.52	2.37	2.29	2.20	2.11	2.02	1.92	1.80
60	7.08	4.98	4.13	3.65	3.34	3.12	2.95	2.82	2.72	2.63	2.50	2.35	2.20	2.12	2.03	1.94	1.84	1.73	1.60
120	6.85	4.79	3.95	3.48	3.17	2.96	2.79	2.66	2.56	2.47	2.34	2.19	2.03	1.95	1.86	1.76	1.66	1.53	1.38
∞	6.63	4.61	3.78	3.32	3.02	2.80	2.64	2.51	2.41	2.32	2.18	2.04	1.88	1.79	1.70	1.59	1.47	1.32	1.00

六、控制图系数表

n	A_2	A_3	B_3	B_4	C_4	d_2	D_3	D_4
2	1.880	2.659	0	3.267	0.7979	1.128	0	3.267
3	1.023	1.954	0	2.568	0.8862	1.693	0	2.574
4	0.729	1.628	0	2.266	0.9213	2.059	0	2.282
5	0.577	1.427	0	2.089	0.9400	2.326	0	2.114
6	0.483	1.287	0.030	1.970	0.9515	2.534	0	2.004
7	0.419	1.182	0.118	1.882	0.9594	2.704	0.076	1.924
8	0.373	1.099	0.185	1.815	0.9650	2.847	0.136	1.864
9	0.337	1.032	0.239	1.761	0.9693	2.970	0.184	1.816
10	0.308	0.975	0.284	1.716	0.9727	3.078	0.223	1.777

七、联合应用 C_P 与 C_{PK} 所代表的符合率(%)

C_{PK}	C_P					
	0.33	0.67	1.00	1.33	1.67	2.00
0.33	66.368	84.000	84.134	84.134	84.13447	84.13447
0.67		95.450	97.722	97.725	97.72499	97.72499
1.00			99.730	99.865	99.86501	99.86501
1.33				99.994	99.99683	99.99683
1.67					99.99994	99.99997
2.00						99.9999998